国家示范性高等职业院校建设规划教材
建筑工程技术专业理实一体化特色教材

建筑工程安全技术

（修订本）

主　编　吴　瑞　段　琳
副主编　邓宗立
主　审　满广生

黄河水利出版社
·郑州·

内 容 提 要

本书是国家示范性高等职业院校建设规划教材、建筑工程技术专业理实一体化特色教材，是安徽省地方高水平大学理实一体化项目建设系列教材之一，根据高职高专教育建筑安全技术课程标准及理实一体化教学要求编写完成。本书共分10个学习项目，主要内容包括：建筑工程安全概述、建筑工程安全生产管理制度、建筑工程安全生产技术措施三个部分。

本书可供高职高专院校建筑工程类相关专业教学使用，也可供土建施工类及工程管理类等相关专业技术人员学习参考。

图书在版编目(CIP)数据

建筑工程安全技术/吴瑞，段琳主编. —郑州：黄河水利出版社，2017.8 （2024.1 修订本重印）

国家示范性高等职业院校建设规划教材

ISBN 978-7-5509-1831-3

Ⅰ.①建… Ⅱ.①吴… ②段… Ⅲ.①建筑施工-安全技术-高等职业教育-教材 Ⅳ.①TU714.2

中国版本图书馆 CIP 数据核字(2017)第214254号

组稿编辑：王路平 电话：0371-66022212 E-mail：hhslwlp@163.com

出 版 社：黄河水利出版社 网址：www.yrcp.com

地址：河南省郑州市顺河路黄委会综合楼14层 邮政编码：450003

发行单位：黄河水利出版社

发行部电话：0371-66026940、66020550、66028024、66022620(传真)

E-mail：hhslcbs@126.com

承印单位：河南承创印务有限公司

开本：787 mm×1 092 mm 1/16

印张：16

字数：370千字 印数：2 101—3 000

版次：2017年10月第1版 印次：2024年1月第2次印刷

2024年1月修订本

定价：38.00元

前 言

本书是根据高职高专教育建筑工程技术专业人才培养方案和课程建设目标并结合安徽省地方高水平大学立项建设项目的建设要求进行编写的。

本套教材在编写过程中，充分汲取了高等职业教育探索培养技术应用型专门人才方面取得的成功经验和研究成果，使教材编写更符合高职学生培养的特点；教材内容体系上坚持“以够用为度，以实用为主，注重实践，强化训练，利于发展”的理念，淡化理论，突出技能培养这一主线；教材内容组织上兼顾“理实一体化”教学的要求，将理论教学和实践教学进行有机结合，便于教学组织实施；注重课程内容与现行规范和职业标准的对接，及时引入行业新技术、新材料、新设备、新工艺，注重教材内容设置的新颖性、实用性、可操作性。

随着我国经济的快速发展，作为国民经济支柱产业之一的建筑业也获得了快速发展。建筑业设计多样化、施工复杂化、建筑市场多元化、高空作业多和职工整体素质较低等特点，决定了施工过程、施工环境必然呈多变状态，因而潜在的安全隐患增多，若处置不当，容易发生安全事故，给人民生命财产造成损失，影响社会稳定。近几年来，国家十分重视建筑业的安全生产，先后颁布了《中华人民共和国安全生产法》《施工企业安全生产评价标准》《建设工程安全生产管理条例》等法律法规，加大了对建筑安全的监管力度和处罚力度，全国基本形成“纵向到底，横向到边”的建筑安全生产监督管理体系。依据安全生产领域现行的国家法律法规，在立足于建筑企业安全生产的基础上，较全面地介绍了建筑工程专业的安全生产技术与管理知识，层次分明，内容丰富，条理清晰，并附有案例分析供读者练习。

为了不断提高教材质量，编者根据近年来在教学实践中发现的问题和错误，对全书进行了系统修订完善。

本书由安徽水利水电职业技术学院主持编写工作，编写人员及编写分工如下：吴瑞编写学习项目1，桐城市水利局段琳编写学习项目2，邓宗立编写学习项目3~学习项目10。本书由吴瑞、段琳担任主编，吴瑞负责全书统稿；由邓宗立担任副主编；由满广生教授担任主审。

本书的编写出版得到了安徽水利水电职业技术学院各级领导、建筑工程系领导及专业老师，以及黄河水利出版社的大力支持，在此一并表示衷心的感谢！同时，在教材编写过程中参考、借鉴了相关文献等资料，在此向这些作者表示衷心的感谢！

由于编者水平有限,书中难免存在错漏和不足之处,恳请广大师生及专家、读者批评指正。

编　者

2024 年 1 月

目　录

学习项目1　建筑工程安全概述

【项目提要】

本项目重点介绍安全与安全生产、劳动保护的基本概念，工程安全生产的特点，安全生产的方针，我国安全生产的指导思想和发展思路，以及常见安全事故的类型及其原因。通过对本项目学习可以使我们了解建筑工程安全生产的基本知识和当前我国的安全生产形势。

【知识目标】

了解安全生产的方针和指导思想、安全生产事故的分类标准。

【能力目标】

初步养成对建筑工程安全生产方面的认识，总结安全事故频发的原因，树立正确的安全意识。

1.1　建筑安全生产概述

1.1.1　安全与安全生产的概念与关系

1.1.1.1　安全与安全生产的概念

安全是指不发生财产损失、人身伤害，对健康及环境不造成危害的一种形态。安全的实质是防止事故的发生，消除导致各种伤害、财产损失、职业病和环境危害发生的条件。

在《辞海》中将安全生产定义为预防生产过程中发生人身、设备事故，形成良好劳动环境和工作秩序而采取的一系列措施和活动；在《中国大百科全书》中将安全生产定义为保障劳动者在生产过程中的安全的一项方针，也是企业管理必须遵循的一项原则，要求最大限度地减少劳动者的工伤和职业病，保障劳动者在生产过程中的生命安全和身体健康；在《安全科学技术词典》中将安全生产定义为企(事)业单位劳动生产过程中人身安全、设备安全和产品安全，以及交通运输安全等。

从一般意义上讲，安全生产是指在社会生产活动中通过人、物、机、环境的和谐运作，使生产过程中各种潜在的伤害因素和事故风险始终处于有效的控制状态，切实保护劳动者的生命安全和身体健康以及避免财产损失和环境危害的一项活动。

安全生产有两方面的含义：一是在生产过程中保护职工的安全和健康，防止工伤事故和职业病危害；二是在生产过程中防止其他各类事故的发生，确保生产设备的连续、稳定、

安全运转,保护国家财产不受损失。安全生产有狭义和广义之分。狭义的安全生产是指消除或控制生产过程中对危险和有害因素,保障人身安全健康,做到设备完好无损,避免财产损失,并使生产顺利进行的生产活动。而广义的安全生产是指除对直接生产过程中的危险因素进行控制外,还包括职业健康、劳动保护和环境保护等方面的控制。

由此可知,安全生产工作就是为了达到安全生产目标而进行的系统性管理活动,它由源头管理、过程控制、应急救援、安全教育和事故查处五个部分构成,既包括了生产主体(建筑施工企业)对事故风险和伤害因素所进行的识别、评价和控制,也包括了政府相关部门的监督管理、事故处理以及安全生产法制建设、科学研究、宣传教育培训、工伤保险等方面的活动。

1.1.1.2 安全与安全生产的关系

在生产过程中,安全和生产既有矛盾性又有统一性。所谓矛盾性,是生产过程中不安全因素与生产的矛盾,要对不安全因素采取措施就要增加支出,或影响生产进度。所谓统一性,是生产过程中对不安全因素采取措施后,改善了劳动条件,职工的工作效率就会提高。没有生产活动,安全工作就不会存在;反之,没有安全工作,生产就不能顺利进行,这就是安全与生产互为条件、相互依存的体现,也就是安全与生产的统一性。

在生产建设中,必须用辩证统一的观点去处理好安全与生产的关系,也就是说,管理者必须善于安排安全和生产,否则,就会招致工伤事故,既妨碍生产,又影响安全。

1.1.2 安全生产管理的概念与意义

1.1.2.1 安全生产管理的概念

建筑工程安全管理是指对建设工程中的人、材料、机械、方法、环境及施工全过程的安全生产进行监督管理,采取组织、技术、经济和合同措施,保证建设行为符合国家安全生产、劳动保护、环境保护、消防等法律法规、标准规范和有关方针、政策的要求,有效地将建设工程安全风险控制在允许的范围内,以确保施工安全。随着改革不断深入,社会发展日新月异,建筑市场逐步规范并形成了一个有序、公平、公正的竞争环境,随着科学技术的进步,大型建筑、高层建筑以及地下结构形式越来越多。新技术、新材料、新设备的广泛应用,使工艺设计、结构设计越来越复杂,自动化施工程度日渐提高。然而,传统的安全管理模式受到极大的冲击,安全事故频繁发生,尤其是触目惊心的安全事故现状告诫人们,仅靠政府职能部门加强监督管理和依法干预以及施工企业安全生产管理是不够的,还必须动员社会力量参与安全管理的某些活动,落实"安全第一,预防为主,综合治理"的安全方针。

1.1.2.2 建筑工程安全生产管理的目的和意义

安全生产管理是针对建筑施工安全事故涉及的范围广、原因多、突发性强的特点,通过有关建设工程安全生产、劳动保护、环境保护等法律、法规和标准规范,对生产因素具体的状态控制,使生产因素不安全的行为和状态减少或消除,不引发事故,尤其是不引发使人受到伤害的事故,从而使施工项目效益目标的实现得到充分的保证。

1. 目的

建筑工程安全生产管理有利于防止或减少安全事故,保障人民群众的生命和财产安全;有利于提高建设工程安全生产管理水平;有利于规范工程建设参与各方主体的安全生产行为;有利于实现工程投资效益最大化。

2. 意义

建筑工程安全生产管理必须坚持安全第一、预防为主的方针，建立健全安全生产的责任制度和群防群治制度。做好建筑施工现场安全生产,建筑施工企业应该消除侥幸心理,保证防患于未然,从而提高思想认识,完善管理机制,健全安全制度,狠抓落实到人、到点等,着力构建确保安全生产的体系,这样施工安全事故必将大大减少,这对保证施工项目的顺利进行、降低施工成本和提高经济效益,都有着十分重要的作用。建筑施工企业是以施工生产经营为主业的经济实体,全部生产经营活动,是在特定空间进行人、财、物动态组合的过程,并通过这一过程向社会交付有商品性的建筑产品。在完成建筑产品过程中,人员的频繁流动、生产周期长和产品的一次性,是其显著的生产特点。生产特点决定了组织安全生产的特殊性。安全生产是施工项目重要的控制目标之一,也是衡量施工项目管理水平的重要标志。应该努力使建筑施工安全生产更规范、更标准、更安全和更文明,从实践"三个代表"重要思想的高度,加强法制建设、狠抓基础工作、深化安全整治、强化安全监管,扎扎实实地做好建设工程的安全生产工作,努力开创安全生产工作的新局面,为完善社会主义市场经济体制,实现党的十八大提出的中国梦的宏伟目标创造安全稳定的环境。

1.1.3 建筑工程安全生产的方针和特点

1.1.3.1 建筑工程安全生产的方针

安全生产方针,又称劳动保护安全方针,是我国对安全生产工作所提出的一个总的要求和指导原则。"安全第一、预防为主、综合治理"是我国安全生产管理的基本方针。

1. 安全第一、预防为主

所谓坚持"安全第一、预防为主"的方针,是指在建筑生产活动中,应当把生产安全放到第一位,在管理、技术等方面采取能够确保生产安全的预防性措施,防止建筑工程事故发生。"安全第一、预防为主"的方针是建筑工程安全生产管理工作的经验总结,只有认真贯彻执行这一方针,加强建筑安全教育和管理,不断改善建筑工程安全生产条件,才能减少建筑工程事故的发生率。企业只有实现安全生产,才能减少发生事故带来的信誉损失、经济损失和由此产生的负面效应。只有实现安全生产,广大员工才有安全感,才能增强企业凝聚力,提高企业的信誉,才可以最终获得良好的经济效益和社会效益。安全已经成为涉及国家形象、民族形象以及企业形象的重要因素。

从实践中看,坚持"安全第一、预防为主"的方针,应当做到以下几点:

(1)从事建筑活动的单位的全体员工,尤其是单位负责人,一定要树立安全第一的意识,正确处理安全生产与工程进度、效益等方面的关系,把安全生产放在首位。

(2)要加强劳动安全生产工作的组织领导和计划性,在建筑活动中加强对安全生产的统筹规划和各方面的通力协作。

(3)要建立健全安全生产的责任制度和群防群治制度。

(4)要对有关管理人员及职工进行安全教育培训,未经安全教育培训的,不得从事安

全管理工作或者上岗作业。

(5)建筑施工企业必须为职工发放保障安全生产的劳动保护用品。

(6)使用的设备、器材、仪器和建筑材料必须符合安全生产的国家标准和行业标准。

2.综合治理

把"综合治理"充实到安全生产方针当中,始于党的十六届五中全会上的《中共中央关于制定国民经济和社会发展第十一个五年规划的建议》。这一完善和发展,更好地反映了安全生产工作的规律和特点。综合运用经济手段、法律手段和必要的行政手段,从发展规划、行业管理、安全投入、科技进步、经济政策教育培训、安全立法、激励约束、企业管理、监管体制、社会监督以及追究事故责任、查处违法违纪等方面着手,解决影响制约安全生产的历史性、深层次问题,建立安全生产的长效机制。"综合治理"应当包括以下内容:

(1)政府监管与指导。国家安全生产综合监管和专项监察相结合,各级安全监督职能部门合理分工、相互协调,实施"监管—协调—服务"三位一体的行政执法系统。

(2)企业负责与保障。企业全面落实安全生产过程中安全保障的事故防范机制,严格遵守《中华人民共和国安全生产法》(简称《安全生产法》)等安全生产法律法规要求,落实安全生产保障制度。

(3)员工权益与自律。即要求劳动者在劳动过程中必须严格遵守安全操作规程,珍惜生命,勿忘安全,广泛深入地开展不伤害自己、不伤害他人、不被他人伤害的"三不伤害"活动,自觉做到遵规守纪,确保安全。

(4)社会监督与参与。形成工会、媒体、社区和公民广泛参与安全生产监督的社会监督机制,把安全生产放在社会的各个部门和全体人员的监管之下,形成安全生产人人有责的社会局面。

1.1.3.2 建筑工程安全生产的特点

建筑工程安全生产的特点如下:

(1)建筑产品的多样性决定了建筑安全问题的不断变化。

建筑产品是固定的、附着在土地上的,而世界上没有完全相同的两块土地;建筑结构是多样的,有混凝土结构、钢结构、木结构等;规模是多样的,从几百平方米到数百万平方米;建筑功能和工艺方法也同样是多样的,应该说建筑产品没有两个是完全相同的,而且建筑现场环境也是千差万别。建造不同的建筑产品,对人员、材料、机械设备、防护用品、施工技术等有不同的要求,这些差别决定了建设过程中总会不断出现新的安全问题。

(2)建筑工程的流水施工,使施工班组需要经常更换工作环境。

与其他工业不同,建筑业的工作场所和工作内容是动态的、不断变化的。混凝土的浇筑、钢结构的焊接、土方的搬运、建筑垃圾的处理等每一个工序都可以使施工现场在一夜之内变得完全不同。而随着施工的推进,施工现场则会从最初地下几十米的基坑变成耸立几百米的摩天大楼。因此,建设过程中的周边环境、作业条件、施工技术等都是在不断发生变化的,这种变化包含着较高的风险。

(3)建筑施工现场存在的不安全因素复杂多变。

建筑施工的高能耗,施工作业的高强度,施工现场的噪声、热量、有害气体和尘土等,以及施工人员的露天作业,受天气、温度影响大,这些都是施工人员经常面对的不利的工作环境和负荷。劳动对象体积、规模大，施工人员围绕对象工作，劳动工具粗笨，工作环境不固定，危险源防不胜防。同时，高温和严寒使得施工人员体力和注意力下降，雨雪天气还会导致工作面湿滑，夜间照明不够等，都容易导致事故。

(4)公司与项目部的分离，致使公司的安全措施并不能在项目部得到充分落实。

一些施工单位往往同时有多个项目竞标，而且通常上级公司与项目部分离。这种分离使得现场安全管理的责任更多的是由项目部承担。但是由于项目的临时性和建筑市场竞争的日趋激烈，经济压力也相应增大，公司的安全措施被忽视，并不能在项目上得到充分落实。

(5)多个建设主体的存在及其关系的复杂性决定了建筑安全管理的难度较高。

工程建设的责任单位有建设、勘察、设计、监理及施工等诸多单位。施工现场安全由施工单位负责，实行施工总承包的由总承包单位负责，分包单位向总承包单位负责，服从总承包单位对施工现场的安全生产管理。建筑安全虽然是由施工单位负主要责任，但其他责任单位也都是影响建筑安全的重要因素。世界各地的建筑业都主要推行分包程序，包括专业分包和劳务分包，这已经成为建筑企业经济体系的一个特色，而且正在向各个行业延伸。再加上现在施工企业队伍、人员是全国流动的，使得施工现场的人员经常发生变化，而且施工人员属于不同的分包单位，有着不同的管理措施和安全文化。

(6)目标(结果)导向对建设单位形成一定压力。

建筑施工中的管理主要是一种目标导向的管理，只要结果(产量)不求过程(安全)，而安全管理恰恰是体现在过程上的。项目具有明确的目标(质和量)和资源限制(时间、成本)，这些使得建设单位承受较大的压力。

(7)施工作业的非标准化使得施工现场危险因素增多。

建筑业生产过程技术含量低，劳动、资本密集，建筑业生产过程的低技术含量决定了从业人员的素质相对普遍较低。而建筑业又需要大量的人力资源，属于劳动密集型行业，工人与施工单位间的短期雇用关系，造成了施工单位对施工作业培训严重不足，使得施工人员违章操作的现象时有发生，这其中就蕴涵着不安全行为。而当前的安全管理和控制手段比较单一，很多依赖经验、监督、安全检查等方式。

1.2　常见安全事故的类型及其原因

1.2.1　建筑安全生产事故的概念和分类

建筑工程施工安全事故是指在建筑工程施工过程中，在施工现场突然发生的一个或一系列违背人们意愿的，可能导致死亡(包括人员急性中毒)、设备损坏、建筑工程倒塌或废弃、安全设施破坏以及财产损失的(发生其中任一项或多项)，迫使人们有目的的活动暂时或永久停止的意外事件。

施工现场的安全生产事故一般有以下分类方法。

1.2.1.1　按事故伤害程度分类

根据《企业职工伤亡事故分类》(GB 6441—86)按事故伤害程度进行分类，见表2-1。

表 2-1 按事故造成伤害程度分类

类别	轻伤	重伤	死亡
失能伤害程度	1～105 天	105～6 000 天	≥6 000 天

轻伤，指造成职工肢体伤残，或某些器官功能性、器质性轻度损伤，表现为劳动能力轻度或暂时丧失的伤害。重伤，指造成职工肢体残缺或视觉、听觉等器官受到严重损伤，一般能引起人体长期存在功能障碍，或劳动能力有重大损失的伤害。

1.2.1.2 按安全事故造成人员伤亡或直接经济损失分类

按安全事故造成人员伤亡或直接经济损失分类见表 2-2。

表 2-2 按事故造成人员伤亡或直接经济损失分类

类别	死亡(人)	重伤(人)	经济损失(元)
一般事故	<3	<10	<1 000 万
较大事故	3～10	10～50	1 000 万～5 000 万
重大事故	10～30	50～100	5 000 万～1 亿
特别重大事故	≥30	≥100	≥1 亿

注："以上"含本数，"以下"不含本数。

1.2.1.3 按事故类别分类

依据《企业职工伤亡事故分类》(GB 6441—86)，在施工现场，按事故类别分，可以分为 13 类，即高处坠落、坍塌、物体打击、起重伤害、触电、机械伤害、火灾、车辆伤害、灼烫、火药爆炸、中毒和窒息、淹溺及其他伤害等事故。

1. 高处坠落事故

高处坠落事故是指由高处(≥2 m)作业引起的，人员由高处坠落以及从平地坠入坑内的伤害。随着生产的进行，建筑物向高处发展，从而高空作业现场较多，因此高处坠落是最主要的事故，多发生在洞口、临边处作业、脚手架、模板、龙门架(井字架)等高空作业中。

2. 坍塌事故

坍塌事故指建筑物、堆置物倒塌以及土石塌方等引起的伤害事故。随着高层和超高层建筑的大量增加，基础工程的开挖也越来越深，土方坍塌事故上升，同时传统的脚手架坍塌、模板坍塌数量一直较多，因此坍塌也是主要的事故类型之一。

3. 物体打击事故

物体打击事故指落物、滚石、锤击、碎裂、崩块等造成的人身伤害，不包括因爆炸而引起的物体打击。在建筑工程施工中，由于受到工期的约束，必然安排部分的或全面的立体交叉作业。因此，物体打击也是主要的事故类型之一，占事故发生总数的 10% 左右。

4. 起重伤害事故

起重伤害事故指从事各种起重作业时发生的机械伤害事故，不包括上下驾驶室时发生的坠落伤害、起重设备引起的触电及检修时制动失灵造成的伤害。

5. 触电事故

触电事故指由于电流经过人体导致的生理伤害,不包括雷击伤害。建筑工程施工离不开电力,不仅指施工中的电气照明,更主要的是电动机械和电动工具,触电事故也是多发事故,占事故总数的7%左右。

6. 机械伤害事故

机械伤害事故指被机械设备或工具绞、碾、碰、割、戳等造成的人身伤害,不包括车辆、起重设备引起的伤害。

7. 火灾事故

火灾事故指发生火灾时造成的人员烧伤、窒息、中毒等。

8. 车辆伤害事故

车辆伤害事故指被车辆挤、压、撞和车辆倾覆等造成的人身伤害。

9. 灼烫事故

灼烫事故指火焰引起的烧伤、高温物体引起的烫伤、强酸或强碱引起的灼伤、放射引起的皮肤损伤。不包括电烧伤及火灾事故引起的烧伤。

10. 火药爆炸事故

火药爆炸事故指在火药的生产、运输、储藏、使用过程中发生的爆炸事故 。

11. 中毒和窒息事故

中毒和窒息事故指煤气、油气、沥青、一氧化碳等有毒气体中毒事故。

12. 淹溺事故

淹溺事故指人落入水中,因呼吸受阻造成伤害的事故。

13. 其他伤害事故

其他伤害事故包括扭伤、跌伤、冻伤、野兽咬伤等。

1.2.1.4　按事故的原因及性质分类

从建筑活动的特点及事故的原因和性质来看,建筑安全事故可以分为四类,即生产事故、质量问题、技术事故和环境事故。

1. 生产事故

生产事故主要是指在建筑产品的生产、维修、拆除过程中,操作人员违反有关施工操作规程等直接导致的安全事故。这类事故一般都是在施工作业过程中出现的,事故发生次数比较频繁,是建筑安全事故的主要类型之一。目前,我国对建筑安全生产的管理主要是针对生产事故。

2. 质量问题

质量问题主要是指由于设计不符合规范或施工达不到要求等原因而导致建筑结构实体或使用功能存在瑕疵,进而引起安全事故的发生。在设计不符合规范标准方面,主要是一些没有相应资质的单位或个人私自出图和设计本身存在安全隐患。在施工达不到设计要求方面,一是施工过程违反有关操作规程留下的隐患;二是有关施工主体偷工减料的行为导致的安全隐患。质量问题可能发生在施工作业过程中,也可能发生在建筑实体的使用过程中。特别是在建筑实体的使用过程中,质量问题带来的危害是极其严重的,如果在外加灾害(如地震、火灾)发生的情况下,其危害后果是不堪设想的。质量问题也是建

筑安全事故的主要类型之一。

3. 技术事故

技术事故主要是指由于工程技术原因而导致的安全事故,技术事故的结果通常是毁灭性的。技术是安全的保证,技术可能会在突然之间出现问题,起初微不足道的瑕疵可能导致灾难性的后果,很多时候正是由于一些不经意的技术失误才导致了严重的事故。在工程技术领域,人类历史上曾发生过多次技术灾难,包括人类和平利用核能过程中的切尔诺贝利核事故、"挑战者"号航天飞机爆炸事故等。在工程建设领域,这方面惨痛的教训同样也是深刻的,如 1981 年 7 月 17 日美国密苏里州发生的海厄特摄政通道垮塌事故。技术事故的发生,可能发生在施工生产阶段,也可能发生在使用阶段。

4. 环境事故

环境事故主要是指建筑实体在施工或使用的过程中,由于使用环境或周边环境原因而导致的安全事故。使用环境原因主要是对建筑实体的使用不当,比如荷载超标、静荷载设计而动荷载使用,以及使用高污染建筑材料或放射性材料等。对于使用高污染建筑材料或放射性材料的建筑物,一是对施工人员造成职业病危害,二是对使用者的身体造成伤害。周边环境原因主要是一些自然灾害方面的, 比如山体滑坡等。在一些地质灾害频发的地区,应该特别注意环境事故的发生。环境事故的发生,我们往往归咎于自然灾害,其实是缺乏对环境事故的预判和防治能力。

1.2.2　常见安全事故原因分析

1.2.2.1　人的不安全因素

人的不安全因素可分为人的心理、生理及能力上的不安全因素和人的不安全行为两大类。

1. 人的心理、生理及能力上的不安全因素

(1)心理上的不安全因素,是指人在心理上具有影响安全的性格、气质和情绪,如懒散、粗心等。

(2)生理上的不安全因素,包括视觉、听觉等感觉器官,体能、年龄及疾病等不适合工作或作业岗位要求的影响因素。

(3)能力上的不安全因素,包括知识技能、应变能力、资格等不能适应工作和作业岗位要求的影响因素。

2. 人的不安全行为

(1)操作失误,忽视安全、忽视警告。

(2)造成安全装置失效。

(3)使用不安全设备。

(4)手代替工具操作。

(5)物体存放不当。

(6)冒险进入危险场所。

(7)攀坐不安全位置。

(8)在起吊物下作业、停留。

(9)在机器运转时进行检查、维修、保养等工作。

(10)有分散注意力行为。

(11)没有正确使用个人防护用品、用具。

(12)不安全装束。

(13)对易燃易爆等危险物品处理错误。

1.2.2.2　物的不安全状态

物的不安全状态主要包括:

(1)防护等装置缺乏或有缺陷。

(2)设备、设施、工具、附件有缺陷。

(3)个人防护用品缺少或有缺陷。

(4)施工生产场地环境不良,现场布置杂乱无序、视线不畅、沟渠纵横、交通阻塞、材料工具乱堆、乱放,机械无防护装置、电器无漏电保护、粉尘飞扬、噪声刺耳等使劳动者生理、心理难以承受,则必然诱发安全事故。

1.2.2.3　管理上的不安全因素

管理上的不安全因素也称管理上的缺陷,主要包括对物的管理失误,包括技术、设计、结构上有缺陷、作业现场环境有缺陷、防护用品有缺陷等;对人的管理失误,包括教育、培训、指示和对作业人员的安排等方面的缺陷;管理工作的失误,包括对作业程序、操作规程、工艺过程的管理失误以及对采购、安全监控、事故防范措施的管理失误。

1.2.3　我国建筑工程施工安全现状

1.2.3.1　近年来我国建筑工程安全生产形式

目前,我国正在进行历史上最大规模的基本建设。由于建筑生产具有一次性、复杂性、露天高处作业多、劳动力密集等特点,因此建筑业一直是高危行业,建筑领域的安全事故频繁发生,伤亡人数居高不下,而且发生次数和死亡人数逐年上升,给国家、人民群众的生命财产带来巨大损失。根据国家安全生产监督管理局的统计,近年来我国建筑企业施工事故有:2000 年发生 1 013 起,死亡 1 180 人;2001 年发生 923 起、死亡 1 097 人;2002 年发生 846 起、死亡 987 人;2003 年建筑业(含基础设施、设备安装和装饰装修)发生伤亡事故 2 634 起,死亡2 788人,其中建筑施工事故 1 004 起,死亡 1 045 人;2004 年发生事故 2 582 起,伤亡 2 789 人,其中建筑施工事故 1 208 起,死亡 1 292 人;2005 年发生事故 2 224起,伤亡 2 538 人,其中建筑施工事故 1 015 起,死亡 1 193 人;2006 年发生事故 2 224 起,死亡 2 538 人,其中建筑施工事故 888 起,死亡 1 048 人;2007 年建筑施工事故 859 起,死亡 1 012 人;2009 年建筑施工事故 869 起,死亡 1 001 人;2011 年建筑施工事故 847 起,死亡 989 人。近几年来,建筑业的事故发生率和伤亡人数仅次于道路交通和煤矿业,已成为事故高发的第三源头。图 2-1 是 1981 ~2011 年每年建筑施工事故死亡人数。

由图 2-1 可知,我国建筑施工事故的死亡人数呈大起大落的状态,1981 ~2011 年间出现了三次死亡高峰,峰尖分别在 1988 年、1993 年和 2004 年,而在 1990 年和 2002 年死亡人数处于谷底。从总体上看,我国建筑施工事故的人员死亡情况并不呈现一种稳定上升和下降的趋势,而是随着我国的经济发展速度和政府监控的力度的变化而随之变化。

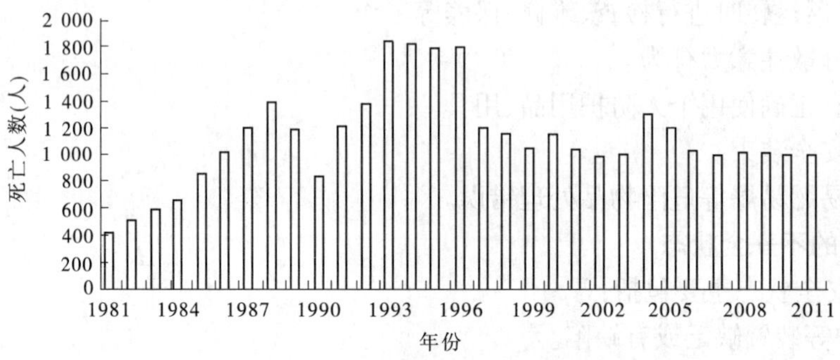

图 2-1　1981 ~ 2011 年建筑施工事故死亡人数

2001 年基建投入达到 20 009 亿元,约占国民生产总值的 18.18%,建筑企业单位有 96 374 家,从业人员达 3 669 万。2004 年建筑企业从业人员接近 4 000 万,占全国工业企业总从业人员的 1/3,其中农民工就占了 80% 以上。近些年来,我国建筑业年均发生事故 1 260 起,每年直接经济损失数百亿元。建筑业是仅次于采矿业的高危行业。工程建设的巨大投资和从业人员的巨大规模使得安全事故的后果异常严重。

1.2.3.2　建筑施工伤亡事故的致因分析

用数理统计的方法,对 1994 ~ 2002 年 9 年来发生的 10 305 起施工伤亡事故的类别、原因、发生的部位等进行统计分析(见图 2-2),得到的结论显示,由于建筑结构的高度、跨度不断增大,新技术大量出现,特别是大型土石方工程忽视安全管理,主要事故的类型有了新的变化。在各类施工伤亡事故中,按照发生事故所占比例的多少,统计如下:高处坠落占 46%,触电占 14%,坍塌占 13%,物体打击占 11%,机械伤害占 6%,起重伤害占 4%。这六类施工伤亡事故占事故总数的 94%。根据上述统计分析的结果,可以明确,在建筑安全管理水平和建筑施工技术水平发展的现阶段,施工伤亡事故的主要类型为高处坠落、触电、坍塌、物体打击、机械伤害和起重伤害六大类型,故称六大伤害。

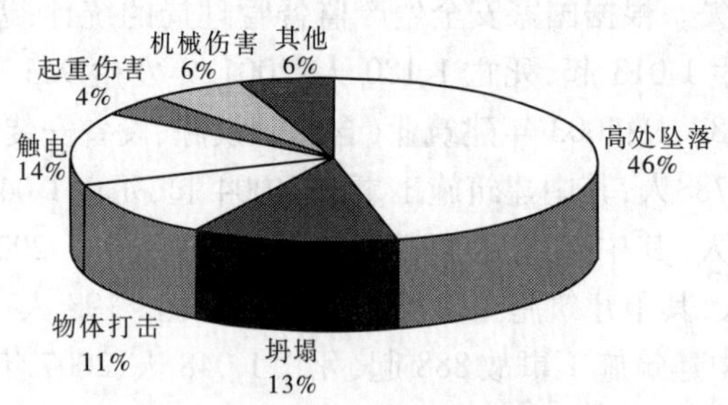

图 2-2　施工伤亡事故类型及所占比例

1. 高处坠落事故

高处坠落事故是建筑施工伤亡事故的主要部分,应是建筑安全系统中控制的重要目标。除管理的因素外,高处坠落事故主要原因是安全防护投入不足,施工现场的临边防护不到位。

2. 坍塌事故

2000年以来坍塌事故造成的死亡人数增长趋势已经大大超过总死亡人数的增长趋势。2002年坍塌事故造成的死亡人数已经达到245人,占1990~2002年来坍塌事故总死亡人数的18.9%,是1990~2002年的最高峰。2000年以来发生的大量坍塌事故主要有两种类型。一是基坑坍塌事故,主要原因是建筑业企业安全防护设施投入不足,随意简化安全防护措施;未按照建筑施工安全技术标准、规范编制地基与基础、地下管道工程施工方案,没有制定专项安全技术措施;施工人员缺乏安全意识和自我保护能力,冒险蛮干。二是施工现场围墙坍塌事故,主要原因是围墙的设计不合理,将围墙做挡土墙、挡水墙以及广告牌、机械设备、材料和砂石的支撑墙。如2001年5月12日新疆乌鲁木齐市新界大厦工程,在基坑开挖时,大量土方堆放在围墙(高21.8 m)内,使堆土段围墙向外倒塌,造成围墙外19人死亡、25人受伤。

3. 起重伤害和机械伤害

起重伤害和机械伤害都属于机械设备伤害。1994年,起重伤害事故的死亡人数高达92人,占1990~2002年起重伤害事故总死亡人数的4.92%。1996年,机械伤害事故的死亡人数高达138人,占总死亡人数的7.72%。尽管建筑机械设备众多,从近12年来机械设备伤害事故的情况分析,绝大多数事故都出在塔式起重机上。原因一是塔式起重机的拆装施工过程中,违章指挥、违章作业和冒险蛮干;二是操作人员和设备管理人员安全培训不合格,工作责任心不强;三是塔式起重机施工安全技术方案不规范,安全技术交底不明确;四是机械设备本身的技术故障多。

4. 触电和物体打击

根据《施工现场临时用电安全技术规范》(JGJ 46—2005)的规定,施工现场必须采用三级配电系统,必须采用TN-S接零保护系统;必须采用两级漏电保护系统。然而施工现场安全检查过程中,完全符合规范要求的做法并不多,三级配电往往做成两级配电,PE线引出位置不对,重复接地位置和次数不对是常见的问题。现场外侧边缘与外电高压线路的距离小于最小安全距离,没有增设屏障、遮栏、围栏或防护网,造成施工设备或钢管脚手架碰触高压电线;设备、电动工具漏电等。为安全施工埋下隐患。

造成物体打击的主要原因是施工现场的临边洞口防护不好,施工的机械设备防护不好和个人安全防护不好。

1.2.3.3 控制建筑业伤亡事故的对策

预防和控制建筑业施工伤亡的总体思路是:坚持"安全第一、预防为主"的方针和以人为本的原则,一方面根据事故发生的规律,从监督管理角度入手研究建筑安全保障体系的建立和实施;另一方面根据建筑施工伤亡事故分析的结果从技术方面入手,研究预防和控制事故的对策。总的来说,要求做好以下工作:

(1)加强安全生产法制建设,实施依法治理安全生产。一是必须严刑峻法,重点治乱;二是必须在法律的贯彻执行上从重从严;三是必须建立联合执法机制,提高执法效率;四是必须健全安全生产法律法规体系,包括安全技术标准体系。

(2)严格贯彻执行安全生产方针。严格贯彻执行"安全第一、预防为主、综合治理"的方针,治理隐患、防范事故,标本兼治、重在治本。

(3)发展建筑安全生产科技事业。实施"科技兴安"战略,加强基础研究工作,依靠安全科技的提高,促进我国建筑安全生产工作的进步。着重加强安全生产关键技术研究与开发,大力推动安全科技成果的转化,建立建筑安全生产监督管理的技术支持体系,为事故调查和安全生产监督管理提供技术支持。建立建筑安全生产科研体系,培育科学研究队伍,对建筑安全生产领域的重要技术问题、管理问题开展科研和攻关。

(4)健全和完善建筑安全教育培训制度。政府要努力健全和完善教育培训制度,做到安全教育培训工作规范化、制度化和标准化。应当针对不同的岗位制定全国建筑安全教育培训教材体系。企业把经常性的安全教育培训贯彻于企业生产活动的全过程中。要根据岗位的需要,结合建设工程项目的特点,把统编教材的内容贯彻落实到每个培训人员。

(5)全面推进建筑意外伤害保险制度。按照《中华人民共和国建筑法》(简称《建筑法》)规定,尽快建立我国建筑意外伤害保险制度。

(6)大力培育、发展建筑安全生产领域的社会中介组织。大力发展安全评估、检测检验、技术服务、技术培训等中介服务。同时,政府要对中介组织和中介服务加以引导、规范和监督,形成规范竞争和有序运行的机制,以适应市场经济条件下安全生产工作的需要。

(7)根据建筑施工伤亡事故的分析结果,将消除六大事故类型确定为整体系统的安全目标。这些事故集中在安全技术管理、文明施工、脚手架、基坑支护与模板工程、防护、施工用电、物料提升机与外用电梯、塔吊、起重吊装和施工机具等十个方面。其中,高处坠落作为重点预防和控制目标,坍塌和机械设备作为专项预防和控制的目标,触电和物体打击作为长期治理的目标,有步骤、有重点地实现建筑施工的安全生产目标。

学习项目2 建筑工程安全生产管理制度

【项目提要】

本项目重点介绍建设工程建筑施工企业安全许可制度、“三项岗位”人员的培训考核任职制度、特种作业人员持证上岗制度的相关内容，施工单位安全生产责任制度、专项施工方案专家论证审查制度、消防安全制度的内容。通过对本项目的学习，使我们了解建筑工程安全生产管理制度的基本知识及内容要求。

【知识目标】

熟悉安全生产相关的法规、规章和条例的规定，掌握安全生产许可证制度、安全生产教育培训制度等内容，以及违法行为需要承担的法律责任。

【能力目标】

能够根据相关施工安全管理依据，保障安全生产。

2.1 施工安全生产许可证制度

2.1.1 申请安全生产许可证的条件

2013 年 7 月经修改后发布的《安全生产许可证条例》中规定：国家对矿山企业、建筑施工企业和危险化学品、烟花爆竹、民用爆破器材生产企业实行安全生产许可制度。企业未取得安全生产许可证的，不得从事生产活动。

2003 年 8 月颁布的《中华人民共和国行政许可法》规定：直接涉及国家安全、公共安全、经济宏观调控、生态环境保护以及直接关系人身健康、生命财产安全等特定活动，需要按照法定条件予以批准的事项，可设定行政许可。

原建设部 2004 年 7 月发布的《建筑施工企业安全生产许可证管理规定》中，将建筑施工企业取得安全生产许可证应当具备的安全生产条件具体规定为：

(1) 建立、健全安全生产责任制，制定完备的安全生产规章制度和操作规程。

(2) 保证本单位安全生产条件所需资金的投入。

(3) 设置安全生产管理机构，按照国家有关规定配备专职安全生产管理人员。

(4) 主要负责人、项目负责人、专职安全生产管理人员经建设主管部门或者其他有关部门考核合格。

(5) 特种作业人员经有关业务主管部门考核合格，取得特种作业操作资格证书。

(6)管理人员和作业人员每年至少进行1次安全生产教育培训并考核合格。

(7)依法参加工伤保险,依法为施工现场从事危险作业的人员办理意外伤害保险,为从业人员交纳保险费。

(8)施工现场的办公、生活区及作业场所和安全防护用具、机械设备、施工机具及配件符合有关安全生产法律、法规、标准和规程的要求。

(9)有职业危害防治措施,并为作业人员配备符合国家标准或者行业标准的安全防护用具和安全防护服装。

(10)有对危险性较大的分部分项工程及施工现场易发生重大事故的部位、环节的预防、监控措施和应急预案。

(11)有生产安全事故应急救援预案、应急救援组织或者应急救援人员。配备必要的应急救援器材、设备。

(12)法律、法规规定的其他条件。

以上条件可概括为定制度、保投入、设机构、全培训、参保险、重安全、重防护、有预案、配资源。

施工企业安全生产责任制的内容一般包括:安全生产责任的负责人包括第一责任人、直接管理责任人、具体岗位责任人的责任目标;责任人(岗位)职责范围和内容;责任评价与考核办法;问责与奖惩措施;责任档案。

政府主管部门要对建筑施工企业的主要负责人、项目负责人、安全生产管理人员,就安全生产方针政策、法律法规、管理知识、专业能力、应急处理等进行考核,并做出评价。

建筑施工企业特种作业人员是指建筑电工、建筑架子工、建筑起重信号司索工、建筑起重机械司机、建筑起重机械安装拆卸工、高处作业吊篮安装拆卸工等。

2.1.2 安全生产许可证的有效期和政府监管的规定

2.1.2.1 安全生产许可证的有效期

1. 安全生产许可证的申请

建筑施工企业从事建筑施工活动前,应当依法申请领取安全生产许可证。中央管理的建筑施工企业(集团公司、总公司)向国务院建设主管部门申请领取安全生产许可证;其他建筑施工企业,包括中央管理的建筑施工企业(集团公司、总公司)下属的建筑施工企业,向企业注册所在地省、自治区、直辖市人民政府建设主管部门申请领取安全生产许可证。

建筑施工企业申请安全生产许可证时,应当向建设主管部门提供下列材料:

(1)建筑施工企业安全生产许可证申请表。

(2)企业法人营业执照。

(3)与申请安全生产许可证应当具备的安全生产条件相关的文件、材料。

建筑施工企业申请安全生产许可证,应当对申请材料实质内容的真实性负责,不得隐瞒有关情况或者提供虚假材料。

2. 安全生产许可证的有效期

按照《安全生产许可证条例》的规定:安全生产许可证的有效期为3年。安全生产许可证有效期满需要延期的，企业应当于期满前3个月向原安全生产许可证颁发管理机关办理延期手续。企业在安全生产许可证有效期内，严格遵守有关安全生产的法律法规。未发生死亡事故的，安全生产许可证有效期届满时，经原安全生产许可证颁发管理机关同意，不再审查，安全生产许可证有效期延期3年。

但是，建筑施工企业变更名称、地址、法定代表人等，应当在变更后10日内，到原安全生产许可证颁发管理机关办理安全生产许可证变更手续。建筑施工企业破产、倒闭、撤销的，应当将安全生产许可证交回原安全生产许可证颁发管理机关予以注销。建筑施工企业遗失安全生产许可证，应当立即向原安全生产许可证颁发管理机关报告，并在公众媒体上声明作废后，方可申请补办。

2.1.2.2 政府监管

根据《安全生产许可证条例》和《建筑施工企业安全生产许可证管理规定》，建筑施工企业未取得安全生产许可证的，不得从事建筑施工活动。

建设主管部门在审核发放施工许可证时，应当对已经确定的建筑施工企业是否有安全生产许可证进行审查，对没有取得安全生产许可证的，不得颁发施工许可证。

安全生产许可证颁发管理机关或者其上级行政机关发现有下列情形之一的，可以撤销已经颁发的安全生产许可证：

(1)安全生产许可证颁发管理机关工作人员滥用职权、玩忽职守颁发安全生产许可证的。

(2)超越法定职权颁发安全生产许可证的。

(3)违反法定程序颁发安全生产许可证的。

(4)对不具备安全生产条件的建筑施工企业颁发安全生产许可证的。

(5)依法可以撤销已经颁发的安全生产许可证的其他情形。

2.1.3 违法行为应承担的法律责任

安全生产许可证违法行为应承担的主要法律责任如下。

2.1.3.1 未取得安全生产许可证擅自从事施工活动应承担的法律责任

《安全生产许可证条例》规定，未取得安全生产许可证擅自进行生产的，责令停止生产，没收违法所得，并处10万元以上50万元以下的罚款；造成重大事故或者其他严重后果，构成犯罪的，依法追究刑事责任。

2.1.3.2 安全生产许可证有效期满未办理延期手续继续从事施工活动应承担的法律责任

《安全生产许可证条例》规定，安全生产许可证有效期满未办理延期手续，继续进行生产的，责令停止生产，限期补办延期手续，没收违法所得，并处5万元以上10万元以下的罚款；逾期仍不办理延期手续，继续进行生产的，依照未取得安全生产许可证擅自进行生产的规定处罚。

2.1.3.3 转让安全生产许可证等应承担的法律责任

《建筑施工企业安全生产许可证管理规定》进一步规定，建筑施工企业转让安全生产许可证的，没收违法所得，处10万元以上50万元以下的罚款，并吊销安全生产许可证；构成犯罪的，依法追究刑事责任；接受转让的，依照未取得安全生产许可证擅自从事建筑施工活动的规定处罚。冒用安全生产许可证或者使用伪造的安全生产许可证的，依照未取得安全生产许可证擅自从事建筑施工活动的规定处罚。

2.1.3.4　以不正当手段取得安全生产许可证应承担的法律责任

《建筑施工企业安全生产许可证管理规定》中规定，建筑施工企业隐瞒有关情况或者提供虚假材料申请安全生产许可证的，不予受理或者不予颁发安全生产许可证，并给予警告，1 年内不得申请安全生产许可证。

建筑施工企业以欺骗、贿赂等不正当手段取得安全生产许可证的，撤销安全生产许可证，3 年内不得再次申请安全生产许可证；构成犯罪的，依法追究刑事责任。

2.2　施工安全生产责任制和安全教育培训制度

2.2.1　施工单位的安全生产责任

2.2.1.1　施工安全生产管理的基本方针

坚持"安全第一、预防为主、综合治理"的方针，是《中华人民共和国建筑法》、《中华人民共和国安全生产法》（简称安全生产法）、《建设工程安全生产管理条例》都明确规定的建设工程安全生产管理的基本方针，必须在实践中认真贯彻执行。

"安全第一"是从保护和发展生产力的角度，表明在生产范围内的安全和生产之间的关系，突出了安全在建设工程活动中的首要位置和重要性；"预防为主"，是在建设工程施工活动中，针对其特点，对施工生产要素采取管理措施，有效地控制不安全因素的发生与扩大，把可能发生的事故消灭在萌芽状态，以保证施工生产活动中人的安全与健康。

"安全第一、预防为主"的方针，体现了国家对在施工安全生产过程中"以人为本"保护劳动者权利和保护社会生产力的高度重视。

2.2.1.2　施工单位的安全生产责任制度

《建筑法》规定，建筑施工企业必须依法加强对建筑安全生产的管理，执行安全生产责任制度，采取有效措施，防止伤亡和其他安全生产事故的发生。

安全生产责任制度是施工单位最基本的安全管理制度，是施工单位安全生产的核心和中心环节。

1. 施工单位主要负责人对安全生产工作全面负责

《建筑法》规定，建筑施工企业的法定代表人对本企业的安全生产负责。

《建设工程安全生产管理条例》也规定，施工单位主要负责人依法对本单位的安全生产工作全面负责。

明确施工单位主要负责人的安全生产责任制，是贯彻"安全第一、预防为主"方针的基本要求，也是被实践证明行之有效的"管生产必须同时管安全"原则的具体体现。不少施工安全事故都表明，如果施工单位主要负责人忽视安全生产，缺乏保证生产安全的有效措施，就会给企业职工的生命安全和身体健康带来威胁，给国家和人民的财产带来损失，企业的经济效益也得不到保障。因此，施工单位主要负责人要摆正安全与生产的关系，做到不安全不生产，生产必须安全，把安全与生产真正统一起来，切实克服生产、安全"两张皮”,重生产、轻安全的现象。

对于主要负责人的理解,应当依据施工单位的性质,以及不同施工单位的实际情况确定。总的原则是,对施工单位全面负责,有生产经营决策权的人,即为主要负责人。就是说,施工单位主要负责人可以是董事长,也可以是总经理或总裁等。

2.施工单位安全生产管理机构和专职安全生产管理人员的责任

《建设工程安全生产管理条例》规定,施工单位应当设立安全生产管理机构,配备专职安全生产管理人员。专职安全生产管理人员负责对安全生产进行现场监督检查。发现安全事故隐患,应当及时向项目负责人和安全生产管理机构报告;对违章指挥、违章操作的,应当立即制止。

安全生产管理机构是指施工单位设置的负责安全生产管理工作的独立职能部门。专职安全生产管理人员是指经建设主管部门或者其他有关部门安全生产考核合格取得安全生产考核合格证书,并在施工单位及其项目从事安全生产管理工作的专职人员。

施工单位应当依法设置安全生产管理机构,在企业主要负责人的领导下开展本单位的安全生产管理工作。其主要职责是:

(1)宣传和贯彻国家有关安全生产法律法规和标准。

(2)编制并适时更新安全生产管理制度并监督实施。

(3)组织或参与企业生产安全事故应急救援预案的编制及演练。

(4)组织开展安全教育培训与交流。

(5)协调配备项目专职安全生产管理人员。

(6)制订企业安全生产检查计划并组织实施。

(7)监督在建项目安全生产费用的使用。

(8)参与危险性较大工程安全专项施工方案专家论证会。

(9)通报在建项目违规违章查处情况。

(10)组织开展安全生产评优评先表彰工作。

(11)建立企业在建项目安全生产管理档案。

(12)考核评价分包企业安全生产业绩及项目安全生产管理情况。

(13)参加生产安全事故的调查和处理工作。

(14)企业明确的其他安全生产管理职责。

专职安全生产管理人员在施工现场检查过程中具有以下职责:

(1)查阅在建项目安全生产有关资料,核实有关情况。

(2)检查危险性较大工程安全专项施工方案落实情况。

(3)监督项目专职安全生产管理人员履责情况。

(4)监督作业人员安全防护用品的配备及使用情况。

(5)对发现的安全生产违章违规行为或安全隐患,有权当场予以纠正或做出处理决定。

(6)对不符合安全生产条件的设施、设备、器材,有权当场做出查封的处理决定。

(7)对施工现场存在的重大安全隐患有权越级报告或直接向建设主管部门报告。

(8)企业明确的其他安全生产管理职责。

《建筑施工企业安全生产管理机构设置及专职安全生产管理人员配备办法》规定,建筑施工企业安全生产管理机构专职安全生产管理人员的配备应满足下列要求(见表2-1),并应根据企业经营规模、设备管理和生产需要予以增加。

表2-1 项目专职安全生产管理人员配备人数

工程类别	项目专职安全生产管理人员配备人数
建筑工程、装修工程按照建筑面积配备	1万 m^2 以下的工程不少于1人
	1万~5万 m^2 的工程不少于2人
	5万 m^2 以上的工程不少于3人,且按专业配备专职安全生产管理人员
土木工程、线路管道、设备安装工程按照工程合同价配备	5 000万元以下的工程不少于1人
	5 000万~1亿元的工程不少于2人
	1亿元及以上的工程不少于3人,且按专业配备专职安全生产管理人员
分包单位配备项目专职安全生产管理人员应当满足下列要求	专业承包单位应当配置至少1人,并根据所承担的分部分项工程的工程量和施工危险程度增加而增加
	劳务分包单位施工人员在50人以下的,应当配备1名专职安全生产管理人员;50~200人的应当配备2名专职安全生产管理人员;200人以上的,应当配备3名及以上专职安全生产管理人员,并根据所承担的分部分项工程施工危险实际情况增加,不得少于工程施工人员总人数的5‰

3. 制定安全生产规章制度和操作规程

严格的规章制度和操作规程是安全生产的重要保障,只有通过规章制度和操作规程,才能将安全生产责任落实到基层,落实到每个岗位和每个职工。因此,施工单位应当根据本单位的实际情况,按照法律、法规、规章和工程建设标准强制性条文的要求,制定有关施工安全生产的具体规章制度,如安全生产责任制度、安全技术措施制度、安全检查制度等,并针对每一个具体工艺、工种和岗位制定具体的操作规程,形成有效的督促、检查和贯彻落实机制。

施工单位对所承担的建设工程要进行定期和专项安全检查,并做好安全检查记录。

4. 保证本单位安全生产条件所需资金的投入

《建设工程安全生产管理条例》规定,施工单位对列入建设工程概算的安全作业环境及安全施工措施所需费用,应当用于施工安全防护用具及设施的采购和更新、安全施工措施的落实、安全生产条件的改善,不得挪作他用。

安全生产必须有一定的资金投入。为了保证安全生产所需资金的投入和使用,施工单位应当制定资金使用计划,并加强对资金使用情况的监督检查,防止资金被挪用,以确保安全生产费用的有效使用。

2.2.2 施工项目负责人的安全生产责任

《建设工程安全生产管理条例》规定,施工单位的项目负责人应当由取得相应执业资格的人员担任，对建设工程项目的安全施工负责。落实安全生产责任制度、安全生产规章制度和操作规程，确保安全生产费用的有效使用，并根据工程的特点组织制订安全施工措施，消除安全事故隐患，及时、如实报告生产安全事故。施工单位不同于一般的生产经营单位，通常会同时承揽若干项建设工程，而且异地施工的情况很普遍。针对这种特殊性，为了加强施工现场管理，施工单位要对每个建设工程项目委派一名项目负责人即项目经理，由他对该项目的施工过程全面负责。项目负责人经施工单位法定代表人授权，选调技术、生产、材料、成本等管理人员组成项目管理班子，代表施工单位在本工程项目上履行管理职责。由于项目负责人在该项目的施工组织管理中居于核心地位，因而必须对施工安全负起责任。同时，为了加强对项目负责人的管理，提高其管理水平，项目负责人还应当依法由取得相应执业资格的人员担任。按照《建造师执业资格制度暂行规定》的规定，建造师经注册后，有权以建造师名义担任建设工程项目施工的项目经理及从事其他施工活动的管理。

项目负责人的安全生产责任主要是：

(1)对建设工程项目的安全施工负责。

(2)落实安全生产责任制度、安全生产规章制度和操作规程。

(3)确保安全生产费用的有效使用。

(4)根据工程的特点组织制定安全施工措施，消除安全事故隐患。

(5)及时、如实报告生产安全事故情况。

此外，《建设工程安全生产管理条例》还规定，建设工程施工前，施工单位负责项目管理的技术人员应当对有关安全施工的技术要求向施工作业班组、作业人员做出详细说明，并由双方签字确认。这就是通常所说的交底制度。在施工前，施工单位负责项目管理的技术负责人要将工程概况、施工方法、安全技术措施等向作业班组、作业人员进行详细讲解和说明。这有助于作业班组和作业人员尽快了解将要进行施工的具体情况，掌握有关操作方法和注意事项，保护作业人员的人身安全，减少因伤亡事故而导致的经济损失。

2.2.3　施工作业人员安全生产的权利和义务

2.2.3.1　施工作业人员应当享有的安全生产权利

按照《建筑法》《安全生产法》《建设工程安全生产管理条例》等法律、行政法规的规定，施工作业人员主要享有如下的安全生产权利。

1. 施工安全生产的知情权和建议权

《安全生产法》规定，生产经营单位的从业人员有权了解其作业场所和工作岗位存在的危险因素、防范措施及事故应急措施，有权对本单位的安全生产工作提出建议。《建筑法》则规定，作业人员有权对影响人身健康的作业程序和作业条件提出改进意见。《建设工程安全生产管理条例》进一步规定，施工单位应当向作业人员提供安全防护用具和安全防护服装，并书面告知危险岗位的操作规程和违章操作的危害。

2. 施工安全防护用品的获得权

《建筑法》规定，作业人员有权获得安全生产所需的防护用品。《安全生产法》还规定，生产经营单位必须为从业人员提供符合国家标准或者行业标准的劳动防护用品，并监

督、教育从业人员按照使用规则佩戴、使用。《建设工程安全生产管理条例》进一步规定,施工单位应当向作业人员提供安全防护用具和安全防护服装。施工安全防护用品是保护施工作业者在施工过程中安全健康所必需的防御性装备。它虽然是一种辅助性的安全防护措施,但对于预防或减少伤亡事故的发生具有重要作用。因此。施工作业人员有权按规定获得安全生产所需的防护用品,施工单位必须按规定发放。施工安全防护用品一般包括安全帽、安全带、安全网、安全绳及其他个人防护用品(如防护鞋、防护服装、防尘口罩)等。

3. 批评、检举、控告权及拒绝违章指挥权

《建筑法》规定,作业人员对危及生命安全和人身健康的行为有权提出批评、检举和控告。《安全生产法》还规定,从业人员有权对本单位安全生产工作中存在的问题提出批评、检举、控告,有权拒绝违章指挥和强令冒险作业。生产经营单位不得因从业人员对本单位安全生产工作提出批评、检举、控告或者拒绝违章指挥、强令冒险作业而降低其工资、福利等待遇或者解除与其订立的劳动合同。

4. 紧急避险权

《安全生产法》规定,从业人员发现直接危及人身安全的紧急情况时,有权停止作业或者在采取可能的应急措施后撤离作业场所。生产经营单位不得因从业人员在前款紧急情况下停止作业或者采取紧急撤离措施而降低其工资、福利等待遇或者解除与其订立的劳动合同。建设工程施工具有特殊性,发生紧急情况是不可预测的,因此作业人员享有停止作业和紧急撤离的权利。但是,作业人员在行使这项权利时也不能滥用:一是危及作业人员人身安全的紧急情况必须有确实可靠的直接根据,仅凭个人猜测或者误判而实际并不属于危及人身安全的紧急情况除外;二是紧急情况必须直接危及人身安全。间接或者可能危及人身安全的情况不应撤离,而应采取有效处理措施;三是出现危及人身安全的紧急情况时,首先是停工作业,然后要采取可能的应急措施,在采取应急措施无效时再撤离作业场所。

5. 获得意外伤害保险赔偿的权利

《建筑法》规定,建筑施工企业应当依法为职工参加工伤保险,缴纳工伤保险费。鼓励企业为从事危险作业的职工办理意外伤害保险,支付保险费。《建设工程安全生产管理条例》进一步规定,施工单位应当为施工现场从事危险作业的人员办理意外伤害保险。意外伤害保险费由施工单位支付。实行施工总承包的,由总承包单位支付意外伤害保险费,意外伤害保险期限自建设工程开工之日起至竣工验收合格止。

这项规定既是施工单位必须履行的义务,也是施工作业人员安全生产应当享有的权利。

6. 请求民事赔偿权

《安全生产法》规定,因生产安全事故受到损害的从业人员,除依法享有工伤社会保险外,依照有关民事法律尚有获得赔偿的权利的,有权向本单位提出赔偿要求。

2.2.3.2 施工作业人员应当履行的安全生产义务

按照《建筑法》《安全生产法》《建设工程安全生产管理条例》等法律、行政法规的规定,施工作业人员主要应当履行如下安全生产义务。

1. 守法遵章和正确使用安全防护用具等的义务

施工单位要依法保障施工作业人员的安全，施工作业人员也必须依法遵守有关的规章制度，做到不违章作业。

《建筑法》规定，建筑施工企业和作业人员在施工过程中，应当遵守有关安全生产的法律、法规和建筑行业安全规章、规程，不得违章指挥或者违章作业。

《安全生产法》规定，从业人员在作业过程中，应当遵守本单位的安全生产规章制度和操作规程，服从管理，正确佩戴和使用劳动防护用品。

《建设工程安全生产管理条例》进一步规定，作业人员应当遵守安全施工的强制性标准、规章制度和操作规程，正确使用安全防护用具、机械设备等。

2. 接受安全生产教育培训的义务

施工单位加强安全教育培训，使作业人员具备必要的施工安全生产知识，熟悉有关的规章制度和安全操作规程，掌握本岗位安全操作技能，是控制和减少施工安全事故的重要措施。

《安全生产法》规定，从业人员应当接受安全生产教育和培训，掌握本职工作所需的安全生产知识，提高安全生产技能，增强事故预防和应急处理能力。《建设工程安全生产管理条例》也规定，作业人员进入新的岗位或者新的施工现场前，应当接受安全生产教育培训。未经教育培训或者教育培训考核不合格的人员，不得上岗作业。2012 年 11 月颁布的《国务院安委会关于进一步加强安全培训工作的决定》进一步规定，严格落实“三项岗位”人员持证上岗和从业人员先培训后上岗制度，健全安全培训档案。劳务派遣单位要加强劳务派遣工基本安全知识培训，劳务使用单位要确保劳务派遣工与本企业职工接受同等安全培训。

3. 施工安全事故隐患报告的义务

施工安全事故通常都是由事故隐患或者其他不安全因素酿成的。因此，施工作业人员一旦发现事故隐患或者其他不安全因素，应当立即报告，以便及时采取措施，防患于未然。《安全生产法》规定，从业人员发现事故隐患或者其他不安全因素，应当立即向现场安全生产管理人员或者本单位负责人报告；接到报告的人员应当及时予以处理。

2.2.4 施工单位的安全生产教育培训的规定

针对一些施工单位安全生产教育培训投入不足，许多新入场农民工未经培训即上岗作业，造成一线作业人员安全意识和操作技能普遍不足，往往违章作业、冒险蛮干的问题，《建筑法》明确规定，建筑施工企业应当建立健全劳动安全生产教育培训制度，加强对职工安全生产的教育培训；未经安全生产教育培训的人员，不得上岗作业。

《国务院安委会关于进一步加强安全培训工作的决定》指出，建立以企业投入为主、社会资金积极资助的安全培训投入机制。企业要在职工培训经费和安全费用中足额列支安全培训经费，实施技术改造和项目引进时要专门安排安全培训资金。

到“十二五”时期末，矿山、建筑施工单位和危险物品生产、经营、储存等高危行业企业（简称高危企业）主要负责人、安全管理人员和生产经营单位特种作业人员（简称“三项岗位”人员）100% 持证上岗，以班组长、新工人、农民工为重点的企业从业人员 100% 培训

合格后上岗,各级安全监管监察人员100%持行政执法证上岗,承担安全培训的教师100%参加知识更新培训,安全培训基础保障能力和安全培训质量得到明显提高。

2.2.4.1　施工单位三类管理人员与“三项岗位”人员的培训考核

1. 三类管理人员的培训考核

《建设工程安全生产管理条例》规定,施工单位的主要负责人、项目负责人、专职安全生产管理人员应当经建设行政主管部门或者其他部门考核合格后方可任职。

施工单位的主要负责人要对本单位的安全生产工作全面负责,项目负责人对所负责的建设工程项目的安全生产工作全面负责,安全生产管理人员更是要具体承担本单位日常的安全生产管理工作。这三类人员的施工安全知识水平和管理能力直接关系到本单位、本项目的安全生产管理水平。如果这三类人员缺乏基本的施工安全生产知识,施工安全生产管理和组织能力不强,甚至违章指挥,将很可能导致施工生产安全事故的发生。因此,他们必须经安全生产知识和管理能力考核合格后方可任职。

2. “三项岗位”人员的培训考核

《国务院关于坚持科学发展安全发展促进安全生产形势持续稳定好转的意见》规定,企业主要负责人、安全管理人员、特种作业人员一律经严格考核、持证上岗。《国务院安委会关于进一步加强安全培训工作的决定》进一步指出,严格落实“三项岗位”人员持证上岗制度。企业新任用或者招录“三项岗位”人员,要组织其参加安全培训,经考试合格持证后上岗。对发生人员死亡事故负有责任的企业主要负责人、实际控制人和安全管理人员,要重新参加安全培训考试。

“三项岗位”人员中的企业主要负责人、安全管理人员已涵盖在三类管理人员之中。对于特种作业人员,因其从事直接对本人或他人及其周围设施安全有着重大危害因素的作业,必须经专门的安全作业培训,并取得特种作业操作资格证书后,方可上岗作业。

按照《建设工程安全生产管理条例》的规定,垂直运输机械作业人员、安装拆卸工,爆破作业人员、起重信号工、登高架设作业人员等特种作业人员,必须按照国家有关规定经过专门的安全作业培训,并取得特种作业操作资格证书后,方可上岗作业。住房和城乡建设部2008年4月发布的《建筑施工特种作业人员管理规定》进一步规定,建筑施工特种作业包括:①建筑电工;②建筑架子工;③建筑起重信号司索工;④建筑起重机械司机;⑤建筑起重机械安装拆卸工;⑥高处作业吊篮安装拆卸工;⑦经省级以上人民政府建设主管部门认定的其他特种作业。特种作业人员操作证作业类别和操作项目分类见表2-2。

表2-2　特种作业人员操作证作业类别和操作项目分类

作业类别	操作项目
电工作业	低压电工作业;高压安装修造作业;高压调试试验作业;防爆电气作业
焊接与热切割作业	气焊与气割作业;焊条电弧焊与碳弧气刨作业;埋弧焊作业;气体保护焊作业;等离子切割作业;电渣焊作业;电阻焊作业;钎焊作业;特殊焊接与热切割作业
起重机械作业	起重司索;起重指挥;起重机司机(桥式类型起重机、门座类型起重机、塔式类型起重机、臂架式类型起重机、流动式类型起重机);起重机械安装改造作业;起重机械维修作业;起重机械操作作业

续表 2-2

作业类别	操作项目
企业内机动车辆作业	叉车驾驶作业;装载、挖掘机械驾驶作业;筑路机械驾驶作业;自卸运输机械驾驶作业;推土机械驾驶作业;蓄电池车驾驶作业;企业内汽车驾驶作业;企业内拖拉机驾驶作业;企业内机动车辆维修作业
高处作业	登高架设作业;高处装修与清洁作业
锅炉作业	锅炉运行操作作业;锅炉水处理作业;锅炉安装修理作业
压力容器作业	固定式压力容器运行操作作业;移动式压力容器操作作业;医用氧舱作业
制冷与空调作业	压缩式制冷与空调设备运行操作作业;吸收式制冷空调设备运行操作作业;制冷与空调设备安装修理作业;小型制冷与空调装置安装修理作业
爆破作业	岩土爆破作业;拆除爆破作业;煤矿井下爆破作业;特殊爆破作业
采掘(剥)作业	采煤机司机;掘进机司机;耙岩机司机;凿岩机司机
危险化学品作业	易燃易爆危险化学品作业;毒性危险化学品作业;燃毒危险化学品作业
电梯作业	电梯安装改造作业;电梯维修作业;电梯操作作业

2.2.4.2 施工单位全员的安全生产教育培训

《建设工程安全生产管理条例》规定,施工单位应当对管理人员和作业人员每年至少进行一次安全生产教育培训,其教育培训情况记入个人工作档案。安全生产教育培训考核不合格的人员,不得上岗。《国务院关于坚持科学发展安全发展促进安全生产形势持续稳定好转的意见》规定,企业用工要严格依照劳动合同法与职工签订劳动合同,职工必须全部经培训合格后上岗。

施工单位应当根据实际需要,对不同岗位、不同工种的人员进行因人施教。安全教育培训可采取多种形式,包括安全形势报告会、事故案例分析会、安全法制教育、安全技术交流、安全竞赛、师傅带徒弟等。

2.2.4.3 进入新岗位或者新施工现场前的安全生产教育培训

由于新岗位、新工地往往各有特殊性,施工单位须对新录用或转场的职工进行安全教育培训,包括施工安全生产法律法规、施工工地危险源识别、安全技术操作规程、机械设备电气及高处作业安全知识、防火防毒防尘防爆知识、紧急情况安全处置与安全疏散知识、安全防护用品使用知识以及发生事故时自救排险、抢救伤员、保护现场和及时报告等。

《建设工程安全生产管理条例》规定,作业人员进入新的岗位或者新的施工现场前,应当接受安全生产教育培训。未经教育培训或者教育培训考核不合格的人员,不得上岗作业。《国务院安委会关于进一步加强安全培训工作的决定》中指出,严格落实企业职工先培训后上岗制度。建筑企业要对新职工进行至少32学时的安全培训,每年进行至少20学时的再培训。

强化现场安全培训。高危企业要严格班前安全培训制度,有针对性地讲述岗位安全生产与应急救援知识、安全隐患和注意事项等,使班前安全培训成为安全生产第一道防

线。要大力推广“手指口述”等安全确认法,帮助员工通过心想、眼看、手指、口述,确保按规程作业。要加强班组长培训,提高班组长现场安全管理水平和现场安全风险管控能力。

2.2.4.4 采用新技术、新工艺、新设备、新材料前的安全生产教育培训

《建设工程安全生产管理条例》规定,施工单位在采用新技术、新工艺、新设备、新材料时,应当对作业人员进行相应的安全生产教育培训。《国务院安委会关于进一步加强安全培训工作的决定》指出,企业调整职工岗位或者采用新工艺、新技术、新设备、新材料的,要进行专门的安全培训。

随着我国工程建设和科学技术的迅速发展,越来越多的新技术、新工艺、新设备、新材料被广泛应用于施工生产活动中,大大促进了施工生产效率和工程质量的提高,同时也对施工作业人员的素质提出了更高要求。如果施工单位对所采用的新技术、新工艺、新设备、新材料的了解与认识不足,对其安全技术性能掌握不充分,或是没有采取有效的安全防护措施,没有对施工作业人员进行专门的安全生产教育培训,就很可能会导致事故的发生。因此,施工单位在采用新技术、新工艺、新设备、新材料时,必须对施工作业人员进行专门的安全生产教育培训,并采取保证安全的防护措施,防止发生事故。

2.2.4.5 安全教育培训方式

《国务院安委会关于进一步加强安全培训工作的决定》指出,完善和落实师傅带徒弟制度。高危企业新职工安全培训合格后,要在经验丰富的工人师傅带领下,实习至少2个月后方可独立上岗。工人师傅一般应当具备中级工以上技能等级,3年以上相应工作经历,成绩突出,善于“传、帮、带”,没有发生过“三违”行为等条件。要组织签订师徒协议,建立师傅带徒弟激励约束机制。

支持大中型企业和欠发达地区建立安全培训机构,重点建设一批具有仿真、体感、实操特色的示范培训机构。加强远程安全培训。开发国家安全培训网和有关行业网络学习平台,实现优质资源共享。实行网络培训学时学分制,将学时和学分结果与继续教育、再培训挂钩。利用视频、电视、手机等拓展远程培训形式。

2.3 施工现场安全防护制度

2.3.1 专项施工方案和安全技术交底

《建筑法》规定,建筑施工企业在编制施工组织设计时,应当根据建筑工程的特点制定相应的安全技术措施;对专业性较强的工程项目,应当编制专项安全施工组织设计,并采取安全技术措施。

2.3.1.1 编制安全技术措施和施工现场临时用电方案

《建设工程安全生产管理条例》规定,施工单位应当在施工组织设计中编制安全技术措施和施工现场临时用电方案。

施工组织设计是规划和指导施工全过程的综合性技术经济文件。安全技术措施是为了实现施工安全生产,在安全防护以及技术、管理等方面采取的措施。安全技术措施可分为防止事故发生的安全技术措施和减少事故损失的安全技术措施。

临时用电方案不仅直接关系到用电人员的安全,也关系到施工进度和工程质量。《施工现场临时用电安全技术规范》(JGJ 46—2005)规定,施工现场临时用电设备在5台及以上或设备总容量在50 kW及以上者,应编制用电组织设计。施工现场临时用电设备在5台以下或设备总容量在50 kW以下者,应制定安全用电和电气防火措施。

2.3.1.2 **编制安全专项施工方案**

《建设工程安全生产管理条例》规定,对下列达到一定规模的危险性较大的分部分项工程编制专项施工方案,并附具安全验算结果,经施工单位技术负责人、总监理工程师签字后实施,由专职安全生产管理人员进行现场监督:

(1)基坑支护与降水工程。

(2)土方开挖工程。

(3)模板工程。

(4)起重吊装工程。

(5)脚手架工程。

(6)拆除、爆破工程。

(7)国务院建设行政主管部门或者其他有关部门规定的其他危险性较大的工程。

对以上所列工程中涉及深基坑、地下暗挖工程、高大模板工程的专项施工方案,施工单位还应当组织专家进行论证、审查。

所谓危险性较大的分部分项工程,是指建筑工程在施工过程中存在的、可能导致作业人员群死群伤或造成重大不良社会影响的分部分项工程。危险性较大的分部分项工程安全专项施工方案,是指施工单位在编制施工组织(总)设计的基础上,针对危险性较大的分部分项工程单独编制的安全技术措施文件。

1.安全专项施工方案的编制

2009年5月住房和城乡建设部发布的《危险性较大的分部分项工程安全管理办法》中规定,施工单位应当在危险性较大的分部分项工程施工前编制专项方案,见表2-3;对于超过一定规模的危险性较大的分部分项工程,施工单位应当组织专家对专项方案进行论证。

表2-3 危险性较大的分部分项工程汇总

序号	分部分项	工程范围
1	深基坑工程	开挖深度超过5 m(含5 m)的基坑(槽)的土方开挖、支护、降水过程
		开挖深度不超过5 m,但地质条件、周围环境和地下管线复杂,或影响毗邻建(构)筑物安全的基坑(槽)的土方开挖、支护、降水过程
2	模板工程及支撑体系	工具式模板工程:包括滑模、爬模、飞模等工程
		混凝土模板支撑工程:搭设高度8 m及以上;搭设跨度18 m及以上;施工总荷载15 kN/m^{2}及以上;集中线荷载20 kN/m及以上
		承重支撑体系:用于钢结构安装等满堂支撑体系,承受单点集中荷载700 kg以上

续表 2-3

序号	分部分项	工程范围
3	起重吊装及安装拆卸工程	采用非常规起重设备、方法,且单件起吊重量在 100 kN 及以上的起重吊装工程
		起重量 300 kN 及以上的起重设备安装工程;高度 200 m 及以上内爬起重设备的拆除工程
4	脚手架工程	搭设高度 50 m 及以上的落地式钢管脚手架工程
		提升高度 150 m 及以上附着式整体和分片提升脚手架工程
		架体高度 20 m 及以上悬挑式脚手架工程
5	拆除、爆破工程	采用爆破拆除的工程
		码头、桥梁、高架、烟囱、水塔或拆除中容易引起有毒有害气(液)体或粉尘扩散、易燃易爆事故发生的特殊建(构)筑物的拆除工程
		可能影响行人、交通、电力设施、通信设施或其他建(构)筑物安全的拆除工程
		文物保护建筑、优秀历史建筑或历史文化风貌区控制范围的拆除工程
6	其他危险性较大的工程	施工高度 50 m 及以上的建筑幕墙安装工程
		跨度大于 36 m 及以上的钢结构安装工程;跨度大于 60 m 及以上的网架和索膜结构安装工程
		开挖深度超过 16 m 的人工挖扩孔桩工程
		地下暗挖工程、顶管工程、水下作业工程
		采用新技术、新工艺、新材料、新设备及尚无相关技术标准的危险性较大的分部分项工程

建筑工程实行施工总承包的,专项方案应当由施工总承包单位组织编制。其中,起重机械安装拆卸工程、深基坑工程、附着式升降脚手架等专业工程实行分包的,其专项方案可由专业承包单位组织编制。

专项方案编制应当包括以下内容:

(1)工程概况:危险性较大的分部分项工程概况、施工平面布置、施工要求和技术保证条件。

(2)编制依据:相关法律法规、规范性文件、标准、规范及图纸(国标图集)、施工组织设计等。

(3)施工计划:包括施工进度计划、材料与设备计划。

(4)施工工艺技术:技术参数、工艺流程、施工方法、检查验收等。

(5)施工安全保证措施:组织保障、技术措施、应急预案、监测监控等。

(6)劳动力计划:专职安全生产管理人员、特种作业人员等。

(7)计算书及相关图纸。

2. 安全专项施工方案的审核

专项方案应当由施工单位技术部门组织本单位施工技术、安全、质量等部门的专业技术人员进行审核。经审核合格的,由施工单位技术负责人签字。实行施工总承包的,专项方案应当由总承包单位技术负责人及相关专业承包单位技术负责人签字。不需专家论证的专项方案,经施工单位审核合格后报监理单位,由项目总监理工程师审核签字。

超过一定规模的危险性较大的分部分项工程专项方案应当由施工单位组织召开专家论证会。实行施工总承包的,由施工总承包单位组织召开专家论证会。

施工单位应当根据论证报告修改完善专项方案,并经施工单位技术负责人、项目总监理工程师、建设单位项目负责人签字后,方可组织实施。实行施工总承包的,应当由施工总承包单位、相关专业承包单位技术负责人签字。

专项方案经论证后需做重大修改的,施工单位应当按照论证报告修改,并重新组织专家进行论证。

3. 安全专项施工方案的实施

施工单位应当严格按照专项方案组织施工,不得擅自修改、调整专项方案。如因设计、结构、外部环境等因素发生变化确需修改的,修改后的专项方案应当按规定重新审核。对于超过一定规模的危险性较大的工程的专项方案,施工单位应当重新组织专家进行论证。

施工单位应当指定专人对专项方案实施情况进行现场监督和按规定进行监测。发现不按照专项方案施工的,应当要求其立即整改;发现有危及人身安全紧急情况的,应当立即组织作业人员撤离危险区域。施工单位技术负责人应当定期巡查专项方案实施情况。

对于按规定需要验收的危险性较大的分部分项工程,施工单位、监理单位应当组织有关人员进行验收。验收合格的,经施工单位项目技术负责人及项目总监理工程师签字后,方可进入下一道工序。

2.3.1.3 施工安全技术交底

《建设工程安全生产管理条例》规定,建设工程施工前,施工单位负责项目管理的技术人员应当对有关安全施工的技术要求向施工作业班组、作业人员做出详细说明,并由双方签字确认。

施工前对有关安全施工的技术要求做出详细说明,就是通常说的安全技术交底。它有助于作业班组和作业人员尽快了解工程概况、施工方法、安全技术措施等情况,掌握操作方法和注意事项,以保护作业人员的人身安全。安全技术交底,通常有施工工种安全技术交底、分部分项工程施工安全技术交底、大型特殊工程单项安全技术交底、设备安装工程技术交底,以及采用新工艺、新技术、新材料施工的安全技术交底等。

2.3.2 施工现场消防安全要求

近年来,施工现场的火灾时有发生,甚至出现了特大恶性火灾事故。因此,施工单位必须建立健全消防安全责任制,加强消防安全教育培训,严格消防安全管理,确保施工现场消防安全。

2.3.2.1　施工单位消防安全责任人和消防安全职责

2011年12月颁布的《国务院关于加强和改进消防工作的意见》中规定，机关、团体、企业事业单位法定代表人是本单位消防安全第一责任人。各单位要依法履行职责，保障必要的消防投入，切实提高检查消除火灾隐患、组织扑救初起火灾、组织人员疏散逃生和消防宣传教育培训的能力。

《中华人民共和国消防法》（简称《消防法》）规定，机关、团体、企业、事业等单位应当履行下列消防安全职责：

(1)落实消防安全责任制，制定本单位的消防安全制度、消防安全操作规程，制订灭火和应急疏散预案。

(2)按照国家标准、行业标准配置消防设施、器材，设置消防安全标志，并定期组织检验、维修，确保完好有效。

(3)对建筑消防设施每年至少进行一次全面检测，确保完好有效，检测记录应当完整准确，存档备查。

(4)保障疏散通道、安全出口、消防车通道畅通，保证防火防烟分区、防火间距符合消防技术标准。

(5)组织防火检查，及时消除火灾隐患。

(6)组织进行有针对性的消防演练。

(7)法律、法规规定的其他消防安全职责。

重点工程的施工现场多定为消防安全重点单位，按照《消防法》的规定，除应当履行所有单位都应当履行的职责外，还应当履行下列消防安全职责：

(1)确定消防安全管理人，组织实施本单位的消防安全管理工作。

(2)建立消防档案，确定消防安全重点部位，设置防火标志，实行严格管理。

(3)实行每日防火巡查，并建立巡查记录。

(4)对职工进行岗前消防安全培训，定期组织消防安全培训和消防演练。

《建设工程安全生产管理条例》还规定，施工单位应当在施工现场建立消防安全责任制度，确定消防安全责任人，制定用火、用电、使用易燃易爆材料等各项消防安全管理制度和操作规程，设置消防通道、消防水源，配备消防设施和灭火器材，并在施工现场入口处设置明显标志。

消防安全标志应当按照《消防安全标志设置要求》(GB 15630—1995)、《消防安全标志　第1部分：标志》(GB 13495.1—2015)设置。

2.3.2.2　施工现场的消防安全要求

《国务院关于加强和改进消防工作的意见》规定，公共建筑在营业、使用期间不得进行外保温材料施工作业，居住建筑进行节能改造作业期间应撤离居住人员，并设消防安全巡逻人员，严格分离用火用焊作业与保温施工作业，严禁在施工建筑内安排人员住宿。新建、改建、扩建工程的外保温材料一律不得使用易燃材料，严格限制使用可燃材料。建筑室内装饰装修材料必须符合国家、行业标准和消防安全要求。

公安部、住房和城乡建设部2009年3月发布的《关于进一步加强建设工程施工现场消防安全工作的通知》中规定，施工单位应当在施工组织设计中编制消防安全技术措施和专项施工方案,并由专职安全管理人员进行现场监督。

施工现场要设置消防通道并确保畅通。建筑工地要满足消防车通行、停靠和作业要求。在建建筑内应设置标明楼梯间和出入口的临时醒目标志,视实际情况安装楼梯间和出入口的临时照明,及时清理建筑垃圾和障碍物,规范材料堆放,保证发生火灾时,现场施工人员疏散和消防人员扑救快捷畅通。

施工现场要按有关规定设置消防水源。应当在建设工程平地阶段按照总平面设计设置室外消火栓系统,并保持充足的管网压力和流量。根据在建工程施工进度,同步安装室内消火栓系统或设置临时消火栓,配备水枪水带,消防干管设置水泵接合器,满足施工现场火灾扑救的消防供水要求。施工现场应当配备必要的消防设施和灭火器材。施工现场的重点防火部位和在建高层建筑的各个楼层,应在明显和方便取用的地方配置适当数量的手提式灭火器、消防沙袋等消防器材。

动用明火必须实行严格的消防安全管理,禁止在具有火灾、爆炸危险的场所使用明火;需要进行明火作业的,动火部门和人员应当按照用火管理制度办理审批手续,落实现场监护人,在确认无火灾、爆炸危险后方可动火施工;动火施工人员应当遵守消防安全规定,并落实相应的消防安全措施;易燃易爆危险物品和场所应有具体的防火防爆措施;电焊、气焊、电工等特殊工种人员必须持证上岗;将容易发生火灾、一旦发生火灾后果严重的部位确定为重点防火部位,实行严格管理。

施工现场的办公、生活区与作业区应当分开设置,并保持安全距离;施工单位不得在尚未竣工的建筑物内设置员工集体宿舍。

2.3.2.3 施工单位消防安全自我评估和防火检查

《国务院关于加强和改进消防工作的意见》中指出,要建立消防安全自我评估机制,消防安全重点单位每季度、其他单位每半年自行或委托有资质的机构对本单位进行一次消防安全检查评估,做到安全自查、隐患自除、责任自负。

《关于进一步加强建设工程施工现场消防安全工作的通知》中规定,施工单位应及时纠正违章操作行为,及时发现火灾隐患并采取防范、整改措施。国家、省级等重点工程的施工现场应当进行每日防火巡查,其他施工现场也应根据需要组织防火巡查。

施工单位消防检查的内容应当包括:火灾隐患的整改情况以及防范措施的落实情况,疏散通道、消防车通道、消防水源情况,灭火器材配置及有效情况,用火、用电有无违章情况,重点工种人员及其他施工人员消防知识掌握情况,消防安全重点部位管理情况,易燃易爆危险物品和场所防火防爆措施落实情况,防火巡查落实情况等。消防安全专项检查评分见表2-4。

2.3.2.4 建设工程消防施工的质量和安全责任

公安部2012年7月经修改后发布的《建设工程消防监督管理规定》中规定,建设工程的消防设计、施工必须符合国家工程建设消防技术标准。

施工单位应当承担下列消防施工的质量和安全责任:

(1)按照国家工程建设消防技术标准和经消防设计审核合格或者备案的消防设计文件组织施工,不得擅自改变消防设计进行施工,降低消防施工质量。

(2)查验消防产品和具有防火性能要求的建筑构件、建筑材料及装修材料的质量,使

用合格产品，保证消防施工质量。

表2-4　消防安全专项检查评分

序号	检查项目	检查内容与评分标准	标准分数	实得分数
1	消防管理组织、制度	有明确的组织机构，完善的管理制度。无扣5分，不健全扣3分，其他情况扣1~2分	5	
2	消防安全责任制	有逐级消防安全责任制（消防安全责任人、消防安全管理人、现场作业人员）。无扣5分，不健全扣3分，其他情况扣1~2分	5	
3	消防安全重点部位	确定本单位消防安全管理重点部位，明确专人负责，管理措施。无扣5分，不健全扣3分，其他情况扣1~2分	5	
4	消防安全巡查	有巡查记录，记录完善。无扣5分，执行不力扣3分，其他情况扣1~2分	10	
5	消防安全检查	有检查记录，检查内容符合要求。无扣5分，执行不力扣3分，其他情况扣1~2分	10	
6	消防安全宣传、教育	开展全员消防安全教育培训，消防知识宣传，消防控制室值班人员、其他需要取证人员，必须持证上岗。无扣5分，执行不力扣3分，其他情况扣1~2分	5	
7	消防设备设施管理	对所属范围内的消防设备、实施进行定期检测、维修、检查（水系统、气体灭火系统、火灾自动报警系统、防排烟系统、其他消防附属设施）。无扣5分，执行不力扣3分，其他情况扣1~2分	10	
8	易燃易爆危险品	采购、运输、存储、领用、回收符合要求。无扣5分，执行不力扣3分，其他情况扣1~2分	5	
9	安全用电及燃气	要明确电气与燃气设备的管理人和职责，定期进行检查、检测。不得随意乱接、改造燃气线路，乱接电线，擅自增加燃气和电器设备，不得私自使用电暖器、电炉、热的快、电饭煲、电褥子等大功率电热器具（每发现一项扣1分）	5	
10	动用明火管理	有三级审批制度，动火证完善。无扣5分，执行不力扣3分，其他情况扣1~2分	5	
11	仓库防火管理	应建立仓库并指定专人负责。禁止吸烟，严禁明火作业，要保持通道畅通；各类物品要分类存放、定置管理，严禁混存、混放。严禁乱接电源、乱拉线路、照明等（每发现一项扣1分）	5	
12	吸烟管理	对吸烟进行检查，每发现1人吸烟扣1分	5	
13	消防安全标识	消防安全标志无损坏，每发现一处损坏扣1分	5	

续表 2-4

序号	检查项目	检查内容与评分标准	标准分数	实得分数
14	消防应急管理	有消防安全专项应急预案,演练,总结。无扣 5 分,执行不力扣 3 分,其他情况扣 1 ~ 2 分	10	
15	消防内业资料	主要包括:本单位消防管理组织体系图表及职责划分资料;各类消防安全管理制度及考核记录;消防设施、设备检查、检测、维修保养记录;各类消防安全检查、巡查记录;消防安全宣传、教育培训记录;消防安全会议记录;消防应急预案及演练记录;其他文字、图片、影像记录(每少一项扣 1 分)	10	
合计分数			100	

注:1. 检查评分表满分 100 分。

2. 每项扣减分数不得超过该项标准分数。

(3)建立施工现场消防安全责任制度,确定消防安全负责人。加强对施工人员的消防教育培训,落实动火、用电、易燃可燃材料等消防管理制度和操作规程。保证在建工程竣工验收前消防通道、消防水源、消防设施和器材、消防安全标志等完好有效。

2.3.2.5 施工单位的消防安全教育培训和消防演练

《国务院关于加强和改进消防工作的意见》指出,要加强对单位消防安全责任人、消防安全管理人、消防控制室操作人员和消防设计、施工、监理人员及保安、电(气)焊工、消防技术服务机构从业人员的消防安全培训。

公安部、住房和城乡建设部等 9 部委 2009 年 5 月发布的《社会消防安全教育培训规定》中规定,在建工程的施工单位应当开展下列消防安全教育工作:

(1)建设工程施工前应当对施工人员进行消防安全教育。

(2)在建设工地醒目位置、施工人员集中住宿场所设置消防安全宣传栏,悬挂消防安全挂图和消防安全警示标识。

(3)对明火作业人员进行经常性的消防安全教育。

(4)组织灭火和应急疏散演练。

《关于进一步加强建设工程施工现场消防安全工作的通知》规定,施工人员上岗前的安全培训应当包括以下消防内容:有关消防法规、消防安全制度和保障消防安全的操作规程,本岗位的火灾危险性和防火措施,有关消防设施的性能、灭火器材的使用方法,报火警、扑救初起火灾以及自救逃生的知识和技能等,保障施工现场人员具有相应的消防常识和逃生自救能力。

施工单位应当根据国家有关消防法规和建设工程安全生产法规的规定,建立施工现场消防组织,制订灭火和应急疏散预案,并至少每半年组织一次演练,提高施工人员及时报警、扑灭初期火灾和自救逃生能力。

2.4 案例分析

案例一

一、背景

某建筑安装公司承担一住宅工程施工。该公司原已依法取得安全生产许可证,但在开工5个月后有效期满。因当时正值施工高峰期,该公司忙于组织施工,未能按规定办理延期手续。当地政府监管机构发现后,立即责令其停止施工,限期补办延期手续。但该公司为了赶工期,既没有停止施工,到期后也未办理延期手续。

二、问题

(1)本案中的建筑安装公司有哪些违法行为?

(2)违法者应当承担哪些法律责任?

三、分析

(1)本案中的建筑安装公司有两项违法行为:一是安全生产许可证有效期满,未依法办理延期手续并继续从事施工活动;二是在政府监管机构责令停止施工、限期补办延期手续后,仍逾期不补办延期手续,并继续从事施工活动。《安全生产许可证条例》第9条规定:"安全生产许可证的有效期为3年。安全生产许可证有效期满需要延期的,企业应当于期满前3个月向原安全生产许可证颁发管理机关办理延期手续。"

(2)对于该建筑安装公司的违法行为,应当依法做出相应处罚。《安全生产许可证条例》第20条规定:"违反本条例规定,安全生产许可证有效期满未办理延期手续,继续进行生产的,责令停止生产,限期补办延期手续,没收违法所得,并处5万元以上10万元以下的罚款;逾期仍不办理延期手续,继续进行生产的,依照本条例第19条的规定处罚。"第19条则规定:"违反本条例规定,未取得安全生产许可证擅自进行生产的,责令停止生产,没收违法所得,并处10万元以上50万元以下的罚款;造成重大事故或者其他严重后果,构成犯罪的,依法追究刑事责任。"

案例二

一、背景

在某高层建筑的外墙装饰施工工地,某施工单位为赶在雨季来前完成施工,又从其他工地调配来一批工人,但未经安全培训教育就安排到有关岗位开始作业,2名工人被安排上高处作业吊篮到6层处从事外墙装饰作业。他们在作业完成后为图省事,直接从高处作业吊篮的悬吊平台向6层窗口爬去,结果失足从10多m高处坠落在地,造成1死1重伤。

二、问题

(1)本案中,施工单位有何违法行为?

(2)该违法行为应当承担哪些法律责任?

三、分析

(1)《安全生产法》第21条规定:“生产经营单位应当对从业人员进行安全生产教育和培训,保证从业人员具备必要的安全生产知识,熟悉有关的安全生产规章制度和安全操作规程,掌握本岗位的安全操作技能。未经安全生产教育和培训合格的从业人员,不得上岗作业。”《建设工程安全生产管理条例》第37条进一步规定:“作业人员进入新的岗位或者新的施工现场前,应当接受安全生产教育培训。未经教育培训或者教育培训考核不合格的人员,不得上岗作业。”本案中,施工单位违法未对新进场的工人进行有针对性的安全培训教育,使2名作业人员违反了“操作人员必须从地面进出悬吊平台。在未采取安全保护措施的情况下,禁止从窗口、楼顶等其他位置进出悬吊平台”的安全操作规程,造成了伤亡事故的发生。

(2)按照《安全生产法》第82条规定:“生产经营单位有下列行为之一的,责令限期改正;逾期未改正的,责令停产停业整顿,可以并处2万元以下的罚款。”

(3)未按照本法第21条、第22条的规定对从业人员进行安全生产教育和培训,或者未按照本法第36条的规定如实告知从业人员有关的安全生产事项的;……《建设工程安全生产管理条例》第62条进一步规定:“施工单位有下列行为之一的,责令限期改正;逾期未改正的,责令停业整顿,依照《安全生产法》的有关规定处以罚款;造成重大安全事故,构成犯罪的,对直接责任人员,依照刑法有关规定追究刑事责任;……施工单位的主要负责人、项目负责人、专职安全生产管理人员、作业人员或者特种作业人员,未经安全教育培训或者经考核不合格即从事相关工作的;……”据此,该施工单位及其直接责任人员应当依法承担上述有关的法律责任。

学习项目3 土方工程施工安全技术

【知识目标】

1. 掌握土方开挖的安全隐患及预防措施。
2. 熟悉浅基坑和深基坑的支护方法和安全技术要求。
3. 掌握基坑工程安全检测项目和变形控制。
4. 掌握基坑工程保证项目安全检查评定规定。

【能力目标】

1. 能对土方工程施工现场重要环境因素和重要危险源进行有效控制。
2. 能根据安全要点对深基坑的支护进行检查。
3. 合理安排各项安全技术措施并做好安全技术交底。

【案例引入】

安徽省合肥市"5·30"沟槽坍塌事故

2007年5月30日,安徽省合肥市某市政道路排水工程在施工过程中,发生一起边坡坍塌事故,造成4人死亡、2人重伤,直接经济损失约160万元。

该排水工程造价约400万元,沟槽深度约7 m,上部宽7 m,沟底宽1.45 m。事发当日在浇筑沟槽混凝土垫层作业中,东侧边坡发生坍塌,将1名工人掩埋。正在附近作业的其余施工人员立即下到沟槽底部,从南、东、北三个方向围成半月形扒土施救,并用挖掘机将塌落的大块土清出,然后用挖掘机斗抵住东侧沟壁,保护沟槽底部的救援人员。经过约半个小时的救援,被埋人员的双腿已露出。此时,挖掘机司机发现沟槽东侧边坡又开始掉土,立即向沟底的人喊叫,沟底的人听到后,立即向南撤离,但仍有6人被塌落的土方掩埋。

根据事故调查和责任认定,对有关责任方做出以下处理:施工单位负责人、项目负责人、监理单位项目总监等4名责任人移交司法机关依法追究刑事责任;施工单位董事长、施工带班班长、监理单位法人等13名责任人分别受到罚款、吊销执业资格证书、记过等行政处罚;施工、监理等单位受到相应经济处罚。

【案例思考】

针对上述案例,试分析事故发生的可能原因、事故的责任划分、可采取哪些预防措施。

3.1 土方开挖安全技术措施

3.1.1 土石方施工基本安全措施

土石方开挖施工前,工程技术部门应依据工程地质、水文地质、气象条件、环境因素等勘测资料,结合现场的实际情况,制订具体的专项施工方案。施工中应遵循各项安全技术规程和标准,严格按照施工方案组织施工,在施工过程中注重加强对人、机、物、料、环境因素的安全控制,搞好工序穿插,提高工效和施工速度,遇到较大的暴风雨天气应停止施工,确保作业人员、设备的安全。

开挖施工前,应根据设计文件复查地下构造物(光缆、电缆、管道等)的埋设位置和走向,并采取防护措施或避让措施。施工中如发现危险物品及其他可疑物品,应立即停止开挖,报请项目部相关部门处理。

开挖程序应遵循自上而下的原则,并采取有效的安全措施合理安排施工工序,确定开挖边坡坡比,边坡开挖每一梯段开挖完成后,应进行一次安全处理,并由工程技术部及时制订边坡支护方案。

土方开挖时,应防止周边邻近的建筑和构筑物、道路管线等发生下沉和变形,必要时与设计方、甲方协商采取防护措施,并在施工中加强观测;相关轴线引桩、标准水准点等要注意防护,挖运土时不得碰撞,以免影响测量精度。施工中若发现文物或古墓等,应妥善保护,并应立即报请当地有关部门处理后,方可继续施工。

需加强对各类人员的培训教育,加强雨季安全施工常识的学习,提高自我防范能力和应急反应能力。严格遵守施工时间,尽可能夜间不施工,减小噪声污染,若需夜间连续作业,需办好夜间施工许可证。

3.1.2 人工开挖的安全技术措施

开挖由专人指挥,严格遵循“分层开挖、严禁超挖”及“大基坑小开挖”的原则。开挖作业人员之间,必须保持足够的安全距离:横向间距不小于2 m,纵向间距不小于3 m;开挖必须自上而下放坡进行,严禁采用挖空底脚的操作方法。高陡边坡处施工必须遵守下列规定:

(1)作业人员必须绑系安全带。

(2)边坡开挖中如遇地下水涌出,应先排水,后开挖。

(3)开挖工作应与装运作业面相互错开,严禁上、下双重作业。

(4)弃土下方和有滚石危及范围内的道路,应设警告标志,作业时坡下严禁通行。

(5)坡面上的操作人员对松动的土、石块必须及时清除;严禁在危石下方作业、休息和存放机具。

(6)各施工人员严禁翻越护身栏杆,基坑内人员休息时远离基坑边,不得在坡底和坡顶休息,以防不测;基坑外施工人员不得向基坑内乱扔杂物,向基坑下传递工具时要接稳后再松手;基坑施工期间需设警示牌,夜间加设红色灯标志。

3.1.3 机械开挖的安全技术措施

大型机械进场前,应查清所通过道路、桥梁的净宽和承载力是否足够,否则应先予拓宽和加固。机械在危险地段作业时,必须设明显的安全警告标志,并应设专人站在操作人员能看清的地方指挥,驾机人员只能接受指挥人员发出的规定信号。

机械在边坡、边沟作业时,应与边缘保持必要的安全距离,使轮胎(履带)压在坚实的地面上。配合机械作业的清底、平地、修坡等辅助工作应与机械作业交替进行,机上、机下人员必须密切配合,协同作业,当必须在机械作业范围内同时进行辅助工作时,应停止机械运转后,辅助人员方可进入。

施工机械一切服从指挥,人员尽量远离机械,如有必要,先通知操作人员后方可接近。在挖土机工作范围内,不允许进行其他作业。挖掘机和载重车辆的停机点必须留有足够的安全距离,杜绝坡道停机、停车,坡道挖掘应由专人指挥。

机械挖土与人工清槽要采用轮换工作面作业,确保配合施工安全。挖掘机回转范围内不得站人,尤其是土方施工配合人员;在机械挖出支护坡面后,要求人工及时修整边坡,基坑围护紧随上方开挖进行。

3.1.4 雨季施工安全技术措施

土方工程受雨水影响较大,如不采取有关防范措施,将可能对施工安全及建筑物质量产生严重影响,因此在雨期施工时应注意以下几点:

(1)挖土前要在沿渠边坡顶部设挡水埂、排水沟等截水排水设施及防洪和排水机械设备,减少边坡汇水,防止边坡被雨水冲塌及基坑(槽)进水泡槽。土方开挖宜从上到下分层分段依次进行,同时做成一定坡势,以利集水外排;基底成型时宜在基层同时做好排水沟、集水井等抽排系统,下雨时及时排除落雨。

(2)基坑挖好后要迅速协调组织好钎探、验槽等工作时间。

(3)如有需要,基坑上口四周做 20 cm 高挡水墙,往外做好排水坡度,保证排水畅通,防止地表水流入基坑内或大量渗入坑边土体影响边坡的稳定。

(4)雨期开挖基槽(坑)时,应注意边坡稳定。必要时可适当放缓边坡坡度或设置支撑。施工时应加强对边坡和支撑的检查控制,防止滑坡及塌方事故。已开挖好的基槽(坑)要设置支撑,正在开挖的要放缓边坡。

(5)雨期施工的工作面不宜过大,应逐段、逐片地分期完成,雨量大时,应停止大面积的土方施工;基础挖到标高后,及时验收并浇筑混凝土垫层;被雨水浸泡后的基础,应做必要的挖方回填等,恢复基础承载力的工作;重要的或特殊工程应在雨期前完成任务。

(6)对雨前回填的土方,应及时进行碾压并使其表面形成一定的坡度,以便雨水能自动排出。

(7)弃渣场应在四周做好防止雨水冲刷的措施,根据地理条件在渣场周围设置排水沟,以阻止土方被雨水冲刷导致水土流失或覆盖农田。

(8)基础施工完毕,应抓紧进行回填。

3.1.5 土方开挖危险因素及预防措施

在土方开挖、搬运、回填、外运过程中存在的危险源、危险因素及预防措施见表3-1。

表3-1 土方开挖危险源、危险因素、预防措施

序号	施工过程	危险源	危险因素	预防措施
1	土方开挖	土方坍塌	挖方区土方开挖深度过高后，开挖时土方易坍塌	土方每次开挖高度不得超过3.0 m，并根据土质和上部荷载情况，按施工规范要求进行放坡，设置护坡支撑等，开挖区设置安全警示标志，严禁无关人员进入开挖区
		土石滚落或飞溅伤人及过往车辆	土石方开挖时未设置围护栏或围护栏不牢固；围护栏旁石块堆积过多	土石方开挖时必须设置安全可靠的围护栏。 围护栏旁堆积的石块必须及时清除。 开挖区设置安全警示标志，严禁无关人员进入开挖区
		施工机械伤人	挖掘机开挖土方时，在挖掘机回转半径范围内可能伤人	土方开挖时指挥人员及施工人员应在挖掘机回转半径以外指挥，并时刻注意挖掘机回转半径范围内不得有人
2	土方运输	车辆伤人（交通运输事故）	施工车辆不按规定线路和时速行驶伤人	在施工现场内规划出施工车辆行驶路线，经常维护，保证施工道路满足施工车辆行驶要求，并规定在场内施工车辆行驶时速不得超过5 km/h
		施工道路车辆碾压飞石伤人	道路上有石块，车辆碾压飞起伤人	车辆行驶道路每天必须清理，及时清除松动石块及散落的泥土杂物

3.2 基坑支护

3.2.1 一般沟槽的支撑方法

基坑（槽）施工，若土质与周边环境允许，放坡开挖较为经济，但在建筑物稠密地区，或受周围市政设施的限制，不允许放坡开挖或按规定放坡所增加的土方量过大时，都需要用设置土壁支护的施工方法。对宽度不大、深5 m以内的浅沟（槽），一般宜设置简单的横撑式支撑，其形式需根据实际开挖深度、土质条件、地下水位、施工时间长短、施工季节和当地气象条件、施工方法与相邻建（构）筑物情况进行选择。

开挖较窄的沟槽多用横撑式支撑，横撑式支撑由挡土板、楞木和工具式横撑组成。根据挡土板的不同，分为水平挡土板和垂直挡土板两类。一般沟槽的支撑方法见表3-2。

表 3-2 一般沟槽的支撑方法

支撑方式	简图	支撑方法及适用条件
断续式 水平支撑		挡土板水平放置,中间留出间隔,并要两侧同时对称立竖枋木,然后用工具式或木横撑上、下顶紧; 适用于能保持直立壁的干土或天然湿度的黏土、深度在3 m以内的沟槽
连续式 水平支撑		挡土板水平连续放置,不留间隙,在两侧同时对称立竖枋木,上、下各顶一根撑木,端头加木楔顶紧; 适用于较松散的干土或天然湿度的黏土、深度为3~5 m的沟槽
垂直支撑		挡土板垂直放置,可连续或留适当间隙,然后每侧上、下各水平顶一根枋木,再用横撑顶紧; 适用于土质较松散或湿度很高的土,深度不限

3.2.2 一般浅基坑的支撑方法

一般浅基坑的支撑方法见表3-3。

表 3-3 一般浅基坑的支撑方法

支撑方式	简图	支撑方法及适用条件
临时挡 土墙支撑	扁丝编织袋或草袋装土、砂,或干砌、浆砌毛石	沿坡脚用砖、石叠砌或用装水泥的聚丙烯扁丝编织袋、草袋装土、砂堆砌,使坡脚保持稳定; 适用于开挖宽度大的基坑,当部分地段下部放坡不够时使用
斜柱支撑	回填土 柱桩 斜撑 撑桩	水平挡土板钉在柱桩内侧,柱桩外侧用斜撑支顶,斜撑底端支在木桩上,在挡土板内侧回填土; 适用于开挖较大型、深度不大的基坑或使用机械挖土时使用

续表 3-3

支撑方式	简图	支撑方法及适用条件
锚拉支撑	≥$H/\tan\varphi$ 柱桩 H 拉杆 锚桩 回填土	水平挡土板放在柱桩的内侧,柱桩一端打入土中,另一端用拉杆与锚桩支撑,在挡土板内侧回填土; 适用于开挖较大型、深度不大的基坑或使用机械挖土,不能安设横撑时使用

3.2.3 深基坑的支撑方法

当施工现场不具备放坡条件,放坡无法保证施工安全,通过放坡及加设临时支撑已经不能满足施工需要时,一般采用支护结构进行临时支挡,以保证基坑的土壁稳定。支护结构的选型有排桩或地下连续墙、水泥土墙、逆作拱墙或采用上述型式的组合等。

3.2.3.1 排桩或地下连续墙

排桩或地下连续墙通常由围护墙、支撑(或土层锚杆)及防渗帷幕等组成。排桩可根据工程情况分为悬臂式支护结构、拉锚式支护结构、内撑式支护结构和锚杆式支护结构,见图3-1。地下连续墙可与内支撑、逆作法、半逆作法结合使用。施工振动小、噪声低,墙体刚度大,防渗性能好,对周围地基扰动小,可以组成具有很大承载力的连续墙。

图3-1 排桩支护结构

3.2.3.2 水泥土桩墙

水泥土桩墙依靠其本身自重和刚度保护坑壁,一般不设支撑,特殊情况下采取措施后亦可局部加设支撑。水泥土墙有深层搅拌水泥土桩墙、高压旋喷桩墙等类型,通常呈格构式布置。适用条件为:基坑侧壁安全等级宜为二、三级;水泥土桩施工范围内地基土承载力不宜大于150 kPa;基坑深度不宜大于6 m。

3.2.3.3　逆作拱墙

当基坑平面形状适合时,可采用拱墙作为围护墙,见图 3-2。拱墙有圆形闭合拱墙、椭圆形闭合拱墙和组合拱墙。对于组合拱墙,可将局部拱墙视为两铰拱。适用条件为:基坑侧壁安全等级宜为三级;淤泥和淤泥质土场地不宜采用;拱墙轴线的矢跨比不宜小于 1/8;基坑深度不宜大于 12 m;地下水位高于基坑底面时,应采取降水或截水措施。

图 3-2　逆作拱墙结构

3.2.3.4　土钉墙支护

土钉墙支护是近年来发展起来的用于土体开挖和边坡稳定的一种技术。由于施工可靠且施工快速简便,施工机械化程度要求不高,已在许多国家迅速推广和使用。所谓"土钉",就是置入现场原位土体中以较密间距排列的细长金属杆件,通常还外裹水泥砂浆或水泥净浆体。土钉通长与周围土体接触,依靠接触界面上的黏结力和摩擦力与周围土体形成一个结合体,见图 3-3。在土体发生变形的条件下被动受力,且主要通过受拉工作对土体进行加固。土钉支护具有如下特点:

(1)材料用量远低于桩支护和连续墙支护,土钉支护的施工速度比其他支护要快得多。

(2)施工设备轻便,操作简单,有较大的灵活性,对周围的环境干扰也很小,特别适合于城市城区施工。

(3)对场地土层的适应性强,特别适合有一定黏性的砂土和硬黏土,即使是软土,在采取一定措施后也有可能采用土钉支护。

(4)结构轻巧,柔性大,有非常好的抗震性能和延性。

(5)安全可靠,土钉的数量较多并作为群体起作用,个别土钉出现质量问题或失效时对整体影响不大。

3.2.3.5　锚杆或喷锚支护

锚杆与土钉墙支护相似,将锚杆锚入稳定土体中。锚杆可与排桩、地下连续墙、土钉墙、其他支护结构联合使用,不宜用于有机土、液限大于 50% 的黏土层及相对密度小于

图3-3　土钉墙支护结构

0.3%的砂土。喷锚支护是从隧道岩石锚杆引入的一种新型基坑支护技术,当深基坑邻近有建(构)筑物,交通干线或地下管线影响,基坑不能放坡开挖时,采用喷锚支护可以支承挡土墙,维护坑壁稳定,简化坑内支撑,改善施工条件。

3.2.4　基坑支护安全技术要求

(1)基坑(槽)、边坡、基础桩、模板和临时建筑作业前,应按设计单位要求,根据地质情况、施工工艺、作业条件及周边环境编制施工方案。单位分管负责人审批并签字,项目负责人组织验收,经验收合格并签字后,方可作业。

(2)土方开挖前,应在确认地下管线的埋置深度、位置及防护要求后,制订防护措施,经项目分管负责人审批签字后,方可作业。土方开挖时,施工单位应对相邻建筑物、道路的沉降和位移情况进行观测。

(3)项目部应做好施工区域内临时排水系统规划,临时排水不得破坏相邻建(构)筑物的地基和挖、填土方的边坡。在地形、地质条件复杂,可能发生滑坡、坍塌的地段挖方时,应由设计单位确定排水方案。场地周围出现地表水汇流、排泄或地下水管渗漏时,施工单位应组织排水,对基坑采取保护措施。开挖低于地下水位的基坑(槽)、边坡和基础桩时,施工单位应合理选用降水措施降低地下水位。

(4)基坑(槽)、边坡设置坑(槽)壁支撑时,项目部应根据开挖深度、土质条件、地下水位、施工方法及相邻建(构)筑物等情况设计支撑。拆除支撑时应按基坑(槽)回填顺序自下而上逐层拆除,随拆随填,防止边坡塌方或相邻建(构)筑物产生破坏,必要时采取加固措施。

(5)基坑(槽)、边坡和基础桩孔边堆置各类建筑材料的,应按规定距离堆置。各类施工机械距基坑(槽)、边坡和基础桩孔边的距离,应根据设备重量、基坑(槽)、边坡和基础桩的支护、土质情况确定,且不得小于1.5 m。

(6)基坑(槽)作业时,项目部应在施工方案中确定攀登设施专用通道,作业人员不得

攀爬模板、脚手架等临时设施。

(7)机械开挖土方时,作业人员不得进入机械作业范围内进行清理或找坡作业。

(8)在地质灾害易发区施工时,应根据地质勘察资料编制施工方案,单位分管负责人审批签字,项目分管负责人组织有关部门验收,经验收合格并签字后,方可作业。施工时应遵循自上而下的开挖顺序,严禁先切除坡脚。爆破施工时,应防止爆破震动影响边坡稳定。

(9)为防止地面水流入基坑(槽)内造成边坡塌方或土体破坏,基坑(槽)开挖或回填应连续进行,在施工过程中,应随时检查坑(槽)壁的稳定情况。

(10)模板作业时,模板支撑宜采用钢支撑材料作支撑立柱,不得使用严重锈蚀、变形、断裂、脱焊、螺栓松动的钢支撑材料和竹材作立柱。支撑立柱基础应牢固,并按设计计算严格控制模板支撑系统的沉降量,支撑立柱基础应牢固,支撑立柱基础为泥土地面时,应采取排水措施,对地面平整、夯实,并加设满足支撑承载力要求的垫板后,方可用以支撑立柱,斜支撑立柱应牢固拉接,形成整体。

(11)基坑(槽)、边坡和基础桩施工及模板作业时,应指定专人指挥、监护,出现位移、开裂及渗漏时,应立即停止施工,将作业人员撤离作业现场,待险情排除后,方可作业。

(12)楼面、屋面堆放建筑材料、模板、施工机具或其他物料时,施工单位应严格控制数量、重量,防止超载。堆放数量较多时,应进行荷载计算,并对楼面、屋面进行加固。

(13)项目部应按地质资料和设计规范,确定临时建筑、基础形式和平面布局,并按施工规范进行施工,施工现场临时建筑与建筑材料的间距应符合技术标准。

(14)临时建筑外侧为街道或行人通道时,应采取加固措施,禁止在施工围墙墙体上方或紧靠施工围墙架设广告或宣传标牌。施工围墙外侧应有禁止人群停留、聚集和堆砌土方、货物等的警告。

(15)施工现场使用的组装式活动房屋应有产品合格证,在组装后进行验收,经验收全权签字后,方能使用。对搭设在空旷、山脚等处的活动房,应采取防风、防洪和防暴雨等措施。

(16)雨期施工,应对施工现场的排水系统进行检查和维护,保证排水畅通。在傍山、沿河地区施工时,应采取必要的防洪、防泥石流措施。深基坑特别是稳定性差的土质边坡、顺向坡,施工方案应充分考虑雨季施工等诱发因素,提出预案措施。

(17)冬季解冻期施工时,应对基坑(槽)支护进行检查,无异常情况后,方可施工。

3.3 基坑工程检测

3.3.1 基坑检测的目的

深基坑施工的质量问题实质上是基坑的整体刚度和稳定性,即基坑支护结构是否会发生变形、是否会产生沉降及水平方向的位移或倾斜、支护结构是否有裂缝以及基坑底是否产生隆起和变形。若发生这些问题,将导致基坑支护结构失效。

由于深基坑工程技术复杂,涉及范围广,事故频繁,因此在施工过程中应进行监测。

通过监测随时掌握土体和支护结构的内力变化情况，了解邻近建筑物、构筑物的变形情况，将监测数据与设计预估值进行对比分析，以判断施工工艺和施工参数是否要修改，优化下一步施工参数，为施工开展提供及时的反馈信息，达到信息化施工的目的；通过对邻近建筑物、构筑物的监测，验证基坑开挖方案和环境保护方案的正确性，及时分析出现的问题，为基坑周围环境安全制定及时、有效的保护措施提供依据；由于各个场地地质条件、施工工艺和周边环境不同，基坑设计计算中未曾计入的各种复杂因素，通过对现场的监测结果进行分析、研究，将监测结果用于反馈优化设计，为改进设计提供依据。

3.3.2　基坑工程检测项目

基坑支护结构监测的主要手段，是安排专业施工监测人员对基坑现场及周围建筑物进行监测，根据基坑开挖期间监测到的基坑支护结构或岩土变位等情况，比照勘察、设计的预期性状，动态分析监测资料，全面掌握位移变化的大小、方向、变化频率，对照报警标准，预测下一阶段工作的动态，及时对施工中可能出现的险情进行预报，超过位移设定的预警值时，应及时采取有效的应对措施，确保工程安全。深基坑支护结构工程监测的主要内容有：支护结构顶部水平位移；支护结构沉降和裂缝；邻近建筑物、道路的沉降、倾斜和裂缝；基坑底隆起的观测等。可参考表3-4选择基坑检测项目，并根据支护结构条件、基坑周边环境的重要性及地质条件的复杂性确定检测点部位及数量。

表3-4　建筑深基坑支护工程监测项目和监测频率

监测项目	基坑侧壁安全等级			监测单位	监测(巡视)频率	说明
	一级	二级	三级			
支护结构顶部水平位移	应测	应测	应测	施工监测 第三方监测	基坑开挖至开挖完成后稳定前：1次/天； 基坑开挖完成稳定后至结构底板完成前：1次/3天； 结构底板完成后至回填土完成前：1次/15天	对于桩(墙)锚支护，基坑开挖深度小于总深度的1/2时，可适当降低监测频率
基坑周边建(构)筑物、地下管线、道路沉降	应测	应测	可测	施工监测 第三方监测	基坑开挖至开挖完成后稳定前：1次/2天； 基坑开挖完成稳定后至结构底板完成前：1次/3天； 结构底板完成后至回填土完成前：1次/15天	对于桩(墙)锚支护，基坑开挖深度小于总深度的1/2时，可适当降低监测频率
基坑周边地面沉降	应测	应测	可测	施工监测 第三方监测	基坑开挖至开挖完成后稳定前：1次/天； 基坑开挖完成稳定后至结构底板完成前：1次/3天； 结构底板完成后至回填土完成前：1次/15天	对于桩(墙)锚支护，基坑开挖深度小于总深度的1/2时，可适当降低监测频率

续表 3-4

监测项目	基坑侧壁安全等级			监测单位	监测(巡视)频率	说明
	一级	二级	三级			
支护结构顶部竖向位移	宜测	应测（土钉墙及复合土钉墙）	应测（土钉墙及复合土钉墙）	施工监测第三方监测	基坑开挖至开挖完成后稳定前：1次/天；基坑开挖完成稳定后至结构底板完成前：1次/3天；结构底板完成后至回填土完成前：1次/15天	
支护结构深部水平位移	应测	宜测	可测	施工监测第三方监测	基坑开挖至开挖完成后稳定前：1次/4天；基坑开挖完成稳定后至结构底板完成前：1次/10天；结构底板完成后至回填土完成前：1次/30天	
锚杆拉力	应测	应测（桩锚）		施工监测第三方监测	基坑开挖至开挖完成后稳定前：1次/天；基坑开挖完成稳定后至结构底板完成前：1次/3天；结构底板完成后至回填土完成前：1次/15天	
支撑轴力	应测	应测（桩撑）		施工监测第三方监测	基坑开挖至开挖完成后稳定前：1次/天；基坑开挖完成稳定后至结构底板完成前：1次/3天；结构底板完成后至回填土完成前：1次/15天	
挡土构件内力	可测	可测	可测	第三方监测	依据设计文件	
支撑立柱沉降	应测	宜测		施工监测第三方监测	依据设计文件	
地下水位	应测	应测	应测	施工监测第三方监测	基坑开挖至开挖完成后稳定前：1次/天；基坑开挖完成稳定后至结构底板完成前：1次/3天；结构底板完成后至回填土完成前：1次/15天	

续表3-4

监测项目	基坑侧壁安全等级			监测单位	监测(巡视)频率	说明
	一级	二级	三级			
土压力	可测	可测	可测	第三方监测	依据设计文件	
孔隙水压力	可测	可测	可测	第三方监测	依据设计文件	
安全巡视	应测	应测	应测	施工巡视 第三方巡视 总包巡视	基坑开挖至开挖完成后稳定前:2次/天; 基坑开挖完成稳定后至结构底板完成前:1次/天	巡视内容应满足《建筑基坑工程监测技术规范》(GB 50497—2009)的规定

注:1.本表中监测频率为施工监测频率,第三方监测频率为施工监测频率的一半。

2.本表中巡视频率为施工巡视频率,第三方监测巡视频率同第三方监测频率。总包单位在基坑工程施工和使用期内,每天应进行巡视检查并做好记录。

3.当基坑支护工程出现《建筑基坑工程监测技术规范》(GB 50497—2009)第7.0.4条情况时,应提高监测频率,并及时向委托方报告监测结果。

4.当基坑支护工程出现《建筑基坑工程监测技术规范》(GB 50497—2009)第8.0.7条情况时,应立即进行危险报警,并应对基坑支护结构和周边环境中的保护对象采取应急措施。

3.3.2.1　支护结构顶水平位移和竖向位移

通过对围护墙(坡)顶水平位移和竖向位移监测,可以掌握围护墙(坡)体在基坑挖土施工过程中的平面和竖向变形情况,用于同设计比较,分析对周围环境的影响。而围护墙顶沉降值对掌握支护墙下卧层变形情况、防止整体滑移以及“两墙合一”逆作法施工中分析差异沉降对主体结构影响都有很大意义。

3.3.2.2　支护结构深部水平位移

支护结构在基坑挖土后,基坑内外的水土压力平衡要依靠围护墙体和支撑体系。围护墙体在基坑外侧水土压力作用下,会发生变形。要掌握围护墙体的侧向变形(在不同深度上各点的水平位移),需要通过对围护墙体的测斜来实现,以便掌握支护结构的整体状况。这是较深基坑工程监测中一项重要的基本内容。

3.3.2.3　支护结构内力

支护结构设计计算书一般可提供围护墙体的理论计算结果,如弯矩和剪力等,但实际工程中由于勘察提供的数据与实际土体状况、理论计算和实际受力状况都存在一定差异,因此对围护墙体内力监测十分必要。工程中主要是针对围护墙体的弯矩监测,通过测试围护墙体的主筋受力来分析围护墙体承受的弯矩,以防止围护墙体因强度不足而导致支护结构破坏。

3.3.2.4 支撑体系

1. 内支撑体系

内支撑体系的监测分为支撑轴力、立柱位移。支撑基本上承受压力，但也存在偏心荷载和横向力（如上部的施工荷载等），支撑的弯曲变形或侧向变形过大可能引起支撑失稳。另一方面，所计算的支撑轴力为理论值，实际工程中，由于温度影响、施工偏差等引起的附加内力，在计算中难以精确分析，通过监测则能了解支撑实际的受力状况。

立柱位移直接反映支撑的位移，它对支撑会引起附加弯矩。立柱主要考虑竖向位移，对在基坑开挖中，或因为土体的隆起引起立柱的抬升，或因上部竖向荷载产生立柱的沉降，这些目前理论上尚难以计算，工程中通过对立柱位移的监测，可以掌握立柱实际位移，以便做到信息化施工。

2. 外拉锚体系

外拉锚体系包括两类，一类是锚杆支护，主要是监测锚杆轴力；另一类是顶部外拉锚，这种坑顶外拉锚的受力特点是依靠锚碇（桩）前的土体，因此监测锚碇（桩）的位移就显得十分重要。

3.3.2.5 周边环境

1. 地下水位监测

地下水是影响基坑安全的一个重要因素。降低地下水位一般或多或少会造成周边地表沉降、邻近管线或房屋下沉等影响。在采用止水帷幕的工程中，也有可能因为帷幕施工质量问题而发生渗漏，或者因为帷幕埋深不足而发生绕渗。渗流的后果往往会引起土层的颗粒被带走，造成坑外水土流失。降水和水土流失对周围环境的沉降影响范围较大，有时可达到数倍基坑开挖深度以外。进行地下水位监测可以预报地下水位不正常下降，控制地下水位变化，防止周边地表沉降。此外，承压水在深基坑中往往会造成基底突涌，因此承压水的监测也是一项重要内容。

2. 地面沉降

地面沉降虽然不是直接对建筑物和地下管线进行测量，但它的测试方法简便，可以根据理论预估的沉降分析规律，较全面地进行测点布置，以全面地了解基坑周围地层的变形情况，有利于对建筑物和地下管线等进行监测分析。

3. 土压力

目前，水、土压力理论计算值同实际水、土压力值还存在一定差异，特别是水土压力在不同土质、不同支护结构变形下的差异更难以确定，而水土压力的分布是支护结构设计以及引起基坑支护结构实际内力和变形的关键技术因素，因此对围护墙体内外侧的水土压力进行监测能全面分析和掌握支护结构的受力情况。

4. 基坑周边建（构）筑物、地下管线的变形

受基坑挖土等施工的影响，基坑周围的地层会发生不同程度的变形，地层的变形会对周围建筑物、地下管线等产生不利影响。为防止由于基坑开挖而影响周边建筑物、地下管线的正常使用和安全，在进行基坑支护结构监测的同时，应监测周边建筑物、地下管线的

变形。

3.3.3　基坑变形的监控值

基坑(槽)、管沟土方工程验收必须确保支护结构安全和周围环境安全为前提。当设计有指标时,以设计要求为依据,无设计指标时应按表3-5的规定执行。

表3-5　基坑变形的监控值　(单位:cm)

基坑类别	围护结构墙顶位移监控值	围护结构墙体最大位移监控值	地面最大沉降监控值
一级基坑	3	5	3
二级基坑	6	8	6
三级基坑	8	10	10

注:1. 符合下列情况之一,为一级基坑:

(1)重要工程或支护结构做主体结构的一部分;

(2)开挖深度大于10 m;

(3)与邻近建筑物、重要设施的距离在开挖深度以内的基坑;

(4)基坑范围内有历史文物、近代优秀建筑、重要管线等需严加保护的基坑。

2. 三级基坑为开挖深度小于7 m,且周围环境无特别要求时的基坑。

3. 除一级和三级外的基坑属二级基坑。

4. 当周围已有的设施有特殊要求时,尚应符合这些要求。

3.4　基坑工程安全检查

3.4.1　基坑工程保证项目安全检查评定规定

3.4.1.1　施工方案

基坑工程施工应编制专项施工方案,开挖深度超过3 m或虽未超过3 m,但地质条件和周边环境复杂的基坑土方开挖、支护、降水工程,应单独编制专项施工方案;专项施工方案应按规定进行审核、审批;开挖深度超过5 m的基坑土方开挖、支护、降水工程或开挖深度虽未超过但地质条件、周围环境复杂的基坑土方开挖、支护、降水工程专项施工方案,应组织专家进行论证;当基坑周边环境或施工条件发生变化时,专项施工方案应重新进行审核、审批。

3.4.1.2　基坑支护

人工开挖的狭窄基槽,开挖深度较大并存在边坡塌方危险时,应采取支护措施;地质条件良好、土质均匀且无地下水的自然放坡的坡率应符合规范要求;基坑支护结构应符合设计要求,基坑支护结构水平位移应在设计允许范围内。

3.4.1.3　降排水

当基坑开挖深度范围内有地下水时,应采取有效的降排水措施。基坑边沿周围地面

应设排水沟,放坡开挖时,应对坡顶、坡面、坡脚采取降排水措施。基坑底四周应按专项施工方案设排水沟和集水井,并应及时排除积水。

3.4.1.4　**基坑开挖**

基坑支护结构必须在达到设计要求的强度后,方可开挖下层土方。基坑开挖应按设计和施工方案的要求,分层、分段、均衡开挖。基坑开挖应采取措施防止碰撞支护结构、工程桩或扰动基底原状土土层。当采用机械在软土场地作业时,应采取铺设渣土或砂石等硬化措施。

3.4.1.5　**坑边荷载**

基坑边堆置土、料具等荷载应在基坑支护设计允许范围内。施工机械与基坑边沿的安全距离应符合设计要求。

3.4.1.6　**安全防护**

开挖深度超过 2 m 及以上的基坑周边必须安装防护栏杆,防护栏杆的安装应符合规范要求。基坑内应设置供施工人员上下的专用梯道。梯道应设置扶手栏杆,梯道的宽度不应小于 1 m,梯道搭设应符合规范要求。降水井口应设置防护盖板或围栏,并应设置明显的警示标志。

3.4.2　基坑工程一般项目安全检查评定规定

3.4.2.1　**基坑监测**

基坑开挖前应编制监测方案,并应明确监测项目、监测报警值、监测方法和监测点的布置、监测周期等内容。监测的时间间隔应根据施工进度确定。当监测结果变化速率较大时,应加密观测次数。基坑开挖监测工程中,应根据设计要求提交阶段性监测报告。

3.4.2.2　**支撑拆除**

基坑支撑结构的拆除方式、拆除顺序应符合专项施工方案的要求。当采用机械拆除时,施工荷载应小于支撑结构承载能力;当采用人工拆除时,应按规定设置防护设施;当采用爆破拆除、静力破碎等拆除方式时,必须符合国家现行相关规范的要求。

3.4.2.3　**作业环境**

(1)基坑内土方机械、施工人员的安全距离应符合规范要求。

(2)上下垂直作业应按规定采取有效的防护措施。

(3)在电力、通信、燃气、上下水等管线 2 m 范围内挖土时,应采取安全保护措施,并应设专人监护。

(4)施工作业区域应采光良好,当光线较弱时应设置有足够照度的光源。

3.4.2.4　**应急预案**

基坑工程应按规范要求结合工程施工过程中可能出现的支护变形、漏水等影响基坑工程安全的不利因素制订应急预案。应急组织机构应健全,应急的物资、材料、工具、机具等品种、规格、数量应满足应急的需要,并应符合应急预案的要求。

建筑施工企业安全检查见表 3-6。

表 3-6 建筑施工企业安全检查

序号	检查项目		扣分标准	应得分数	扣减分数	实得分数
1	保证项目	施工方案	基坑工程未编制专项施工方案，扣10分； 专项施工方案未按规定审核、审批，扣10分； 超过一定规模条件的基坑工程专项施工方案未按规定组织专家论证，扣10分； 基坑周边环境或施工条件发生变化，专项施工方案未重新进行审核、审批，扣10分	10		
2		基坑支护	人工开挖的狭窄基槽，开挖深度较大或存在边坡塌方危险未采取支护措施，扣10分； 自然放坡的坡率不符合专项施工方案和规范要求，扣10分； 基坑支护结构不符合设计要求，扣10分； 支护结构水平位移达到设计报警值未采取有效控制措施，扣10分	10		
3		降排水	基坑开挖深度范围内有地下水未采取有效的降排水措施，扣10分； 基坑边沿周围地面未设排水沟或排水沟设置不符合规范要求，扣5分； 放坡开挖对坡顶、坡面、坡脚未采取降排水措施，扣5～10分； 基坑底四周未设排水沟和集水井或排除积水不及时，扣5～8分	10		
4		基坑开挖	支护结构未达到设计要求的强度提前开挖下层土方，扣10分； 未按设计和施工方案的要求分层、分段开挖或开挖不均衡，扣10分； 基坑开挖过程中未采取防止碰撞支护结构或工程桩的有效措施，扣10分； 机械在软土场地作业，未采取铺设渣土、砂石等硬化措施，扣10分	10		
5		坑边荷载	基坑边堆置土、料具等荷载超过基坑支护设计允许要求，扣10分； 施工机械与基坑边沿的安全距离不符合设计要求，扣10分	10		
6		安全防护	开挖深度2 m及以上的基坑周边未按规范要求设置防护栏杆或栏杆设置不符合规范要求，扣5～10分； 基坑内未设置供施工人员上下的专用梯道或梯道设置不符合规范要求，扣5～10分； 降水井口未设置防护盖板或围栏，扣10分	10		
		小计		60		

续表 3-6

序号	检查项目		扣分标准	应得分数	扣减分数	实得分数
7	一般项目	基坑监测	未按要求进行基坑工程监测，扣10分； 基坑监测项目不符合设计和规范要求，扣5～10分； 监测的时间间隔不符合监测方案要求或监测结果变化速率较大未加密观测次数，扣5～8分； 未按设计要求提交监测报告或监测报告内容不完整，扣5～8分	10		
8		支撑拆除	基坑支撑结构的拆除方式、拆除顺序不符合专项施工方案要求，扣5～10分； 机械拆除作业时，施工荷载大于支撑结构承载能力，扣10分； 人工拆除作业时，未按规定设置防护设施，扣8分； 采用非常规拆除方式不符合国家现行相关规范要求，扣10分	10		
9		作业环境	基坑内土方机械、施工人员的安全距离不符合规范要求，扣10分； 上下垂直作业未采取防护措施，扣5分； 在各种管线范围内挖土作业未设专人监护，扣5分； 作业区光线不良，扣5分	10		
10		应急预案	未按要求编制基坑工程应急预案或应急预案内容不完整，扣5～10分； 应急组织机构不健全或应急物资、材料、工具机具储备不符合应急预案要求，扣2～6分	10		
		小计		40		
检查项目合计				100		

3.4.3 土方工程作业安全技术交底

施工单位依据建设工程安全生产的法律、法规和标准，建立安全技术交底文件的编制、审查和批准制度。

安全技术交底文件应有针对性，由专业技术人员编写，技术负责人审查，施工单位负责人批准；编写、审查、技术人员应当在安全技术交底文件上签字。

工程项目施工前，必须进行安全技术交底，被交底人员应当在文件上签字，并在施工中接受安全管理人员的监督检查，见表3-7。

表3-7　土方工程安全技术交底

<table>
<tr><td>单位工程名称</td><td></td><td>施工单位</td><td colspan="3"></td></tr>
<tr><td>施工部位</td><td colspan="2"></td><td colspan="2">施工内容</td><td></td></tr>
<tr><td>安全技术交底内容</td><td colspan="5">1. 按照施工方案的要求作业；
2. 人工挖土时应由上而下，逐层挖掘，严禁掏洞或在孤石挖土，夜间应有充足的照明；
3. 在深基坑操作时，应随时注意土壁的变动情况，如发现有大面积裂缝现象，必须暂停施工，报告项目经理进行处理；
4. 在基坑或深井下作业时，必须戴安全帽，严防上面土块及物体下落砸伤头部，遇有地下水渗出时，应把水引到集水井加以排除；
5. 挖土方时，如发现有不能辨认的物品或事先没有预见到的电缆等，应及时停止操作，报告上级处理，严禁敲击或玩弄；
6. 人工吊运泥土，应检查工具、绳索、钩子是否牢靠，起吊时垂线下不得有人，用车子运土，应平整道路，清除障碍；
7. 在水下作业，必须严格检查电器的接地或接零和漏电保护开关，电缆应完好，并穿戴防护用品；
8. 修坡时，要按照要求进行，人员不能过于集中，当土质比较差时，应指定专人看管；
9. 验收合格方可进行作业，验收不合格不准开始下一道工序</td></tr>
<tr><td>施工现场针对性安全交底</td><td colspan="5">1. 按照施工方案的要求作业；
2. 人工挖土时应由上而下，逐层挖掘，严禁掏洞或在孤石挖土，夜间应有充足的照明；
3. 在深基坑操作时，应随时注意土壁的变动情况，如发现有大面积裂缝现象，必须暂停施工，报告项目经理进行处理；
4. 挖土方时，如发现有不能辨认的物品或事先没有预见到的电缆等，应及时停止操作，报告上级处理，严禁敲击或玩弄；
5. 修坡时，要按照要求进行，人员不能过于集中，当土质比较差时，应指定专人看管；
6. 验收合格方可进行作业，验收不合格不准开始下一道工序</td></tr>
<tr><td>交底人签名</td><td></td><td>接受交底人技术负责人签名</td><td></td><td>交底时间</td><td></td></tr>
<tr><td>作业人员签名</td><td colspan="5"></td></tr>
</table>

3.5　土方工程施工事故案例分析

案例一　安徽省合肥市"5·30"沟槽坍塌事故

一、事故简介

事故简介见"案例引入"。

二、原因分析

1. 直接原因

沟槽开挖未按施工方案确定的比例放坡（方案要求1∶0.67，实际放坡仅为1∶0.4），

同时在边坡临边堆土加大了边坡荷载，且没有采取任何安全防护措施，导致沟槽边坡土方坍塌。

2. 间接原因

(1) 施工单位以包代管，未按规定对施工人员进行安全培训教育及安全技术交底，施工人员缺乏土方施工安全生产的基本知识。

(2) 监理单位不具备承担市政工程监理的资质，违规承揽业务并安排不具备执业资格的监理人员从事监理活动。

(3) 施工、监理单位对施工现场存在的违规行为未及时发现并予以制止，对施工中存在的事故隐患未督促整改。

(4) 未制订事故应急救援预案，在第一次边坡坍塌将1人掩埋后盲目施救，发生二次塌方导致死亡人数增加。

三、事故教训

(1) 以包代管，终酿惨案。这是一项典型的以包代管工程。施工单位对所承包的工程应加强安全管理，做好日常的各项安全和技术管理工作，加强土方边坡的定点监测、提前发现事故先兆。

(2) 深度超过5 m的沟槽，施工前应组织专家论证，并严格按照施工方案放坡，执行沟槽边1 m内禁止堆土的规定。

(3) 监测不力，救援不及时。加强对沟槽施工边坡的安全检查，及时发现事故隐患。施工单位应制订应急救援预案，当发生紧急情况时，应按照预案在统一指挥和确保安全的前提下进行抢险。

四、事故预防对策

这是一起由于违反施工方案，现场安全管理工作缺失而引起的生产安全责任事故。事故的发生暴露出施工单位以包代管，监理单位不认真履行职责等问题。我们应从事故中吸取教训，认真做好以下几方面工作：

(1) 沟槽施工采取自然放坡是土方施工保证边坡稳定的技术措施之一，必须根据土质和沟槽深度进行放坡。深度为7 m的沟槽施工属于危险性较大的分项工程，不但要编制安全专项施工方案，而且应进行专家论证，并建立保证安全措施落实的监督机制。

(2) 按规定对土方施工人员进行安全培训教育及安全技术措施交底，提高其应急抢险能力。总包单位应按照规定制订“土方施工专项应急救援预案”，发生事故时，统一指挥、科学施救，才能避免事故扩大。

(3) 落实工程总包、分包、监理单位的安全监督管理责任。严格按照相应资质等级，从事施工、监理活动。

案例二　青海省西宁市“4·27”边坡坍塌事故

一、事故简介

2007年4月27日，青海省西宁市某保安护卫有限公司基地边坡支护工程施工现场发生一起坍塌事故，造成3人死亡、1人轻伤，直接经济损失60万元。

该工程拟建场地北侧为东西走向的自然山体，坡体高12～15 m，长145 m，自然边坡坡度为1:0.5~1:0.7。边坡工程9 m以上部分设计为土钉喷锚支护,9 m以下部分为毛石挡土墙,总面积为2 000 m^2。其中,毛石挡土墙部分于2007年3月21日由施工单位分包给私人劳务队(无法人资格和施工资质)进行施工。

4月27日上午,劳务队5名施工人员人工开挖北侧山体边坡东侧5 m×1 m×1.2 m毛石挡土墙基槽。16时左右,自然地面上方5 m处坡面突然坍塌,除在基槽东端作业的1人逃离外,其余4人被坍塌土体掩埋。

根据事故调查和责任认定,对有关责任方做出以下处理:项目经理、现场监理工程师等责任人分别受到撤职、吊销执业资格等行政处罚;施工、监理等单位分别受到资质降级、暂扣安全生产许可证等行政处罚。

二、原因分析

1. 直接原因

(1)施工地段地质条件复杂,经过调查,事故发生地点位于河谷区与丘陵区交接处,北侧为黄土覆盖的丘陵区,南侧为河谷地2级及3级基座阶地。上部土层为黄土层及红色泥岩夹变质砂砾,下部为黄土层黏土。局部有地下水渗透,导致地基不稳。

(2)施工单位在没有进行地质灾害危险性评估的情况下,盲目施工,也没有根据现场的地质情况采取有针对性的防护措施,违反了自上而下分层修坡、分层施工工艺流程,从而导致了事故的发生。

2. 间接原因

(1)建设单位在工程建设过程中,未做地质灾害危险性评估,且在未办理工程招标投标、工程质量监督、工程安全监督、施工许可证的情况下组织开工建设。

(2)施工单位委派不具备项目经理执业资格的人员负责该工程的现场管理。项目部未编制挡土墙施工方案,没有对劳务人员进行安全生产教育和安全技术交底。在山体地质情况不明、没有采取安全防护措施的情况下冒险作业。

(3)监理单位在监理过程中,对施工单位资料审查不严,对施工现场落实安全防护措施的监督不到位。

三、事故教训

(1)《建设工程安全生产管理条例》(简称《条例》)已明确规定建设工程施工、监理和设计等单位在施工过程中的安全生产责任。参建各方认真履行法律法规明确规定的责任是确保安全生产的基本条件。

(2)这起事故的发生,首先是施工单位没有根据《条例》的要求任命具备相应执业资格的人担任项目经理;其次是施工单位没有根据《条例》的要求编制安全专项施工方案或安全技术措施。

(3)监理单位没有根据《条例》的要求审查施工组织设计中的安全专项施工方案或者安全技术措施是否符合工程建设强制性标准。对于施工过程中存在的安全隐患,监理单位没有要求施工单位予以整改。

四、事故预防对策

这是一起由于违反施工工艺流程,冒险施工引发的生产安全责任事故。事故的发生暴露了该工程从施工组织到技术管理、从建设单位到施工单位都没有真正重视安全生产

管理工作等问题,我们应从中吸取事故教训,认真做好以下几方面的工作:

(1)导致建筑安全事故发生的各环节之间是相互联系的,这起事故的发生是各环节共同失效的结果。因此,搞好安全生产首先要求建设、施工、监理和设计各方要全面正确履行各自的安全职责,并在此基础上不断规范施工管理程序,规范监理监督程序,规范设计工作程序和业主监管程序,使之持续改进,只有这样,安全生产目标才能实现。需要特别指出的是,监理单位是联系业主、设计单位与施工单位的桥梁,规范监理单位的安全生产职责是搞好安全生产的重要环节。

(2)落实安全责任、实现本质安全。大量事故表明,事故的间接原因往往是其发生的本质因素。不具备执业资格的项目经理负责该工程的现场管理是此次事故的一个重要原因。如果本项目有一个合格的项目经理,他就会在施工前认真组织制定可行的施工组织设计并认真实施。同样,如果监理单位认真履行安全监管职责,就会要求施工单位制定完善的施工组织设计或安全专项措施并认真审核。如果这两个重要环节都有人把好了关,这个事故是完全可以避免的。

(3)强化政府监管、规范市场规则。要强化安全生产监管工作,必须通过政府部门的有效监管,规范市场各竞争主体的经营行为。因此,遏制安全生产事故必须从政府有效监管入手,利用媒体舆论监督推动全社会安全文化建设,建设、施工、监理、设计等单位认真贯彻安全法律法规,形成综合治理的局面。

(4)完善甲方责任、建立监管机制。建设单位要依照法定建设程序办理工程质量监督、工程安全监督、施工许可证,并组织专家对地质灾害危险性进行评估。

(5)依法施工生产、认真履行职责。施工单位要认真吸取事故教训,根据地质灾害危险性评估报告制定、落实符合法定程序的施工组织设计、专项安全施工方案;委派具有相应执业资格的项目经理、施工技术人员、安全管理人员,认真监督管理施工现场安全生产工作,认真做好安全生产教育,严格按照相关标准全面落实各项安全措施。

(6)明确安全职责,强化监督管理。监理单位应认真履行监理职责,严格审查、审批施工组织设计、安全专项方案及专家论证等相关资料,发现安全隐患和管理漏洞时,应监督施工单位停止施工,责令认真整改,待验收合格后方可恢复施工。

案例三　重庆市南岸区“1·17”边坡坍塌事故

一、事故简介

2006年1月17日,重庆市南岸区某商住楼工程在进行边坡治理的施工过程中,发生一起边坡坍塌事故,造成4人死亡,直接经济损失76.2万元。

该工程为商住小区,项目用地22 286 m^2,总建筑面积92 359 m^2。现场3、4号楼地下车库边坡东西长约80 m,南北长约45 m,高5~7 m,边坡切面近90°。当天共有5名施工人员进行锚杆钻孔作业。15时左右,当施工人员将两台钻机分别送上脚手架的第1层和第3层(高约7 m),做接水管和电缆线等开钻前准备工作时,在搭设脚手架的地方,有长约11 m、高4~6 m、重200多t的岩体突然断裂坍塌,瞬间将部分脚手架掩埋。脚手架下4人中有3人被埋,1人被脚手架钢管紧紧压住。

根据事故调查和责任认定,对有关责任方做出以下处理:项目经理、土方分包负责人、监理单位现场代表等7名责任人分别受到撤销职务、记过等行政处分和相应经济处罚；总包、监理、专业分包单位分别受到相应经济处罚。

二、原因分析

1. 直接原因

该工程边坡上部为0.5 m左右的杂填土，下部为泥岩和砂岩，顶部未采取封闭措施，导致雨水渗入，软化了结构面，使结构面抗剪强度降低。基坑边坡采用直立开挖的方法，致使岩体处于临空状态，且未及时采取支护措施，导致边坡岩体发生突然脆性破坏而断裂坍塌。

2. 间接原因

(1) 总包和边坡专业分包单位对该岩体所存在的危险性估计不足。边坡治理专业分包单位未按边坡治理措施方案严格实施，未制订锚杆钻孔作业方案，未严格执行房屋建筑分包有关规定。

(2) 监理单位对该项目的监理不到位，项目监理负责人没有认真履行职责。

三、事故教训

(1) 边坡专业分包单位虽然与总包单位签订了《锚杆工程分包协议》，但对整个施工过程未履行其管理责任，没有制订专项施工方案，放任一名既无资质又无职位的人员代表公司全面实施《锚杆工程分包协议》，致使该工程存在的隐患未能及时发现并得到有效的控制。以上行为违反了《房屋建筑和市政基础设施工程施工分包管理办法》第九条、《中华人民共和国建筑法》第二十六条和《中华人民共和国安全生产法》第十七条第四项的有关规定。

(2) 总包单位虽然编制了边坡处理措施方案，但对边坡因地质情况可能产生的危害估计不足，安全措施不力，且未能严格贯彻落实。虽然与分包单位签订了《锚杆工程分包协议》，但未向分包单位提交有关资料，整个边坡治理过程、施工方案、具体技术的指导、作业进程的安排都是由分包单位实施。

(3) 监理单位虽然对总包单位的边坡处理措施方案提出了“立即与建设方协商联系有边坡资质资格的设计单位和施工单位对切坡治理”的意见。但当总包单位未提供有资质单位进行设计、提出新的处理方案时，监理单位未能坚持自己的意见，也未对施工现场的违规冒险作业予以制止，且未向建设行政主管部门报告，使得项目失去了有效的监理。

四、事故预防对策

这是一起由于安全生产管理缺失和安全技术措施不到位引发的生产安全责任事故。事故的发生暴露出建设工程施工各方日常安全生产管理工作缺失等问题。我们应认真吸取事故教训，做好以下几方面工作：

(1) 树立法律意识。建设、施工、监理等工程建设各方责任主体应严格遵守国家有关安全生产的法律、法规，牢固树立“安全第一，预防为主、综合治理”的方针，认真贯彻落实安全生产责任制。树立安全责任重于泰山的意识，克服麻痹大意的思想，杜绝违章作业。坚持依法办事，规范操作。加强对施工过程和现场的监管力度，不论项目大小都必须依法履行安全生产职责，严格施工方案审查，按《建筑施工组织设计规范》编制有关施工方案。

(2) 依法组织生产活动。该工程规模虽然不大，但专业性较强，施工单位没能按照

《建筑法》及有关安全生产法律法规，编制专项施工方案和制定安全技术措施，并跟踪贯彻落实。该项目以不规范的方式分包给了一名不具备建筑施工管理资格的人员，由其代表公司实施，总包和专业分包单位均未严格执行房屋建筑工程分包有关规定。

(3)加强技术防范。这起事故反映出建设工程施工生产缺少技术措施或技术措施不到位，往往是安全生产的最大"杀手"。土方坍塌事故与其他事故相比，先兆最为明显，只要定点定时实施监测，就能及早通过边坡的沉降或位移判断事故先兆，及时采取措施，避免人员伤亡。

(4)强化监管效能。监理单位要严格按照监理规范和有关规定，认真履行安全生产监理职责，督促施工单位落实好安全生产责任制，及时消除事故隐患，防止出现安全生产监管的盲区。监理单位要有效制止施工生产中的不规范、不安全的现象和行为。

案例四　黑龙江省哈尔滨市"1·04"基坑坍塌事故

一、事故简介

2006年1月4日，黑龙江省哈尔滨市某勘察设计院经济适用住房工程发生一起基坑土方坍塌事故，造成3人死亡、3人轻伤，直接经济损失61.7万元。

该工程建筑面积30 000 m^2，2005年12月31日，该工程在建设单位未获得施工许可证，未确定工程监理单位，未办理建设工程安全监督手续等情况下开工。

事发当日18时左右，施工单位项目部在组织施工人员挖掘基坑时，靠近周边小区锅炉房一侧的杂填土发生滑落。为保证毗邻建筑物锅炉房和烟囱安全，21时，施工单位开始埋设帷幕桩进行防护。23时，2名施工人员在基坑内进行帷幕桩作业时，突然发生土方坍塌，将其中1人埋入坍塌土方中，坑上人员立即下坑抢救，抢救过程中发生二次土方坍塌，导致人员伤亡。

根据事故调查和责任认定，对有关责任方做出以下处理：项目技术负责人、项目工长2名责任人移交司法机关依法追究刑事责任；建设单位负责人、施工单位经理、项目经理等11名责任人受到罚款、吊销执业资格或行政记过处分；施工、建设等单位受到吊销企业资质、罚款等相应行政处罚。

二、原因分析

1. 直接原因

施工单位未按施工程序埋设帷幕桩，帷幕桩抗弯强度及刚度均未达到《建筑基坑支护技术规程》(JGJ 120—99)的要求；在进行帷幕桩作业时，未采取安全防范措施；毗邻建筑物(锅炉房)一侧杂填土密度低于其他部位，在开挖土方和埋设帷幕桩时，对杂填土层产生了扰动，进一步降低了基坑土壁的强度，导致坍塌事故发生；施工单位在抢险救援过程中措施不力，致使事故灾害进一步扩大。

2. 间接原因

(1)建设单位未按照《中华人民共和国建筑法》等有关法律法规要求认真履行职责。在未取得施工许可证、未委托工程监理、未向施工单位提供工程毗邻建筑物保护和深基坑支护等安全防护设计方案、未办理建设工程安全监督手续等施工手续的情况下，默许施工单位进行施工，对施工单位超范围违规作业制止不力，导致工程管理和施工现场安全监管失控。

(2)施工单位未按照《建设工程安全生产管理条例》等有关法律法规的要求履行职责,未严格落实安全生产责任制和建立健全安全生产制度。在未取得施工许可证和制订毗邻建筑物保护及深基坑支护等安全防护施工方案,没有办理建设工程安全监督手续及未与建设单位签订工程合同的情况下超范围违规作业。施工现场管理混乱,安全检查和安全防范措施不到位,安全培训教育工作不到位,从业人员缺乏应有的安全意识和自我保护能力;未能认真制订和实施事故后应急救援预案,致使抢险救援过程中发生2次坍塌,导致事故灾害进一步扩大。

三、事故教训

(1)建设单位作为一个省级的勘察设计院,一是未向施工单位提供工程毗邻建筑物保护、深基坑支护等安全防护设计方案;二是设计的帷幕桩抗弯强度及刚度均未达到《建筑基坑支护技术规程》(JGJ 120—99)的要求;三是未要求施工单位组织专家对深基坑工程专项施工方案进行论证审查;四是未能认真审查基坑工程等危险性较大工程的安全专项施工方案并监督实施。加之没有对深基坑开挖深度3倍以上范围附近的地质状况、建筑物、构筑物等情况进行调查,就盲目组织开工建设,甚至放弃对工程的监督管理,默许施工单位不按要求实施先治理后开挖,盲目进行深基坑人工挖掘,导致技术防范缺失、工程管理混乱、安全监管失控。

(2)施工单位未建立健全安全生产保障体系,安全生产基础管理工作滞后。施工单位违背《中华人民共和国安全生产法》《建设工程安全生产管理条例》《黑龙江省建设工程安全生产管理办法》的要求,未遵守安全施工的强制性标准,未严格落实安全生产责任制和建立健全安全生产管理制度,未办理建设工程安全监督手续,未与建设单位签订工程合同的情况下超范围违规作业,颠倒了帷幕桩的施工程序,在基坑部分形成后才进行帷幕桩施工,使其失去其支挡作用。

四、事故预防对策

这是一起由于违反施工技术规程、施工单位安全生产保障体系不健全而引发的生产安全责任事故。事故的发生暴露出建设工程各方主体责任不明确、安全监管缺失等问题。我们应认真吸取事故教训,做好以下几方面的工作:

(1)进一步强化工程建设各方主体责任。这起事故中,工程建设各方主体管理不到位。建设单位违法擅自组织开工建设,且未委托有资质的单位进行监理,甚至放弃对工程的监督管理。施工单位不履行职责,施工现场管理混乱,安全检查和安全防范措施不到位,安全培训教育工作不到位;未能认真制订和实施应急救援预案,从业人员缺乏应有的安全意识和自我保护能力,野蛮施工,盲目抢险导致事故灾害进一步扩大。

(2)重点加强基础工程安全技术保障。基坑坍塌是容易发生群死群伤的事故类型,为减少这类事故的发生,国家相继颁布了《建筑工程预防坍塌事故若干规定》等文件。但是基坑施工的安全隐患在许多施工现场屡见不鲜,未能引起相关单位和人员的重视。因此,还要加强建筑基坑安全管理工作。

(3)健全完善安全生产责任追究制度。目前,有关安全生产的法律、法规、标准、规范以及各级的规章制度比较健全,关键是“执行力”不足,有法不依,有章不循。在经济利益

的驱动下,个别企业和领导置施工人员生命安全于不顾,将"以人为本"的要义仅仅停留在口头上。当一个企业对各种标准、规定、要求不贯彻、不执行,施工中出现事故就有其必然性;一个不懂法的领导或不掌握规范、标准的管理者指挥安全生产,那就是最大的隐患。

(4)严格按照施工规范、程序组织施工。施工单位要建立和完善安全生产保障体系,建立健全安全生产责任制;施工作业过程中严格按照施工方案进行作业,要加强现场安全检查,不违章指挥,不超范围违规作业;认真制订和实施事故应急救援预案;强化安全培训教育,提高从业人员的安全意识和自我保护能力,尤其是应对突发事件的处理能力。建筑施工必须按照规范要求对危险性较大的分部分项工程编制专项施工方案。

(5)强化各方安全生产责任。建设、设计、施工、监理单位要严格按照有关的建筑安全法律法规的要求,承担各自的安全生产责任。施工单位对基坑工程等危险性较大的分部分项工程编制专项施工方案,经相关方审查同意签字后,方可进行施工,对达到论证规模的基坑应组织专家进行审查论证,进一步加强对危险性较大工程的安全管理。

学习项目4　高处作业安全生产技术

【知识目标】

1.掌握高处作业的类型。

2.掌握临边作业安全防护、洞口作业安全防护、攀登作业安全防护、悬空作业安全防护、交叉作业安全防护要求。

3.掌握高处坠落事故的类别和原因。

【能力目标】

1.根据高处作业安全生产要求,正确安排和进行高处作业。

2.依据安全管理的客观要求,运用安全与事故的运动规律,超前有效地预防、控制高处坠落事故。

【案例引入】

天津市宝坻区“11.30”高处坠落事故

2008年11月30日,天津市宝坻区某住宅楼工程在施工过程中,发生一起高处坠落事故,造成3人死亡、1人重伤。

该工程建筑面积7 797 m^2,框剪结构,地上18层(标准层2.9 m),地下1层,建筑高度52.2 m。事故发生时正在进行16层主体结构施工。当日8时左右,4名施工人员在16层电梯井内脚手架上拆除电梯井内侧模板时,脚手架突然整体坠落,施工人员随之坠入井底。

根据事故调查和责任认定,对有关责任方做出以下处理:项目经理、副经理2名责任人移交司法机关依法追究刑事责任;项目经理、监理单位经理、项目总监等5名责任人分别受到暂停执业资格、警告、记过等行政处罚;施工、监理等单位分别受到停止在津参加投标活动6个月的行政处罚。

【案例思考】

针对上述案例,试分析事故发生的可能原因、事故的责任划分、可采取哪些预防措施。

4.1　高处作业的定义和类型

4.1.1　高处作业的定义

按照《建筑施工高处作业安全技术规范》(JGJ 80—2016)的规定,凡在坠落高度基准

面 2 m 以上(含 2 m)有可能坠落的高处进行的作业均称为高处作业。在施工现场高处作业中,如果未防护,防护不好或作业不当都可能发生人或物的坠落。人从高处坠落的事故,称为高处坠落事故;物体从高处坠落伤及下面的人的事故,称为物体打击事故。根据高处作业者工作时所处的部位不同,高处作业坠落事故可分为临边作业高处坠落事故、洞口作业高处坠落事故、攀登作业高处坠落事故、悬空作业高处坠落事故、操作平台作业高处坠落事故、交叉作业高处坠落事故等。长期以来,预防施工现场高处作业的高处坠落、物体打击事故始终是施工安全生产的首要任务。

4.1.2 高处作业的类型

4.1.2.1 临边作业

临边作业是指施工现场中,工作面边沿无围护设施或围护设施高度低于 80 cm 时的高处作业。

下列作业条件属于临边作业:

(1)基坑周边,无防护的阳台、料台与挑平台等。

(2)无防护楼层、楼面周边。

(3)无防护的楼梯口和梯段口。

(4)井架、施工电梯和脚手架等的通道两侧面。

(5)各种垂直运输卸料平台的周边。

4.1.2.2 洞口作业

洞口作业是指孔、洞口旁边的高处作业,包括施工现场及通道旁深度在 2 m 及 2 m 以上的桩孔、沟槽与管道孔洞等边沿作业。

建筑物的楼梯口、电梯口及设备安装预留洞口等(在未安装正式栏杆、门窗等围护结构时),还有一些施工需要预留的上料口、通道口、施工口等。凡是在 2.5 cm 以上,洞口没有防护时,就有造成作业人员高处坠落的危险;或者不慎将物体从这些洞口坠落时,还可能造成下面的人员发生物体打击事故。

4.1.2.3 攀登作业

攀登作业是指借助建筑结构或脚手架上的登高设施或采用梯子或其他登高设施在攀登条件下进行的高处作业。

在建筑物周围搭拆脚手架、张挂安全网,装拆塔机、龙门架、井字架、施工电梯、桩架,登高安装钢结构构件等作业都属于这种作业。进行攀登作业时作业人员由于没有作业平台,只能攀登在可借助物的架子上作业,要借助一手攀,一只脚勾或用腰绳来保持平衡,身体重心垂线不通过脚下,作业难度大,危险性大,若有不慎就可能坠落。

4.1.2.4 悬空作业

悬空作业是指在周边临空状态下进行高处作业。其特点是在操作者无立足点或无牢靠立足点条件下进行高处作业。

建筑施工中的构件吊装,利用吊篮进行外装修,悬挑或悬空梁板、雨篷等特殊部位支拆模板、扎筋、浇混凝土等项作业都属于悬空作业,由于是在不稳定的条件下施工作业,危险性很大。

4.1.2.5　**交叉作业**

交叉作业是指在施工现场的上下不同层次,于空间贯通状态下同时进行的高处作业。现场施工上部搭设脚手架、吊运物料、地面上的人员搬运材料、制作钢筋,或外墙装修下面打底抹灰、上面进行面层装饰等,都是施工现场的交叉作业。交叉作业中,若高处作业不慎碰掉物料,失手掉下工具或吊运物体散落,都可能砸到下面的作业人员,发生物体打击伤亡事故。

4.2　高处作业安全技术要求

4.2.1　基本规定

(1)高处作业的安全技术措施及其所需料具,必须列入工程的施工组织设计。

(2)单位工程施工负责人应对工程的高处作业安全技术负责并建立相应的责任制。施工前,应逐级进行安全技术教育及交底,落实所有安全技术措施和人身防护用品,未经落实不得进行施工。

(3)高处作业中的安全标志、工具、仪表、电气设施和各种设备,必须在施工前加以检查,确认其完好,方能投入使用。

(4)攀登和悬空高处作业人员及搭设高处作业安全设施的人员,必须经过专业技术培训及专业考试合格,持证上岗,并必须定期进行体格检查。

(5)施工中对高处作业的安全技术设施,发现有缺陷和隐患时,必须及时解决;危及人身安全时,必须停止作业。

(6)施工作业场所有坠落可能的物件,应一律先行撤除或加以固定。

高处作业中所用的物料,均应堆放平稳,不妨碍通行和装卸。工具应随手放入工具袋;作业中的走道、通道板和登高用具,应随时清扫干净;拆卸下的物件及余料和废料均应及时清理运走,不得任意乱置或向下丢弃。传递物件禁止抛掷。

(7)雨天和雪天进行高处作业时,必须采取可靠的防滑、防寒和防冻措施。凡水、冰、霜、雪均应及时清除。

对进行高处作业的高耸建筑物,应事先设置避雷设施。遇有六级以上强风、浓雾等恶劣天气,不得进行露天攀登与悬空高处作业。暴风雪及台风暴雨后,应对高处作业安全设施逐一加以检查,发现有松动、变形、损坏或脱落等现象,应立即修理完善。

(8)因作业必须临时拆除或变动安全防护设施时,必须经施工负责人同意,并采取相应的可靠措施,作业后应立即恢复。

(9)防护棚搭设与拆除时,应设警戒区,并应派专人监护。严禁上下同时拆除。

(10)高处作业安全设施的主要受力杆件,力学计算按一般结构力学公式,强度及挠度计算按现行有关规范进行,但钢受弯构件的强度计算不考虑塑性影响,构造上应符合现行的相应规范的要求。

4.2.2 临边与洞口作业的安全防护

4.2.2.1 临边作业

对临边高处作业,必须设置防护措施,并符合下列规定:

(1)基坑周边,尚未安装栏杆或栏板的阳台、料台与挑平台周边,雨篷与挑檐边,无外脚手的屋面与楼层周边及水箱与水塔周边等处,都必须设置防护栏杆。

(2)头层墙高度超过 3.2 m 的二层楼面周边,以及无外脚手的高度超过 3.2 m 的楼层周边,必须在外围架设安全平网一道。

(3)分层施工的楼梯口和梯段边,必须安装临时护栏。顶层楼梯口应随工程结构进度安装正式防护栏杆。

(4)井架与施工用电梯和脚手架等与建筑物通道的两侧边,必须设防护栏杆。地面通道上部应装设安全防护棚。双笼井架通道中间,应予分隔封闭。

(5)各种垂直运输接料平台,除两侧设防护栏杆外,平台口还应设置安全门或活动防护栏杆。

临边防护栏杆杆件的规格及连接要求,应符合下列规定:

(1)毛竹横杆小头有效直径不应小于 70 mm,栏杆柱小头直径不应小于 80 mm,并须用不小于 16 号的镀锌钢丝绑扎,不应少于 3 圈,并无泻滑。

(2)原木横杆上杆梢径不应小于 70 mm,下杆梢径不应小于 60 mm,栏杆柱梢径不应小于 75 mm,并须用相应长度的圆钉钉紧,或用不小于 12 号的镀锌钢丝绑扎,要求表面平顺和稳固无动摇。

(3)钢筋横杆上杆直径不应小于 16 mm,下杆直径不应小于 14 mm。钢管横杆及栏杆柱直径不应小于 18 mm,采用电焊或镀锌钢丝绑扎固定。

(4)钢管栏杆及栏杆均采用 ϕ48 mm×(2.75~3.5)mm 的管材,以扣件或电焊固定。

(5)以其他钢材如角钢等作防护栏杆杆件时,应选用强度相当的规格,以电焊固定。

搭设临边防护栏杆时,必须符合下列要求:

(1)防护栏杆应由上、下两道横杆及栏杆柱组成,上杆离地高度为 1.0~1.2 m,下杆离地高度为 0.5~0.6 m。坡度大于 1∶2.2 的层面,防护栏杆应高 1.5 m,并加挂安全立网。除经设计计算外,横杆长度大于 2 m 时,必须加设栏杆柱。

(2)栏杆柱的固定应符合下列要求:

①当在基坑四周固定时,可采用钢管并打入地面 50~70 cm 深。钢管离边口的距离,不应小于 50 cm。当基坑周边采用板桩时,钢管可打在板桩外侧。

②当在混凝土楼面、屋面或墙面固定时,可用预埋件与钢管或钢筋焊牢。采用竹、木栏杆时,可在预埋件上焊接 30 cm 长的∟50×5 角钢,其上下各钻一孔,然后用 10 mm 螺栓与竹、木杆件拴牢。

③当在砖或砌块等砌体上固定时,可预先砌入规格相适应的 80×6 弯转扁钢作预埋铁的混凝土块,然后用②中方法固定。

(3)栏杆柱的固定及其与横向干的连接,其整体构造应使防护栏杆在上杆任何处,能经受任何方向的 1 000 N 外力。当栏杆所处位置有发生人群拥挤、车辆冲击或物件碰撞等可能时,应加大横杆截面或加密柱距。

(4)防护栏杆必须自上而下用安全立网封闭,或在栏杆下边设置严密固定的高度不低于18 cm的挡脚板或40 cm的挡脚笆。挡脚板与挡脚笆上如有孔眼,不应大于25 mm,板与笆下边距离底面的空隙不应大于10 mm。

(5)当临边的外侧面临街道时,除防护栏杆外,敞口立面必须采取满挂安全网或其他可靠措施作全封闭处理。

4.2.2.2　洞口作业

进行洞口作业以及在因工程和工序需要而产生的,使人与物有坠落危险或危及人身安全的其他洞口进行高处作业时,必须按下列规定设置防护设施:

(1)板与墙的洞口,必须设置牢固的盖板、防护栏杆、安全网或其他防坠落的防护设施。

(2)电梯井口必须设防护栏杆或固定栅门;电梯井内应每隔两层并最多隔10 m设一道安全网。

(3)钢管桩、钻孔桩等桩孔上口,杯形、条形基础上口,未填土的坑槽,以及人孔、天窗、地板门等处,均应按洞口防护设置稳固的盖件。

(4)施工现场通道附近的各类洞口与坑槽等处,除设置防护设施与安全标志外,夜间还应设红灯示警。

(5)洞口根据具体情况采取设防护栏杆、加盖件、张挂安全网与装栅门等措施时,必须符合下列要求:

①楼板、屋面和平台等面上短边尺寸小于25 cm但大于2.5 cm的孔口,必须用坚实的盖板盖没。盖板应防止挪动移位。

②楼板面等处边长为25~50 cm的洞口、安装预制构件时的洞口以及缺件临时形成的洞口,可用竹、木等作盖板盖住洞口。盖板须能保持四周搁置均衡,并有固定其位置的措施。

③边长为50~150 cm的洞口,必须设置以扣件扣接钢管而成的网格,并在其上满铺竹笆或脚手板。也可采用贯穿于混凝土板内的钢筋构成防护网,钢筋网格间距不得大于20 cm。

④边长在150 cm以上的洞口,四周设防护栏杆,洞口下张设安全平网。

⑤垃圾井道和烟道,应随楼层的砌筑或安装而消除洞口,或参照预留洞口作防护。管道井施工时,除按上述内容办理外,还应加设明显的标志。如有临时性拆移,需经施工负责人核准,工作完毕后必须恢复防护设施。

⑥位于车辆行驶道旁的洞口、深沟与管道坑、槽,所加盖板应能承受不小于当地额定卡车后轮有效承载力2倍的荷载。

⑦墙面等处的竖向洞口,凡落地的洞口应加装开关式、工具式或固定式的防护门,门栅网格的间距不应大于15 cm,也可采用防护栏杆,下设挡脚板(笆)。

⑧下边沿至楼板或底面低于80 cm的窗台等竖向洞口,当侧边落差大于2 m时,应加设1.2 m高的临时护栏。

⑨对邻近的人与物有坠落危险的其他竖向的孔、洞口,均应予以盖没或加以防护,并有固定其位置的措施。

4.2.3 攀登与悬空作业的安全防护

4.2.3.1 攀登作业安全防护

(1)在施工组织设计中应确定用于现场施工的登高和攀登设施。现场登高应借助建筑结构或脚手架上的登高设施,也可采用载人的垂直运输设备。进行攀登作业时可使用梯子或采用其他攀登设施。

(2)柱、梁和行车梁等构件吊装所需的直爬梯及其他登高用拉攀件,应在构件施工图或说明内做出规定。

(3)攀登的用具,结构构造上必须牢固可靠。供人上下的踏板其使用荷载不应大于1 100 N。当梯面上有特殊作业,重量超过上述荷载时,应按实际情况加以验算。

(4)移动式梯子,均应按现行的国家标准验收其质量。

(5)梯脚底部应坚实,不得垫高使用。梯子的上端应有固定措施。立梯工作角度以75°±5°为宜,踏板上下间距以30 cm为宜,不得有缺档。

(6)梯子如需接长使用,必须有可靠的连接措施,且接头不得超过1处。连接后梯梁的强度不应低于单梯梯梁的强度。

(7)折梯使用时上部夹角以35°~45°为宜,铰链必须牢固,并应有可靠的拉撑措施。

(8)固定式直爬梯应用金属材料制成。梯宽不应大于50 cm,支撑应采用不小于∟70×6的角钢,埋设与焊接均必须牢固。梯子顶端的踏棍应与攀登的顶面齐平,并加设1~1.5 m高的扶手。

使用直爬梯进行攀登作业时,攀登高度以5 m为宜。超过2 m时,宜加设护笼,超过8 m时,必须设置梯间平台。

(9)作业人员应从规定的通道上下,不得在阳台之间等非规定通道进行攀登,也不得任意利用吊车臂架等施工设备进行攀登。上下梯子时,必须面向梯子,且不得手持器物。

(10)钢柱安装登高时,应使用钢挂梯或设置在钢柱上的爬梯。

钢柱的接柱应使用梯子或操作台。操作台横杆高度,当无电焊防风要求时,其高度不宜小于1 m;有电焊防风要求时,其高度不宜小于1.8 m。

(11)登高安装钢梁时,应视钢梁高度,在两端设置挂梯或搭设钢管脚手架。

4.2.3.2 悬空作业安全防护

悬空作业处应有牢靠的立足处,并必须视具体情况,配置防护栏网、栏杆或其他安全设施。

悬空作业所用的索具、脚手板、吊篮、吊笼、平台等设备,均需经过技术鉴定或检证方可使用。

1.构件吊装和管道安装时悬空作业的规定

构件吊装和管道安装时的悬空作业,必须遵守下列规定:

(1)钢结构的吊装,构件应尽可能在地面组装,并应搭设进行临时固定、电焊、高强螺栓连接等工序的高空安全设施,随构件同时上吊就位。拆卸时的安全措施,亦应一并考虑和落实。高空吊装预应力钢筋混凝土层架、桁架等大型构件前,也应搭设悬空作业中所需的安全设施。

(2)悬空安装大模板、吊装第一块预制构件、吊装单独的大中型预制构件时,必须站在操作平台上操作。吊装中的大模板和预制构件以及石棉水泥板等屋面板上,严禁站人和行走。

(3)安装管道时必须有已完结构或操作平台为立足点,严禁在安装中的管道上站立和行走。

2.模板支撑和拆卸时悬空作业的规定

模板支撑和拆卸时的悬空作业,必须遵守下列规定:

(1)支模应按规定的作业程序进行,模板未固定前不得进行下一道工序。严禁在连接件和支撑件上攀登上下,并严禁在上下同一垂直面上装、拆模板。结构复杂的模板,装、拆应严格按照施工组织设计的措施进行。

(2)支设高度在3 m以上的柱模板,四周应设斜撑,并应设立操作平台。低于3 m的可使用马凳操作。

(3)支设悬挑形式的模板时,应有稳固的立足点。支设临空构筑物模板时,应搭设支架或脚手架。模板上有预留洞时,应在安装后将洞盖没。混凝土板上拆模后形成的临边或洞口,应按相关规定进行防护。拆模高处作业,应配置登高用具或搭设支架。

3.钢筋绑扎时悬空作业的规定

钢筋绑扎时的悬空作业,必须遵守下列规定:

(1)绑扎钢筋和安装钢筋骨架时,必须搭设脚手架和马道。

(2)绑扎圈梁、挑梁、挑檐、外墙和边柱等钢筋时,应搭设操作台架和张挂安全网。悬空大梁钢筋的绑扎,必须在满铺脚手板的支架或操作平台上操作。

(3)绑扎立柱和墙体钢筋时,不得站在钢筋骨架上或攀登骨架上下。3 m以内的柱钢筋,可在地面或楼面上绑扎,整体竖立。绑扎3 m以上的柱钢筋,必须搭设操作平台。

4.混凝土浇筑时悬空作业的规定

混凝土浇筑时的悬空作业,必须遵守下列规定:

(1)浇筑离地2 m以上框架、过梁、雨篷和小平台时,应设操作平台,不得直接站在模板或支撑件上操作。

(2)浇筑拱形结构,应自两边拱脚对称地相向进行。浇筑储仓,下口应先行封闭,并搭设脚手架以防人员坠落。

(3)特殊情况下如无可靠的安全设施,必须系好安全带并扣好保险钩,或架设安全网。

5.预应力张拉的悬空作业时的规定

进行预应力张拉的悬空作业时,必须遵守下列规定:

(1)进行预应力张拉时,应搭设站立操作人员和设置张拉设备的牢固可靠的脚手架或操作平台。雨天张拉时,还应架设防雨篷。

(2)预应力张拉区域标示明显的安全标志,禁止非操作人员进入。张拉钢筋的两端必须设置挡板。挡板应距所张拉钢筋的端部1.5~2 m,且应高出最上一组张拉钢筋0.5 m,其宽度应距张拉钢筋两外侧各不小于1 m。

(3)孔道灌浆应按预应力张拉安全设施的有关规定进行。

6.门窗作业时的规定

悬空进行门窗作业时,必须遵守下列规定:

(1)安装门、窗,上油漆及安装玻璃时,严禁操作人员站在樘子、阳台栏板上操作。门、窗临时固定,封填材料未达到强度,以及电焊时,严禁手拉门、窗进行攀登。

(2)在高处外墙安装门、窗,无外脚手架时,应张挂安全网。无安全网时,操作人员应系好安全带,其保险钩应挂在操作人员上方的可靠物件上。

(3)进行各项窗口作业时,操作人员的重心应位于室内,不得在窗台上站立,必要时应系好安全带进行操作。

4.2.4 操作平台与交叉作业的安全防护

4.2.4.1 操作平台安全防护

1.移动式操作平台

移动式操作平台必须符合下列规定:

(1)操作平台应由专业技术人员按现行的相应规范进行设计,计算书及图纸应编入施工组织设计。

(2)操作平台的面积不应超过 10 m^2,高度不应超过 5 m,还应进行稳定验算,并采用措施减少立柱的长细比。

(3)装设轮子的移动式操作平台,轮子与平台的接合处应牢固可靠,立柱底端离地面不得超过 80 mm。

(4)操作平台可用 ϕ(48~51) mm×3.5 mm 钢管以扣件连接,亦可采用门架式或承插式钢管脚手架部件,按产品使用要求进行组装。平台的次梁,间距不应大于 40 cm;台面应满铺 3 cm 厚的木板或竹笆。

(5)操作平台四周必须按临边作业要求设置防护栏杆,并应布置登高扶梯。

2.悬挑式钢平台

悬挑式钢平台必须符合下列规定:

(1)悬挑式钢平台应按现行的相应规范进行设计,其结构构造应能防止左右晃动,计算书及图纸应编入施工组织设计。

(2)悬挑式钢平台的搁支点与上部拉结点,必须位于建筑物上,不得设置在脚手架等施工设备上。

(3)斜拉杆或钢丝绳,构造上宜两边各设前后两道,两道中的每一道均应做单道受力计算。

(4)应设置 4 个经过验算的吊环。吊运平台时应使用卡环,不得使吊钩直接钩挂吊环。吊环应用甲类 3 号沸腾钢制作。

(5)钢平台安装时,钢丝绳应采用专用的挂钩挂牢,采取其他方式时卡头的卡子不得少于 3 个。建筑物锐角周围系钢丝绳处应加衬软垫物,钢平台外口应略高于内口。

(6)钢平台左右两侧必须装置固定的防护栏杆。

(7)钢平台吊装,需待横梁支撑点电焊固定,接好钢丝绳,调整完毕,经过检查验收,方可松懈起重吊钩,上下操作。

(8)钢平台使用时,应有专人进行检查,发现钢丝绳有锈蚀损坏应及时调换,焊缝脱焊应及时修复。

(9)操作平台上应显著地标明容许荷载值。操作平台上人员和物料的总重量严禁超过设计的容许荷载。应配备专人加以监督。

4.2.4.2 **交叉作业安全防护**

(1)支模、粉刷、砌墙等各工种进行上下立体交叉作业时,不得在同一垂直方向上操作。下层作业的位置,必须处于依上层高度确定的可能坠落范围半径之外。不符合以上条件时,应设置安全防护层。

(2)钢模板、脚手架等拆除时,下方不得有其他操作人员。

(3)钢模板部件拆除后,临时堆放处离楼层边沿不应小于1 m,堆放高度不得超过1 m。楼层边口、通道口、脚手架边缘等处,严禁堆放任何拆下物件。

(4)结构施工自二层起,凡人员进出的通道口(包括井架、施工用电梯的进出通道口),均应搭设安全防护棚。高度超过24 m的高空的交叉作业,应设双层防护。

(5)由于上方施工可能坠落物件或处于起重机把杆回转范围之内的通道,在其受影响的范围内,必须搭设顶部能防止穿透的双层防护廊。

4.2.5 高处作业安全防护设施的验收

建筑施工进行高处作业之前,应进行安全防护设施的逐项检查和验收。验收合格后,方可进行高处作业。验收也可分层进行,或分阶段进行。安全防护设施,应由单位工程负责人验收,并组织有关人员参加。安全防护设施的验收,应具备下列资料:

(1)施工组织设计及有关验算数据。

(2)安全防护设施验收记录。

(3)安全防护设施变更记录及签证。

安全防护设施的验收,主要包括以下内容:

(1)所有临边、洞口等各类技术措施的设置状况。

(2)技术措施所用的配件、材料和工具的规格和材质。

(3)技术措施的节点构造及其与建筑物的固定情况。

(4)扣件和连接件的紧固程度。

(5)安全防护设施的用品及设备的性能与质量是否合格的验证。

安全防护设施的验收应按类别逐项查验,并做出验收记录。凡不符合规定者,必须修整合格后再行查验。施工工期内还应定期进行抽查。

4.3 高处坠落事故

建筑施工高处坠落事故由于事故发生频率高,死亡率大,因而曾被列为建筑施工五大伤害之首,约占全部事故的50%以上。事实表明,在建筑业"五大伤害"(高处坠落、坍塌、物体打击、触电、机械伤害)事故中,高处坠落事故的发生率最高、危险性极大。减少和避免高处坠落事故的发生,是降低建筑业伤亡事故的关键。

因此,把高处坠落事故作为重点进行专项治理,杜绝和减少高处坠落事故的发生,最根本的是要切实贯彻"安全第一 ,预防为主"的方针。"安全第一"是指导思想和理念,要求我们在生产经营和一切社会活动中,把人的安全放在第一的位置;"预防为主"是为了确保安全,杜绝和减少事故而确立的行之有效的方法。

4.3.1 高处坠落事故的类别

高处坠落事故的事故类别大约有如下九种:

(1)洞口坠落(预留口、通道口、楼梯口、电梯口、阳台口坠落等)。

(2)脚手架上坠落。

(3)悬空高处作业坠落。

(4)石棉瓦等轻型屋面坠落。

(5)拆除工程中发生的坠落。

(6)登高过程中坠落。

(7)梯子上作业坠落。

(8)屋面作业坠落。

(9)其他高处作业坠落(铁塔上、电杆上、设备上、构架上、树上,以及其他各种物体上坠落等)。

4.3.2 高处坠落事故的原因

根据事故致因理论,事故致因因素包括人的因素、物的因素、环境因素和管理因素四个主要方面。

4.3.2.1 人的不安全方面的因素

(1)作业者没有掌握安全的操作技术,例如,悬空作业时未系或未正确使用安全带,安全带挂钩未挂在牢固的地方。

(2)作业者生理或心理上过度疲劳,导致注意力分散、反应迟缓、动作失误或思想判断失误增多。

(3)作业者本身患有妨碍高处作业的疾病或生理缺陷,例如心脏病、高血压、贫血、癫痫病等。

(4)作业者缺乏对劳动危险性的认识,例如坐在栏杆或脚手架上休息、打闹,同时,对安全操作规程认识不足,在思想上存在各种糊涂观念。

(5)作业者习惯性违章行为,如乘吊篮上下、在无可靠防护措施的轻型屋面上行走、酒后作业等。

(6)作业者本身处于二重或三重临界日或情绪临界日,反应迟缓、懒于思考,动作失误多。

(7)作业者在操作时由于弯腰、转身等不慎碰撞杆件,使身体失去平衡。

4.3.2.2 物的不安全方面的因素

(1)材料有缺陷,例如钢管与扣件不符合要求;使用不符合要求的毛竹作为竹竿;使用易腐蚀、易折断或枯节、中心眼的木杆等。

(2)安全设施失效或不齐全,例如安全网损坏,间距过大、宽度不足或未设安全网;人字梯无保险链,无防滑、防陷措施。

(3)个人防护用品本身有缺陷,如使用三无产品或已老化的产品。

(4)脚手板漏铺或有探头板或铺设不平稳,脚手架搭设不规范。

(5)“四洞口”“五临边”无防护设施或安全设施不牢固,未及时处理已损坏的设施。

(6)屋面的坡度超过 25°时,无防滑措施。

4.3.2.3　施工方法和环境方面的不安全因素

在施工方法上的不安全因素主要有:用力过猛,使身体失去平衡;行走或移动不小心,走动时踩空、脚底打滑或被绊倒;登高作业前,未检查脚踏物是否安全可靠。在环境方面的不安全因素主要有:在照明光线不足的情况下,进行夜间悬空作业;在大雨、大雪或超过 6 级大风的恶劣天气从事高空露天作业。

4.3.2.4　管理方面的因素

管理方面的不安全因素主要有:安全教育不到位,从事高空作业的人员经过培训才能上岗,同时还要对其进行安全态度教育,提高他们对安全规程的认识;劳动组织不合理,未做到安全施工,要求根据季节的变化,及时调整作息时间,同时,严禁安排患有高血压、心脏病、癫痫病等疾病或生理缺陷的人员进行高处作业;安全检查不仔细,安全检查应到位,不能只是形式,在施工前必须对作业环境进行认真的检查。

4.3.3　高处坠落事故的预防、控制要点

依据安全管理的客观要求,运用安全与事故的运动规律预防、控制事故的规律,为了改变人的异常行为、物的异常状态,以及人与物的异常结合,应从本质上超前有效地预防、控制高处坠落事故,又分为具体预防、控制和综合预防、控制。

4.3.3.1　高处坠落事故的具体预防、控制

高处坠落事故的具体预防、控制,是依据不同类型高处坠落事故的具体原因,有针对性地提出对每类高处坠落事故进行具体预防、控制。

洞口坠落事故的预防、控制要点:预留口、通道口、楼梯口、电梯口、上料平台口等都必须设有牢固、有效的安全防护设施(盖板、围栏、安全网);洞口防护设施如有损坏必须及时修缮;洞口防护设施严禁擅自移位、拆除;在洞口旁操作要小心,不应背朝洞口作业;不要在洞口旁休息、打闹或跨越洞口及从洞口盖板上行走;同时洞口还必须挂醒目的警示标志等。

脚手架上坠落事故的预防、控制要点:要按规定搭设脚手架、铺平脚手板,不准有探头板;要绑扎牢固防护栏杆,挂好安全网;脚手架荷载不得超过 270 kg/m^2;脚手架离墙面过宽应加设安全防护;实行脚手架搭设验收和使用检查制度,发现问题及时处理。

悬空高处作业坠落事故的预防、控制要点:加强施工计划和各施工单位、各工种配合,尽量利用脚手架等安全设施,避免或减少悬空高处作业;操作人员要加倍小心避免用力过猛,身体失稳;悬空高处作业人员必须穿软底防滑鞋,同时要正确使用安全带;身体有病或疲劳过度、精神不振等不宜从事悬空高处作业。

屋面檐口坠落事故的预防、控制要点:在屋面上作业的人员应穿软底防滑鞋,屋面坡度大于 25°时应采取防滑措施;在屋面作业不能背向檐口移动;使用外脚手架工程施工,外排立杆要高出檐口 1.2 m,并挂好安全网,檐口外架要铺满脚手板;没有使用外脚手架的工程施工,应在屋檐下方设安全网。

4.3.3.2　高处坠落事故的综合预防、控制

高处坠落事故的综合预防、控制,是依据高处坠落事故的不同类别和系列原因,提出的对高处坠落事故进行综合预防、控制的要点。

(1)对从事高处作业的人员要坚持开展经常性的安全宣传教育和安全技术培训,并逐级做好安全技术交底(见表4-1),使其认识掌握高处坠落事故的规律和事故危害,牢固树立安全思想和具有预防、控制事故能力,并要做到严格执行安全法规,当发现自身或他人有违章作业的异常行为,或发现与高处作业相关的物体和防护措施有异常状态时,要及时加以改变使之达到安全要求,从而预防、控制高处坠落事故的发生。

(2)高处作业人员的身体条件要符合安全要求。如:严禁患有高血压病、心脏病、贫血、癫痫病等不适合高处作业的人员从事高处作业;对疲劳过度、精神不振和情绪低落的人员要停止高处作业;严禁酒后从事高处作业。

(3)高处作业人员的个人着装要符合安全要求。如:根据实际需要配备安全帽、安全带和有关劳动保护用品;不准穿高跟鞋、拖鞋或赤脚作业,而应穿软底防滑鞋;不准攀爬脚手架或乘运料井字架吊篮上下,也不准从高处跳上跳下。

(4)要按规定要求支搭各种脚手架。如架子高度达到3 m以上时,每层要绑两道护身栏,设一道挡脚板,脚手板要铺严,板头、排木要绑牢,不准留探头板。

使用桥式脚手架时,要特别注意桥桩与墙体是否拉结牢固、周正。升桥降桥时,均要挂好保险绳,并保持桥两端升降同步。升降桥架的工人,要将安全带挂在桥架的立柱上。升桥的吊索工具均要符合设计标准和安全规程的规定。使用吊篮架子和挂架子时,其吊索具必须牢靠。吊篮架子在使用时,还要挂好保险绳或安全卡具。升降吊篮时,保险绳要随升降调整,不得摘除。吊篮架子与挂架子的两侧面和外侧均要用网封严。吊篮顶要设头网或护头棚,吊篮里侧要绑一道护身栏,并设挡脚板。提升桥式架、吊篮用的倒链和手板葫芦必须经过技术部门鉴定合格后方可使用。倒链最少应用2 t的,手板葫芦最少应用3 t的,承重钢丝绳和保险绳应用直径为12.5 mm以上的钢丝绳。另外,使用插口架、吊篮和桥式架子时,严禁超负荷。

(5)要按规定要求设置安全网,凡4 m以上建筑施工工程,在建筑的首层要设一道3~6 m宽的安全网。若是高层施工,首层安全网以上每隔4层还要支一道3 m宽的固定安全网。如果施工层采用立网做防护,应保证立网高出建筑物1 m以上,而且立网要搭接严密。要保证安全网的规格、质量,使用安全可靠。

(6)要切实做好洞口处的安全防护,具体方法与洞口坠落事故的预防、控制措施相同。

(7)使用高凳和梯子时,单梯只许上1人操作,支设角度以60°~70°为宜,梯子下脚要采取防滑措施;支设人字梯时,两梯夹角应保持40°,同时两梯要牢固。移动梯子时梯子上不准站人。使用高凳时,单凳只准站1人,双凳支开后,两凳间距不得超过3 m。如使用较高的梯子和高凳,还应根据需要采取相应的安全措施。

(8)在没有可靠的防护设施时,高处作业必须系安全带,否则不准在高处作业。同时,安全带的质量必须达到使用安全要求,并要做到高挂低用。

(9)登高作业前,必须检查脚踏物是否安全可靠,如脚踏物是否有承重能力、木电杆的根部是否腐烂。严禁在石棉瓦、刨花板、三合板顶棚上行走。

(10)不准在六级强风或大雨、雪、雾天气从事露天高处作业。另外,还必须做好高处作业过程中的安全检查,如发现人的异常行为、物的异常状态,要及时加以排除,使之达到安全要求,从而控制高处坠落事故的发生。

表4-1 高处作业安全技术交底

工程名称		接受交底人	
交底项目	高处作业	交底日期	

交底内容：

一、一般注意事项

1.凡在离地面2 m以上的地点进行的工作，都应称为高空作业。凡能在地面上做好的工作，都必须在地面上做，尽量减少高空作业。

2.高空作业人员必须身体健康，患有精神病、癫痫病及经医师鉴定患有高血压、心脏病等不宜从事高处作业病症的人员，不准参加高空作业。凡发现工作人员有饮酒、精神不振的禁止高空作业。

3.高处作业人员必须经过专业技术培训，特殊工种人员必须持证上岗。施工前应逐级进行安全技术教育及交底，落实所有安全技术措施。作业人员必须正确佩戴和使用防护用品。

4.高处作业所需的安全防护用品及防护设施、标志、工具、仪表、电气设施，必须在施工前进行检查或试验合格，方可投入使用。

5.高处作业必须系安全带，安全带应挂在牢固的物件上，严禁在一个物件上拴挂多根安全带或一根安全带上拴多个人。

6.作业人员必须从专用的通道或爬梯上下，严禁攀登脚手架。攀登的用具、结构构造必须牢固可靠。

7.高处作业场所用的物料、机具、工具等，必须堆平放稳，不得妨碍通行和装卸，对有可能坠落的物件必须先行撤除或加以固定。

8.对进行高处作业的高耸建筑物、构筑物等，应按规定设置避雷设施；遇有六级及以上强风、暴雨、浓雾等恶劣天气，严禁进行室外攀登与悬空作业。暴风雨及台风暴雨前后，应对高处作业安全设施逐一检查，发现异常立即采取加固措施。

9.雨雪天气进行高处作业时，必须采取可靠的防滑、防寒、防冻措施，及时清除雨、水、雪、冰、霜。

10.临时拆除或变动安全防护设施时，必须经施工负责人批准，并采取相应可靠的安全措施，作业后应立即组织恢复。

11.防护设施搭设与拆除时，应设置警戒区，并派专人监护。拆除时应自上而下，严禁上下同时拆除。

12.立体交叉作业时，不得在任何同一竖直方向上下同时操作。下层作业的位置，必须处于依上层高度确定的可能坠落半径范围之外。不符合以上条件必须作业时，应设置安全防护层。

13.上方施工可能坠落的物件及处于起重臂回转范围内的通道，在其受影响的范围内，必须搭设顶部能防止穿透的防护廊。

14.跨越公路、铁路行车线、居民区、架空电线路施工前，必须采取可靠的防护措施。

二、临边作业

临边作业的防护措施应符合下列规定：

(1)基坑周边、墩台顶、桥面周边等，必须设置防护栏杆。

(2)施工电梯、脚手爬梯与建筑通道的两侧边，必须设置防护栏杆。

(3)各种垂直运输接料平台口、作业平台应设置安全门或活动防护栏杆。

(4)施工现场通道附近的各类洞口与坑槽等处以及公路、乡村道路边施工的基坑等，除设置防护设施外，夜间应设置警示灯。

续表 4-1

<table>
<tr><td colspan="6">

临边防护栏杆杆件的规格及连接，应保证稳固可靠。临边防护栏杆的搭设应符合下列规定：

(1)防护栏杆应由上、下两道横杆及立柱组成，上杆离下平面高度为1.0~1.2 m，下杆离下平面高度为0.5~0.6 m。坡度较大的作业面，防护栏杆高度应为1.5 m，并加挂安全立网或在栏杆下边设置严密固定的高度不低于18 cm的挡脚板。除经设计计算外，横杆长度大于2 m时，必须加设栏杆立柱。

(2)防护栏杆立柱应固定牢靠。

三、悬空作业

1.悬空作业所用的索具、脚手板、吊篮、吊笼、平台等设施，必须进行安全技术验算，并验收合格。

2.悬空吊装构件时，作业人员必须站在操作平台上操作，严禁在构件上站人。

3.悬空作业人员必须正确佩戴和使用个人劳动防护用品。

四、操作平台

移动式操作平台应符合下列规定：

(1)操作平台应具有足够的强度、刚度和稳定性，并应标明容许荷载值，使用过程中严禁超过容许荷载值。

(2)操作平台四周必须按临边作业要求设置防护栏杆，并应设置登高扶梯。

(3)作业人员在平台顶面操作时，不得跨越到防护栏杆外侧。

(4)移动操作平台时，必须待作业人员离开平台后进行。

悬挑及悬挂式钢平台应符合下列规定：

(1)钢平台的支撑点与拉结点必须设置在建筑物上。

(2)钢平台安装时，钢丝绳应采用专用的挂钩挂牢。钢平台外口应略高于内口。

(3)钢平台使用时，应设专人进行日常检查，发现问题及时处理。

五、脚手架

1.脚手架施工前应根据构筑物的特点和施工工艺进行设计，编制安全技术措施。危险性较大的脚手架工程应编制专项施工方案。施工前应向作业人员进行交底。

2.脚手架的地基必须满足承载力和沉降要求，并应采取防、排水和防冻融措施。位于河道中的脚手架还应有防洪水和漂流物冲击的措施。

3.脚手架应具有足够的强度、刚度和稳定性，能承受施工期间可能产生的各项荷载。

4.脚手架的材料及配件应符合下列规定：①钢管材质应符合Q235-A级标准，不得使用有明显变形、裂纹、严重锈蚀的材料。②同一脚手架中，不同材质、规格的材料不得混用。

对脚手架绑扎材料及配件的要求：①镀锌钢丝或回火钢丝严禁有锈蚀和损伤，且严禁重复使用。②扣件应与钢管管径配合，并符合国家现行标准的规定。

对脚手架上脚手板的要求：①木脚手板材质不得低于国家Ⅱ等材标准的杉木和松木，且厚度不得小于50 mm，两端应用镀锌钢丝扎紧，且不得使用腐朽、劈裂的木板；②金属脚手板，单块质量不应大于30 kg，性能应符合使用要求，表面应有防滑构造。

5.脚手架构造要求应符合下列规定：①单、双排脚手架的立杆纵距及水平杆步距不应大于2.1 m，立杆横距不应大于1.6 m。②沿脚手架外侧应设置剪刀撑，并随脚手架同步搭设和拆除。③双排扣件式钢管脚手架高度超过24 m时，应设置横向斜撑。④门式钢管脚手架的顶层门架上部、连墙件设置层、防护棚设置处必须设置水平架。⑤碗扣式脚手架安装时应将碗扣螺旋面与限位销顶紧、连牢，形成框架结构。同层碗扣接头应位于同一水平面内。⑥脚手板必须按脚手架宽度铺满、铺稳，脚手板与脚手架之间必须绑扎牢固，不得虚搭。脚手板与模板或构筑物的间隙不应大于20 cm，作业层脚手板的下方必须设置防护层。

6.作业层外侧应按规定设置防护栏杆和挡脚板。

</td></tr>
<tr><td>编制人</td><td></td><td>复核人</td><td></td><td>接收人</td><td></td></tr>
</table>

4.4　高处坠落事故警示

案例一　天津市宝坻区“11·30”高处坠落事故

一、事故简介

事故简介详见“案例引入”。

二、原因分析

1.直接原因

电梯井内脚手架采用钢管扣件搭设,为悬空的架体,上铺木板,施工中没有按照支撑架体钢管穿过剪力墙等技术要求搭设。未对搭设的电梯井脚手架进行验收;电梯井内没有按照有关标准搭设安全网,操作人员在脚手架上进行拆除模板作业时产生不均匀的荷载,导致脚手架失稳、变形而坠落。

2.间接原因

(1)施工单位对工程项目疏于管理,现场混乱,有关人员未认真履行安全职责,安全检查中没有发现并采取有效措施消除存在的事故隐患;没有对电梯井内拆除模板的操作人员进行安全培训和技术交底;在没有安全保障的条件下安排操作人员从事作业。

(2)监理公司承揽工程后未进行有效的管理,指派无国家监理执业资格的人员担任项目总监理工程师的工作;现场监理人员无证监理,对模板施工方案、安全技术交底、电梯井内脚手架验收等管理不力,对电梯井内脚手架搭设、安全网防护不符合规范要求等事故隐患,以及施工中冒险蛮干现象未采取措施予以制止。

三、事故教训

(1)建立健全安全生产责任制。安全管理体系要从公司到项目到班组层层落实,切忌走过场。切实加强安全管理工作,配备足够的安全管理人员,确保安全生产体系正常运作。

(2)进一步加强安全生产制度建设。安全防护措施、安全技术交底、班前安全活动要全面、有针对性,既符合施工要求,又符合安全技术规范的要求,并在施工中不折不扣地贯彻落实。施工安全必须实行动态管理,责任要落实到班组,落实到每一个施工人员。

(3)进一步加强高处坠落事故的专项治理,高处作业是建筑施工中出现频率最高的危险性作业,事故率也最高,无论是临边、屋面、外脚手架、设备等都会遇到。在施工中必须针对不同的工艺特点,制订切实有效的防范措施,开展高处作业的专项治理工作,控制高处坠落事故的发生。

(4)加强培训教育,提高施工人员安全意识,使其树立“不伤害自己,不伤害别人,不被别人伤害”的安全理念。

四、事故预防对策

这是一起由于电梯井内悬空架体支撑杆件失效而引发的生产安全责任事故。事故的发生暴露出施工单位管理失控、现场混乱、安全检查缺失等问题。我们应认真吸取教训,做好以下几方面工作:

(1)要重视施工过程各环节安全生产工作。这起事故中,电梯井内搭设的脚手架,由于体量小,未能引起足够重视,搭设和使用既无方案也没交底,搭设的脚手架与电梯井结构未做牢固连接,最终发生事故。要有效防止此类事故,施工企业必须加强安全管理,消除隐患。

(2)要认真贯彻执行各项安全标准和规范。高处作业要制定专门的安全技术措施,要编制脚手架搭设(拆除)方案、现场安全防护方案;严格安全检查、教育和安全设施验收制度,对查出的问题及时消除,要强化各级人员安全责任制的落实;严格考核制度,考核结果要与其经济收入挂钩,提高安全生产的主动性、积极性。同时还要按照《建筑施工安全检查标准》和《建筑施工高处作业安全技术规范》的要求做好洞口、临边和操作层的防护,并按规定规范合理布置安全警示标志。要保证安全设施的材质合格,安全设施使用前,必须进行验收,验收合格后方可使用。另外,施工人员在电梯井内平台作业,要控制好人员数量,避免荷载过于集中。

(3)要切实加强安全生产培训教育。建筑施工企业应认真吸取事故教训,加强安全生产技术培训和安全生产知识教育,提高从业人员专业素质和安全意识。认真进行各工种操作规程培训和专业技术知识培训,尤其是对高处作业人员进行有关安全规范的培训,增强自身专业技术能力,以减少因技术知识不足造成的违章作业。

案例二　宁夏回族自治区银川市“10·07”高处坠落

一、事故简介

2008年10月7日,宁夏回族自治区银川市某大厦A座工程施工现场电梯井内发生一起高处坠落事故,造成3人死亡,直接经济损失67.86万元。

该工程建筑面积为30 000 m^2,合同造价3 266.8万元。当日上午7时左右,分包单位混凝土班班长安排3名施工人员清理大厦第19层楼梯间和电梯井的混凝土及垃圾。中午下班后,班长一直未见上述人员回来吃饭,便安排人到施工现场进行查找。查找人员在19楼电梯井口发现有两人的工具和1件上衣,逐层寻找之后,在负2层地下室电梯井内发现1名工人被埋,经过搜救,又找到2人,经法医确认3人均已死亡。

根据事故调查和责任认定,对有关责任方做出以下处理:项目经理、监理单位总监代表、混凝土班长等11名责任人受到撤职、罚款等行政处罚;施工、监理、劳务等单位分别受到暂扣安全生产许可证、暂扣监理资质证书6个月、吊销施工资质证书的行政处罚;责成政府有关责任部门向市政府做出深刻检查。

二、原因分析

1.直接原因

(1)劳务分包单位混凝土班班长违章指挥非专业人员进入危险区域冒险作业;施工人员违反劳动纪律在没有采取任何安全防护措施的情况下进入电梯井清渣。

(2)劳务分包单位施工的电梯井安全防护设施设计不合理、不牢固,措施不到位。

(3)总承包单位对工程安全设施没有进行认真全面的检查验收,对存在的重大安全隐患未能及时进行整改,未执行行业主管部门停工整改的通知。

2.间接原因

(1)现场安全管理混乱,建设、监理、施工单位对安全管理工作重视不够,没有严格履行安全管理职责,安全隐患排查整改不力。建设单位虽然在建设施工合同中明确规定与总承包单位安全生产管理的责任,但对总承包单位安全生产工作管理不到位,未认真履行协调管理的责任。

(2)施工总包单位现场管理人员职责不清,工程施工中存在违法分包和"以包代管"问题。施工人员安全培训教育不到位,安全意识淡薄,施工现场存在"三违"现象。

(3)监理单位没有严格履行监理责任,对施工现场存在的重大安全事故隐患没有按照规定采取措施。

三、事故教训

这是一起由于工程建设各方主体安全管理混乱,施工人员冒险作业而造成的事故。通过对事故原因的分析,可以反映出在施工过程中,不仅没有落实必要的安全防护措施为施工人员的安全提供必要的保障,更为严重的是,施工人员自身在施工过程中,也缺乏必要的安全意识。内外两方面的因素最终直接导致了事故的发生。当然,这和工程建设相关各方在安全管理方面的态度是密切相关的。建设、施工单位都存在"以包代管"的问题,没有积极参与到工程的安全预防中去。监理单位也没有发挥相应的监督作用。劳务分包单位使用未经安全教育培训的人员进行作业,多重因素最终引起了悲剧的发生。

四、事故预防对策

这是一起由于违章指挥、冒险作业而引发的生产安全责任事故,事故的发生暴露出该工程安全生产管理失控、事故隐患排查整改不力等问题。我们应认真吸取教训,做好以下几方面工作:

(1)参建各方要强化建筑施工安全管理工作。这起事故的发生反映了建筑市场一种常见的现象:"以包代管"。在本工程中,建设单位和总包单位对于分包出去的工程的安全管理有所放松,缺少严格要求。在工程管理中,建设和总承包单位都没有按照相应的法律法规中的要求去参与安全管理工作,监理单位也没有对现场的安全生产情况进行认真检查,未能发现隐患并及时要求整改。劳务分包单位使用无相应资格和专业技术的施工人员进行作业,安全教育不到位。

(2)建设单位要严格履行法定建设程序。依法办理、完善各类前期手续,不得违规建设,不得向其他参建方提出不符合安全生产法律法规和强制性标准规定的要求。在工程合同条款和预决算中,要保证安全生产措施费用的落实。同时,要指定专职安全生产管理人员加强对建筑施工企业现场的安全管理,及时发现和纠正施工现场存在的安全隐患,确保生产安全。

(3)施工单位要完善制度措施。个别施工单位将工程转包给劳务公司后,对安全管理放松了要求。针对这种现象,施工单位要认真贯彻执行有关安全生产的法律法规、行业标准和操作规程,不折不扣地落实各项安全生产责任制,进一步建立和完善各项安全生产管理规章制度。

(4)监理单位要认真贯彻落实《建设工程安全生产管理条例》。首先要明确自身安全生产监理职责,严格组织施工设计审查,特别是加强对危险性较大的分部分项工程的安全

专项施工方案安全技术措施的审查,加强现场巡检,发现安全隐患及时要求整改,并加强与有关部门的联络,及时反映情况。

(5)建设主管部门要高度重视,针对突出问题切实采取有效措施加以防范。一是要进一步加强对建筑市场的综合整治力度,重点检查监理单位是否按照监理规范要求对工程建设项目实施全过程有效监理。二是要切实加强对施工单位资质的管理,尤其是要加强对建筑劳务企业资质的管理和监督。三是要加强对施工现场的日常监督检查,促进安全生产各项工作有效开展。

案例三　四川省绵阳市"2·21"高处坠落事故

一、事故简介

2006年2月21日,四川省绵阳市某住宅工程在施工过程中,发生了卸料平台垮塌事故,造成3人死亡,间接经济损失46.8万元。

当天7时左右,4名模板组施工人员在11层将所收拣的木料码放在7层北面卸料,下台后,又到毗邻卸料平台作业。9时左右,塔机指挥员到达北面卸料平台指挥塔机臂转到北面卸料平台上方,两人即到北面卸料平台捆扎木料,在作业过程中卸料平台突然垮塌,塔机指挥员、两名施工人员随之坠落。

根据事故调查和责任认定,对有关责任方做出以下处理:施工单位外架作业班长移交司法机关依法追究刑事责任;施工单位总经理、项目经理、监理单位项目总监等7名责任人分别受到罚款、暂停执业资格等行政处罚;施工、监理等单位受到罚款等行政处罚。

二、原因分析

1.直接原因

卸料平台搭设未按照"卸料平台施工组织设计(方案)"实施。卸料平台4根挑杆未与楼层锚固环有效连接,卸料平台承受荷载后无法抵抗卸料平台的倾覆力矩。卸料平台的挑杆与原防护外架相连,错误的搭设方法掩盖了挑杆未与楼层锚固环连接这一重大隐患,事发前一天外架被拆除,卸料平台受荷后无法抵抗倾覆力矩。卸料平台架体悬挑两端未按方案要求设置钢丝绳进行拉接。

2.间接原因

(1)作业班组长安排3名无特种作业操作资格证的人员从事卸料平台的搭建,搭建前未向其提供卸料平台的设计方案,搭建时未到现场进行指挥,搭建好后未认真验收。施工单位对从业人员的"三级"教育不落实,施工现场管理混乱,安全技术交底不落实、不规范,对外架班组的管理失控,使用无特种作业操作资格证的人员搭设卸料平台,平台搭设完后未组织检查验收,未及时发现、排除重大安全隐患就投入使用。

(2)监理单位对该工程"卸料平台施工组织设计(方案)"的审查不严格认真,未能发现设计(方案)的缺陷,未能对工程实现有效的管理。

三、事故教训

施工过程中的危险性较大的分部分项工程施工,都必须严格按照施工组织设计或专项施工方案的设计要求进行。特别是对于卸料平台、脚手架、电梯井平台等这些临时性设施的制造、搭设,不能因为它们只是为了施工过程中的某个阶段临时使用而放松要求。施工现场的任何一个环节出现问题,都将是致命的。

四、事故预防对策

这是一起由于违反卸料平台搭设方案、平台挑梁未与主体结构连接而引发的生产安全责任事故。事故的发生暴露出该工程日常安全生产管理不到位、隐患排查整改不力等问题。我们应认真吸取教训,做好以下几方面工作:

(1)必须切实加强卸料平台设计、安装、使用全过程的安全管理。卸料平台是承重结构,按照《建筑施工高处作业安全技术规范》的要求,搭设前,必须按照结构和荷载情况进行设计计算,平台荷载直接传递给工程主体结构,不允许和脚手架、龙门架等架体和设施进行连接。施工单位应严格贯彻执行国家相关法律、法规的规定,配备专职安全管理人员,认真落实安全生产责任制,严格施工现场安全管理,按规定组织施工,加强对从业人员的资格审查和安全教育培训工作。项目负责人及管理人员应认真履行安全管理职责,加强对施工现场的安全检查力度,加强对作业班组的管理,发现问题及时整改处理。

(2)必须切实加强施工安全过程的检查监督。大部分企业使用的卸料平台均为定型产品,而这起事故中,是由脚手架向外悬挑而出,这种做法本身存在安全隐患,应禁止使用。监理单位应严格贯彻执行《安全生产法》《建设工程安全生产管理条例》等法律法规,按照《建设工程监理规范》的规定,认真组织对建设施工单位实施监理,加强对施工组织设计中安全技术措施和专项施工方案的审查。

(3)必须切实加强对违法行为的监管和查处。对专业性较强的工程,如脚手架、模板、起重吊装和塔吊、施工电梯、钢井架的安装、拆除都要编制安全专项施工方案,并严格按照方案施工。各有关职能部门要进一步加强对在建施工项目的安全检查,强化监察执法,及时纠正、查处生产过程中的违法违章行为。

学习项目 5　脚手架工程安全生产技术

【知识目标】

1.掌握脚手架的分类和基本要求。

2.掌握扣件式双排外脚手架安全技术要求。

3.熟悉门式脚手架、碗扣式脚手架、承插型盘扣式钢管脚手架、满堂脚手架、吊篮脚手架、满堂脚手架安全技术。

【能力目标】

1.根据脚手架安全技术要求,发现施工中脚手架可能存在的安全隐患。

2.通过分析脚手架安全事故,指出事故的原因,并提出事故的预防措施和应急处理方法。

【案例引入】

上海市某高层住宅工程脚手架倒塌事故

2001 年 3 月 4 日下午,在由上海某建设总承包公司总包、上海某建筑公司主承包、上海某装饰公司专业分包的某高层住宅工程工地上,因 12 层以上的外粉刷施工基本完成,主承包公司的脚手架工程专业分包单位的架子班班长谭某征得分队长孙某同意后,安排 3 名作业人员进行Ⅱ段 19A 轴~20A 轴的 12~16 层阳台外立面长 1.5 m、宽 0.9 m 的钢管悬挑脚手架拆除作业。15 时 50 分左右,3 人拆除了 16 层至 15 层全部悬挑脚手架和 14 层部分悬挑脚手架外立面以及连接 14 层阳台栏杆上固定脚手架拉杆和楼层立杆、拉杆。当拆至近 13 层时,悬挑脚手架突然失稳倾覆,致使正在第三步悬挑脚手架上的两名作业人员何某、喻某随悬挑脚手架体分别坠落到地面和三层阳台平台上(坠落高度分别为 39 m 和 31 m)。事故发生后,项目部立即将两人送往医院抢救,两人因伤势过重,经抢救无效死亡。

【案例思考】

针对上述案例,试分析事故发生的可能原因、事故的责任划分、可采取哪些预防措施。

5.1　脚手架概述

5.1.1　脚手架的发展史

随着我国建筑事业的蓬勃发展,建筑施工脚手架也发生了很大的变化,脚手架的种类也越来越多。从搭设材质上分为竹、木和钢管脚手架，其中钢管脚手架中又分扣件式、碗扣式以及新型的轮扣式脚手架等；按搭设的立杆排数，又可分单排架、双排架和满堂架；按搭设的用途，又可分为砌筑架、装修架；按搭设的位置可分为外脚手架和内脚手架。

竹、木脚手架在我国有悠久的使用历史。由于木脚手杆截面大和刚性好，竹脚手杆强度高、质量轻、价格低且可就地取材，所以在 20 世纪 60 年代以前，在建筑施工中几乎是清一色的竹、木脚手架。

随着各种钢脚手架的应用以及木竹杆件存在材质变异性大、构架不规范等缺点，竹、木脚手架所占的比重迅速下降。目前，在我国中部和北部地区，已经停止购置竹、木脚手架；在南方地区，很多省市已规定禁止使用竹、木脚手架，除在外电防护等部位使用外，竹、木脚手架已渐渐淡出施工现场。

我国自 20 世纪 60 年代起推广扣件式钢管脚手架以来，普及得很快，尽管后来还有其他新型脚手架出现，但没有影响它的主导地位。目前，我国已成为世界上扣件式钢管脚手架拥有量最多的国家。

70 年代后期开始，建筑业发生了日新月异的巨大变化，随着高层和大型公共建筑的迅速崛起，原有的脚手架已经不能适应现代建筑施工的需要。因此，从 80 年代起，一些建筑企业开始引进国外流行的先进的架设工具，如门式钢管脚手架。与此同时，一些研究、设计和施工单位也结合我国国情开展了对新型建筑脚手架的研究工作，并取得了许多可喜的成果，例如碗扣式钢管脚手架等就显示出来许多优点，受到了施工单位的欢迎。

80 年代以后，高层与超高层建筑越来越多，附着升降脚手架也应运而生。当建筑物的高度在 80 m 以上时，附着升降脚手架的经济性是其他形式脚手架所不能比拟的。附着升降脚手架在现代建筑施工中应用发展得很快，已全面普及，成为高层、特别是超高层建筑脚手架的主要形式。

90 年代后期，出现了轮扣式钢管脚手架（也称自锁式多功能脚手架），该种脚手架装拆快速、不带有活动零件。

5.1.2　脚手架的分类

5.1.2.1　按用途分类

(1)操作（作业）脚手架。包括结构作业用脚手架和装饰作业脚手架。

(2)防护用脚手架。主要用于安全防护。

(3)承重、支撑类脚手架。主要用于模板支设。

5.1.2.2　按搭设类型分类

按搭设类型可分为单排脚手架、双排脚手架和满堂脚手架。

5.1.2.3　按材质与规格分类

(1)竹、木脚手架。以竹或木杆件搭设的脚手架就称为竹、木脚手架。

(2)钢管脚手架。又分为扣件式钢管脚手架和碗扣式脚手架。

(3)门式组合脚手架。

5.1.2.4　按支固方式分类

(1)落地式脚手架。搭设在地面、楼面、屋面或其他平台结构之上的脚手架。

(2)悬挑脚手架,简称挑脚手架。采用悬挑方式支固的脚手架,其挑支方式又有架设于专用的悬挑梁、专用的悬挑三角桁架上和架设于由支撑杆件组合的支挑结构上三种。

(3)附墙悬挂脚手架,简称挂脚手架。在上部或(和)中部挂设于墙体挑挂件上的定型脚手架。

(4)悬吊脚手架,简称吊脚手架。悬吊于悬挑梁或工程结构之下的脚手架。当采用篮式作业时,称为吊篮。

(5)附着升降脚手架,简称爬架。附着于工程结构、依靠自身提升设备实现升降的悬空脚手架,其中实现整体提升的脚手架,也称为整体提升脚手架。

5.1.3　脚手架的基本要求

脚手架是建筑施工中必不可少的临时设施,它随工程进展而搭设,工程完毕即拆除。因为是临时设施,搭设的质量往往被忽略。虽然脚手架是临时设施,但在工程的基础、主体施工及装修、设备安装等作业时,都离不开脚手架,用脚手架解决人员作业平台、临时的材料存放和短距离的运输道路问题。所以,脚手架设计和搭设得是否合理,不但直接影响工程施工,而且关系到作业人员的作业条件和生命安全。为此,搭设脚手架应满足适用、安全、经济的基本要求,具体要求如下:

(1)要有足够的强度和面积,能满足工人操作、堆放材料和运输的需要。

(2)要坚固、稳定,保证在所规定的荷载作用和气候条件影响下,能预防工人和物料坠落及脚手架稳固。

(3)构造合理简单,搭设、拆除和搬运要方便。

5.2　扣件式双排外脚手架安全技术

外脚手架是建筑物外侧搭设的脚手架,既可用于外墙砌筑,又可用于外墙装修。多立杆式外脚手架按其立杆布置方式可分为单排和双排两种。目前,多立杆式脚手架常用扣件钢管搭设。

5.2.1　组成

扣件钢管多立杆式脚手架主要由立杆、大横杆、小横杆、剪刀撑、连墙件、脚手板等组成。如图 5-1 所示。

脚手架搭设的工艺流程为:场地平整、夯实→基础承载力试验、材料配备→定位设置通长脚手板、底座→纵向扫地杆→立杆→横向扫地杆→小横杆→大横杆(搁栅)→剪刀撑→连墙件→铺脚手板→扎防护栏杆→扎安全网。

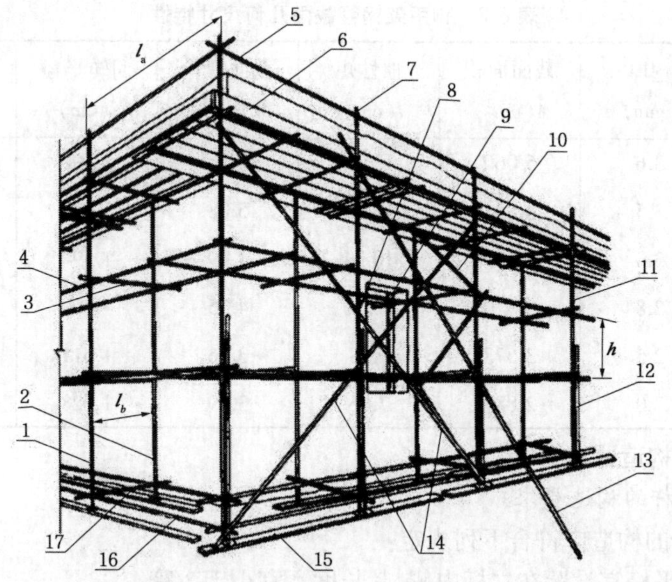

1 —外立杆;2 —内立杆;3 —横向水平杆;4 —纵向水平杆;5 —栏杆;6 —挡脚板;
7 —直角扣件;8 —旋转扣件;9 —连墙件;10 —横向斜撑;11 —主立杆;12 —副立杆;
13 —抛撑;14 —剪刀撑;15 —垫板;16 —纵向扫地杆;17 —横向扫地杆

图 5-1 扣件式钢管脚手架各杆件位置

5.2.2 构造要求

5.2.2.1 常用双排脚手架的设计尺寸

常用密目式安全立网全封闭式双排脚手架的设计尺寸和钢管截面几何尺寸,可按表5-1、表5-2采用。

表 5-1 双排脚手架的设计尺寸 (单位:m)

连墙件设置	立杆横距	步距	下列荷载时的立杆纵距				脚手架允许搭设高度
			2+0.35 (kN/m^2)	2+2+2×0.35 (kN/m^2)	3+0.35 (kN/m^2)	3+2+2×0.35 (kN/m^2)	
两步三跨	1.05	1.50	2.0	1.5	1.5	1.5	50
		1.80	1.8	1.5	1.5	1.5	32
	1.30	1.50	1.8	1.5	1.5	1.5	50
		1.80	1.8	1.2	1.5	1.2	30
	1.55	1.50	1.8	1.5	1.5	1.5	38
		1.80	1.8	1.2	1.5	1.2	22
三步三跨	1.05	1.50	2.0	1.5	1.5	1.5	43
		1.80	1.8	1.2	1.5	1.2	24
	1.30	1.50	1.8	1.5	1.5	1.2	30
		1.80	1.8	1.2	1.5	1.2	17

表 5-2　脚手架钢管截面几何尺寸特性

外径 (mm)	壁厚 (mm)	截面面积 $A(cm^2)$	惯性矩 $I(cm^4)$	截面模量 $W(cm^3)$	回转半径 $i(cm)$	单位质量 (kg/m)
48.3	3.6	5.060	12.71	5.26	1.590	3.97
48.3	3.5	4.891	12.19	5.08	1.580	3.84
48.3	3.0	4.239	10.74	4.49	1.594	3.33
48.3	2.8	3.970	10.20	4.25	1.600	3.12
48.3	2.5	3.572	9.28	3.86	1.611	2.81
48.3	2.0	2.889	7.66	3.19	1.628	2.27

5.2.2.2　杆件的构造要求

1.纵向水平杆的构造要求

纵向水平杆的构造应符合下列规定:

(1)纵向水平杆宜设置在立杆内侧,其长度不宜小于 3 跨。

(2)纵向水平杆接长宜采用对接扣件连接,也可采用搭接。对接、搭接应符合下列规定:

①纵向水平杆的对接扣件应交错布置:两根相邻纵向水平杆的接头不宜设置在同步或同跨内;不同步或不同跨两个相邻接头在水平方向错开的距离不应小于 500 mm;各接头中心至最近主节点的距离不宜大于纵距的 1/3(见图 5-2)。

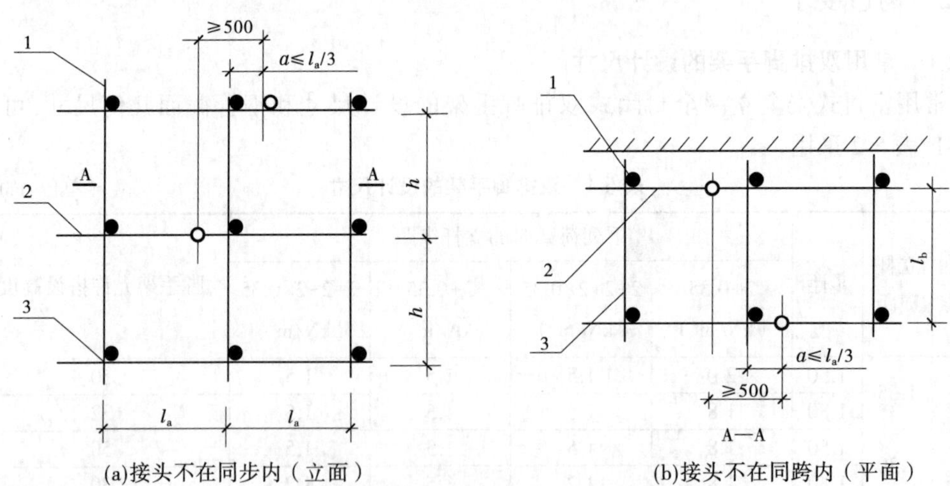

1 —立杆;2 —纵向水平杆;3 —横向水平杆

图 5-2　纵向水平杆对接接头布置

②搭接长度不应小于 1 m,应等间距设置 3 个旋转扣件固定,端部扣件盖板边缘至搭接纵向水平杆杆端的距离不应小于 100 mm。

2.横向水平杆的构造要求

横向水平杆的构造应符合下列规定:

（1）主节点处必须设置一根横向水平杆，用直角扣件扣接且严禁拆除。主节点处两个直角扣件的中心距不应大于150 mm。在双排脚手架中，靠墙一端的外伸长度a（见图5-2）不应大于0.4 l_a，且不应大于500 mm。

（2）作业层上非主节点处的横向水平杆，宜根据支承脚手板的需要等间距设置，最大间距不应大于纵距的1/2。

（3）当使用冲压钢脚手板、木脚手板、竹串片脚手板时，双排脚手架的横向水平杆两端均应采用直角扣件固定在纵向水平杆上；单排脚手架的横向水平杆的一端，应用直角扣件固定在纵向水平杆上，另一端应插入墙内，插入长度不应小于180 mm。

（4）使用竹笆脚手板时，双排脚手架的横向水平杆两端应用直角扣件固定在立杆上；单排脚手架的横向水平杆的一端，应用直角扣件固定在立杆上，另一端应插入墙内，插入长度亦不应小于180 mm。

5.2.2.3　其他构件要求

1.脚手板构造要求

脚手板的设置应符合下列规定：

（1）作业层脚手板应铺满、铺稳，离开墙面120~150 mm。

（2）冲压钢脚手板、木脚手板、竹串片脚手板等，应设置在三根横向水平杆上。当脚手板长度小于2 m时，可采用两根横向水平杆支承，但应将脚手板两端与其可靠固定，严防倾翻。此三种脚手板的铺设可采用对接平铺，亦可采用搭接铺设。脚手板对接平铺时，接头处必须设两根横向水平杆，脚手板外伸长应取130~150 mm，两块脚手板外伸长度的和不应大于300 mm（见图5-3（a））；脚手板搭接铺设时，接头必须支在横向水平杆上，搭接长度应大于200 mm，其伸出横向水平杆的长度不应小于100 mm（见图5-3（b））。

（3）竹笆脚手板应按其主竹筋垂直于纵向水平杆方向铺设，且采用对接平铺，四个角应用直径1.2 mm的镀锌钢丝固定在纵向水平杆上。

（4）作业层端部脚手板探头长度应取150 mm，其板长两端均应与支承杆可靠地固定。

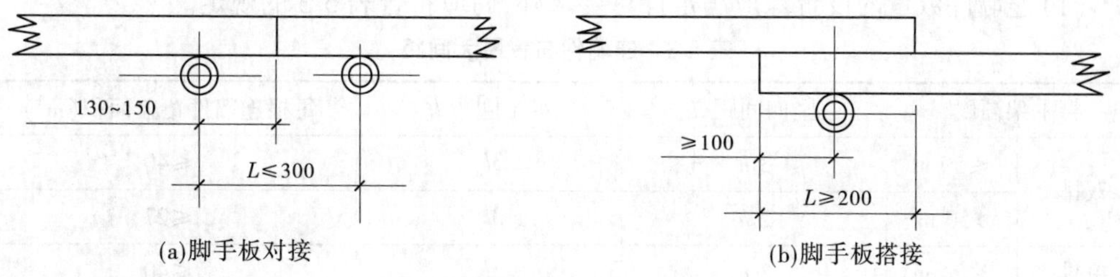

图5-3　脚手板对接、搭接构造

2.立杆构造要求

立杆的构造应符合下列规定：

（1）每根立杆底部应设置底座或垫板。

（2）脚手架必须设置纵、横向扫地杆。纵向扫地杆应采用直角扣件固定在距底座上皮不大于200 mm处的立杆上。横向扫地杆亦应采用直角扣件固定在紧靠纵向扫地杆下方的立杆上。当立杆基础不在同一高度上时，必须将高处的纵向扫地杆向低处延长两跨

与立杆固定,高差不应大于 1 m。靠边坡上方的立杆轴线到边坡的距离不应小于 500 mm,脚手架底层步距不应大于 2 m(见图 5-4)。

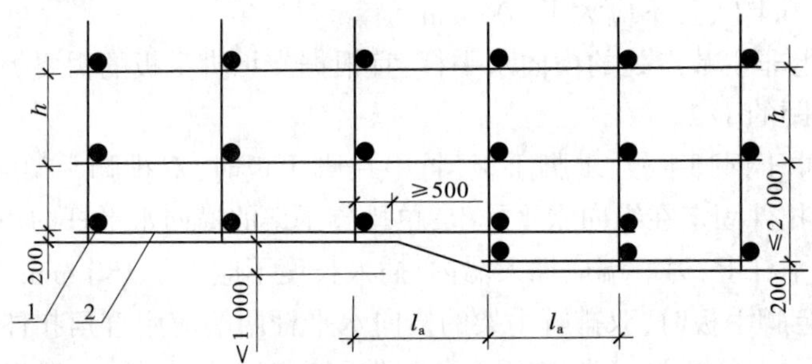

1 —横向扫地杆;2 —纵向扫地杆

图 5-4　纵、横向扫地杆构造

(3)立杆必须用连墙件与建筑物可靠连接。

立杆接长除顶层顶步可采用搭接外,其余各层各步接头必须采用对接扣件连接。对接、搭接应符合下列规定:

立杆上的对接扣件应交错布置:两根相邻立杆的接头不应设置在同步内,同步内隔一根立杆的两个相隔接头在高度方向错开的距离不宜小于 500 mm;各接头中心至主节点的距离不宜大于步距的 1/3。

(4)搭接长度不应小于 1 m,应采用不少于 2 个旋转和扣件固定,端部扣件盖板的边缘至杆端距离不应小于 100 mm。

(5)立杆顶端宜高出女儿墙上皮 1 m,高出檐口上皮 1.5 m。

(6)双管立杆中副立杆的高度不应低于 3 步,钢管长度不应小于 6 m。

3.连墙件构造要求

连墙件的构造应符合下列规定:

(1)连墙件数量的设置除应满足计算要求外,尚应符合表 5-3 的规定。

表 5-3　连墙件布置最大间距

脚手架高度		竖向间距 h	水平间距 l_a	每根连墙件覆盖面积(m^2)
双排	≤50 m	3 h	3l_a	≤40
	>50 m	2 h	3l_a	≤27
单排	≤24 m	3 h	3l_a	≤40

注:h 为步距;l_a 为纵距。

(2)连墙件的布置应符合下列规定:

①宜靠近主节点设置,偏离主节点的距离不应大于 300 mm。

②应从底层第一步纵向水平杆处开始设置,当该处设置有困难时,应采用其他可靠措施固定。

③宜优先采用菱形布置,也可采用方形、矩形布置。

④一字型、开口型脚手架的两端必须设置连墙件,连墙件的垂直间距不应大于建筑物

的层高,并不应大于 4 m(2 步)。

4.剪刀撑的构造要求

剪刀撑的构造应符合下列规定:

(1)双排脚手架应设剪刀撑与横向斜撑,单排脚手架应设剪刀撑。

(2)剪刀撑的设置应符合下列规定:每道剪刀撑跨越立杆的根数宜按表 5-4 的规定确定。每道剪刀撑宽度不应小于 4 跨,且不应小于 6 m,斜杆与地面的倾角宜为 45°~60°。

表 5-4　剪刀撑跨越立杆的最多根数

剪刀撑斜杆与地面的倾角 α	45°	50°	60°
剪刀撑跨越立杆的最多根数 n	7	6	5

(3)高度在 24 m 以下的单、双排脚手架,均必须在外侧立面的两端各设置一道剪刀撑,并应由底至顶连续设置;中间各道剪刀撑之间的净距不应大于 15 m(见图 5-5)。

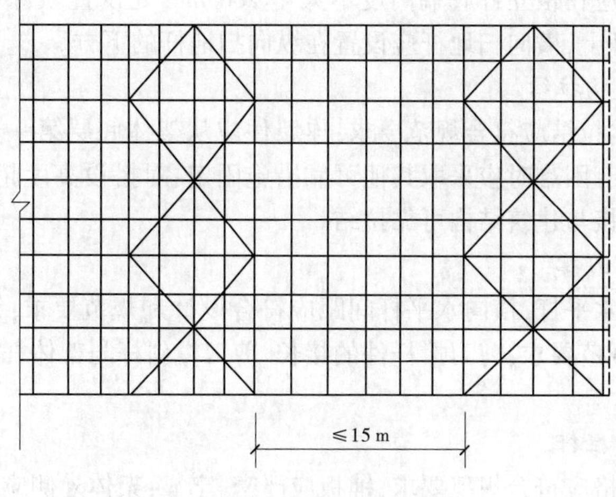

图 5-5　剪刀撑布置

(4)高度在 24 m 以上的双排脚手架应在外侧立面整个长度和高度上连续设置剪刀撑。

(5)剪刀撑斜杆的接长宜采用搭接。

(6)剪刀撑斜杆应用旋转扣件固定在与之相交的横向水平杆的伸出端或立杆上,旋转扣件中心线至主节点的距离不宜大于 150 mm。

5.横向斜撑的设置要求

横向斜撑的设置应符合下列规定:

(1)横向斜撑应在同一节间,由底至顶层呈“之”字形连续布置,斜撑的固定应符合相关规范的规定。

(2)一字型、开口型双排脚手架的两端均必须设置横向斜撑,中间宜每隔 6 跨设置一道。

(3)高度在 24 m 以下的封闭型双排脚手架可不设横向斜撑,高度在 24 m 以上的封闭型脚手架,除拐角应设置横向斜撑外,中间应每隔 6 跨设置一道。

5.2.3　扣件式钢管脚手架的检查评定

扣件式钢管脚手架检查评定应符合现行行业标准《建筑施工扣件式钢管脚手架安全

技术规范》(JGJ 130—2011)的规定。

扣件式钢管脚手架检查评定保证项目应包括施工方案、立杆基础、架体与建筑结构拉结、杆件间距与剪刀撑、脚手板与防护栏杆、交底与验收。一般项目应包括横向水平杆设置、杆件连接、层间防护、构配件材质、通道。

5.2.3.1　**保证项目**

扣件式钢管脚手架保证项目的检查评定应符合下列要求。

1.施工方案

架体搭设应编制专项施工方案,结构设计应进行计算,并按规定进行审核、审批;当架体搭设超过规范允许高度时,应组织专家对专项施工方案进行论证。

2.立杆基础

立杆基础应按方案要求平整、夯实,并应采取排水措施,立杆底部设置的垫板、底座应符合规范要求;架体应在距立杆底端高度不大于 200 mm 处设置纵、横向扫地杆,并应用直角扣件固定在立杆上,横向扫地杆应设置在纵向扫地杆的下方。

3.架体与建筑结构拉结

架体与建筑结构拉结应符合规范要求;连墙件应从架体底层第一步纵向水平杆处开始设置,当该处设置有困难时应采取其他可靠措施固定;对搭设高度超过 24 m 的双排脚手架,应采用刚性连接与建筑结构可靠拉结。

4.杆件间距与剪刀撑

架体立杆、纵向水平杆、横向水平杆间距应符合设计和规范要求;纵向剪刀撑及横向斜撑的设置应符合规范要求;剪刀撑杆件的接长、剪刀撑斜杆与架体杆件的固定应符合规范要求。

5.脚手板与防护栏杆

脚手板材质、规格应符合规范要求,铺板应严密、牢靠;架体外侧应采用密目式安全网封闭,网间连接应严密;作业层应按规范要求设置防护栏杆;作业层外侧应设置高度不小于 180 mm 的挡脚板。

6.交底与验收

架体搭设前应进行安全技术交底,并应有文字记录;当架体分段搭设、分段使用时,应进行分段验收;搭设完毕应办理验收手续,验收应有量化内容并经责任人签字确认。

5.2.3.2　**一般项目**

扣件式钢管脚手架一般项目的检查评定应符合下列要求。

1.横向水平杆设置

横向水平杆应设置在纵向水平杆与立杆相交的主节点处,两端应与纵向水平杆固定;作业层应按铺设脚手板的需要增设横向水平杆;单排脚手架横向水平杆插入墙内不应小于 180 mm。

2.杆件连接

纵向水平杆杆件宜采用对接,若采用搭接,其搭接长度不应小于 1 m,且固定应符合规范要求;立杆除顶层顶步外,不得采用搭接;杆件对接扣件应交错布置,并符合规范要求;扣件紧固力矩不应小于 40 N · m,且不应大于 65 N · m。

3.层间防护

作业层脚手板下应采用安全平网兜底,以下每隔 10 m 应采用安全平网封闭;作业层里排架体与建筑物之间应采用脚手板或安全平网封闭。

4.构配件材质

钢管直径、壁厚、材质应符合规范要求;钢管弯曲、变形、锈蚀应在规范允许范围内;扣件应进行复试且技术性能符合规范要求。

5.通道

架体应设置供人员上下的通道,专用通道的设置应符合规范要求。

建筑工程的扣件式钢管脚手架的安全检查,应以《建筑施工安全检查标准》(JGJ 59—2011)中表 B.3 为依据(见表 5-5)。

表 5-5 扣件式钢管脚手架检查评分表

序号	检查项目		扣分标准	应得分数	扣减分数	实得分数
1	保证项目	施工方案	架体搭设未编制专项施工方案或未按规定审核、审批,扣 10 分 架体结构设计未进行设计计算,扣 10 分 架体搭设超过规范允许高度,专项施工方案未按规定组织专家论证,扣 10 分	10		
2		立杆基础	立杆基础不平、不实、不符合专项施工方案要求,扣 5~10 分 立杆底部缺少底座、垫板或垫板的规格不符合规范要求,每处扣 2~5 分 未按规范要求设置纵、横向扫地杆,扣 5~10 分 扫地杆的设置和固定不符合规范要求,扣 5 分 未采取排水措施,扣 8 分	10		
3		架体与建筑结构拉结	架体与建筑结构拉结方式或间距不符合规范要求,每处扣 2 分 架体底层第一步纵向水平杆处未按规定设置连墙件或未采用其他可靠措施固定,每处扣 2 分 搭设高度超过 24 m 的双排脚手架,未采用刚性连墙件与建筑结构可靠连接,扣 10 分	10		
4		杆件间距与剪刀撑	立杆、纵向水平杆、横向水平杆间距超过设计或规范要求,每处扣 2 分 未按规定设置纵向剪刀撑或横向斜撑,每处扣 5 分 剪刀撑未沿脚手架高度连续设置或角度不符合规范要求,扣 5 分 剪刀撑斜杆的接长或剪刀撑斜杆与架体杆件固定不符合规范要求,每处扣 2 分	10		
5		脚手板与防护栏杆	脚手板未满铺或铺设不牢、不稳,扣 5~10 分 脚手板规格或材质不符合规范要求,扣 5~10 分 架体外侧未设置密目式安全网封闭或网间连接不严,扣 5~10 分 作业层防护栏杆不符合规范要求,扣 5 分 作业层未设置高度不小于 180 mm 的挡脚板,扣 3 分	10		
6		交底与验收	架体搭设前未进行交底或交底未有文字记录,扣 5~10 分 架体分段搭设、分段使用未进行分段验收,扣 5 分 架体搭设完毕未办理验收手续,扣 10 分 验收内容未进行量化,或未经责任人签字确认,扣 5 分	10		
		小计		60		

续表 5-5

序号	检查项目		扣分标准	应得分数	扣减分数	实得分数
7	一般项目	横向水平杆设置	未在立杆与纵向水平杆交点处设置横向水平杆，每处扣 2 分 未按脚手板铺设的需要增加设置横向水平杆，每处扣 2 分 双排脚手架横向水平杆只固定一端，每处扣 2 分 单排脚手架横向水平杆插入墙内小于 180 mm，每处扣 2 分	10		
8		杆件连接	纵向水平杆搭接长度小于 1 m 或固定不符合要求，每处扣 2 分 立杆除顶层顶步外采用搭接，每处扣 4 分 杆件对接扣件的布置不符合规范要求，扣 2 分 扣件紧固力矩小于 40 N · m 或大于 65 N · m，每处扣 2 分	10		
9		层间防护	作业层脚手板下未采用安全平网兜底或作业层以下每隔 10 m未采用安全平网封闭，扣 5 分 作业层与建筑物之间未按规定进行封闭，扣 5 分	10		
10		构配件材质	钢管直径、壁厚、材质不符合要求，扣 5 分 钢管弯曲、变形、锈蚀严重，扣 5 分 扣件未进行复试或技术性能不符合标准，扣 5 分	5		
11		通道	未设置人员上下专用通道，扣 5 分 通道设置不符合要求，扣 2 分	5		
		小计		40		
检查项目合计				100		

5.3 门式钢管脚手架安全技术

5.3.1 门式脚手架的搭设

依据《建筑施工门式钢管脚手架安全技术规范》(JGJ 128—2010)第 1.0.3 条规定，落地门式钢管脚手架的搭设高度不宜超过表 5-6 的规定。

表 5-6 落地门式钢管脚手架搭设高度

施工荷载标准值 $\sum Q_K$ (kN/m^2)	3.0~5.0	≤3.0
搭设高度(m)	≤45	≤60

脚手架的搭设顺序：安放底座→首步架装在底座上→装剪力撑→铺设脚踏板(或平

行架)插上驳芯→安装上一步门架→装上锁臂。门架式脚手架应从一端开始向另一端搭设,在首步脚手架搭设完毕后再搭设上一步脚手架,见图 5-6、图 5-7。

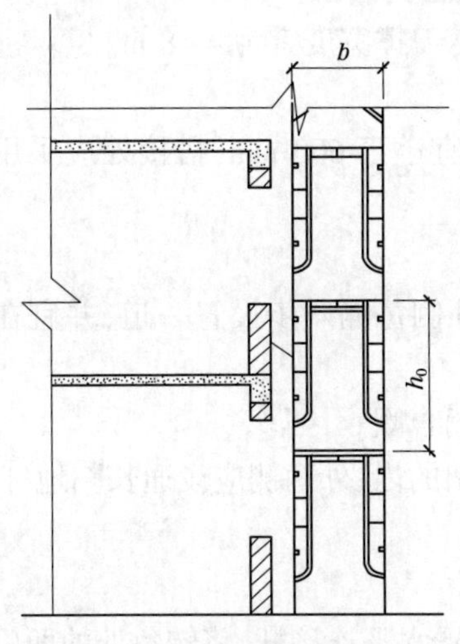

h_0—门架高度;b—门架宽度

图 5-6 门式脚手架侧立面

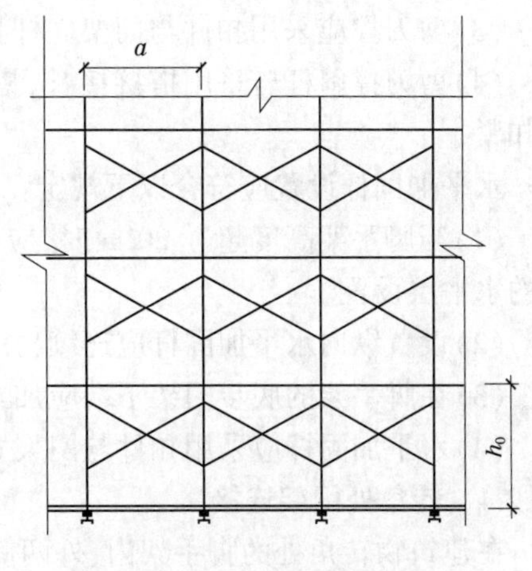

a—门架间距;h_0—门架高度

图 5-7 门式脚手架正立面

5.3.2 门架的构造要求

5.3.2.1 门架

门架跨距应符合现行标准《门式钢管脚手架》(JGJ 13—1999)的规定,并与交叉支撑规格配合。门架立杆离墙面净距不宜大于 150 mm;大于 150 mm 时应采取内挑架板或其他离口防护的安全措施。

5.3.2.2 配件

门架的内外两侧均应设置交叉支撑并应与门架立杆上的锁销锁牢。上、下榀门架的组装必须设置连接棒及锁臂,连接棒直径应小于立杆内径的 1~2 mm。在脚手架的操作层上应连续满铺与门架配套的挂扣式脚手板,并扣紧挡板,防止脚手板脱落和松动。

水平架设置应符合下列规定:

(1)在脚手架的顶层门架上部、连墙件设置层、防护棚设置处必须设置水平架。

(2)脚手架搭设高度 $H<45$ m 时,沿脚手架高度,水平架应至少两步一设;当脚手架搭设高度 $H>45$ m 时,水平架应每步一设;不论脚手架多高,均应在脚手架的转角处、端部及间断处的一个跨距范围内每步一设。

(3)平架在其设置层面内应连续设置。

(4)当因施工需要,临时局部拆除脚手架内侧交叉支撑时,应在拆除交叉支撑的门架上方及下方设置水平架。

(5)水平架可由挂扣式脚手板或门架两侧设置的水平加固杆代替。

(6)底步门架的立杆下端应设置固定底座或可调底座。

5.3.2.3　**加固杆**

剪刀撑设置应符合下列规定：

(1)脚手架高度超过 20 m 时,应在脚手架外侧连续设置。

(2)剪刀撑斜杆与地面的倾角宜为 45°~60°,剪刀撑宽度宜为 4~8 m。

(3)剪刀撑应采用扣件与门架立杆扣紧。

(4)剪刀撑斜杆若采用搭接接长,搭接长度不宜小于 600 mm,搭接处应采用两个扣件扣紧。

水平加固杆设置应符合以下规定：

(1)当脚手架高度超过 20 m 时,应在脚手架外侧每隔 4 步设置一道,并宜在有连墙件的水平层设置。

(2)设置纵向水平加固杆应连续,并形成水平闭合圈。

(3)在脚手架的底步门架下端应加封口杆,门架的内、外两侧应设通长扫地杆。

(4)水平加固杆应采用扣件与门架立杆扣牢。

5.3.2.4　**转角处门架连接**

在建筑物转角处的脚手架内、外两侧应按步设置水平连接杆,将转角处的两门架连成一体(见图 5-8)。水平连接杆应采用钢管,其规格应与水平加固杆相同。水平连接杆应采用扣件与门架立杆及水平加固杆扣紧。

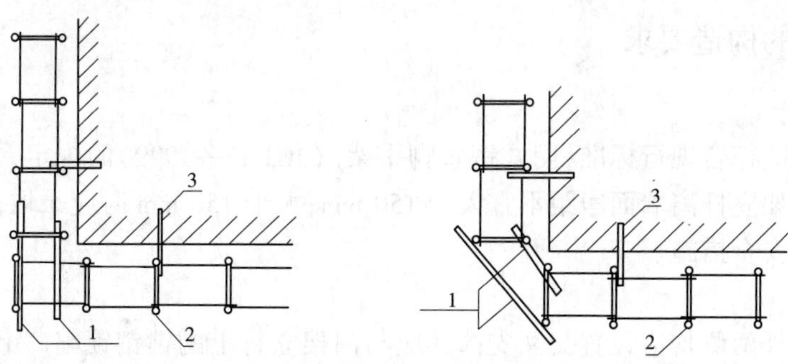

1—连接钢管;2—门架;3—连墙件

图 5-8　转角处脚手架连接

5.3.2.5　**连墙件**

脚手架必须采用连墙件与建筑物可靠连接,连墙件的设置除应满足《建筑施工门式钢管脚手架安全技术规范》(JGJ 128—2010)第 5.3.1~第 5.3.3 条计算要求外,尚应满足表 5-7 的要求。

表 5-7　连墙件间距

<table>
<tr><th rowspan="2">脚手架搭设高度
(m)</th><th rowspan="2">基本风压 w_0
(kN/m^2)</th><th colspan="2">连墙件的间距(m)</th></tr>
<tr><th>竖向</th><th>水平向</th></tr>
<tr><td rowspan="2">≤45</td><td>≤0.55</td><td>≤6.0</td><td>≤8.0</td></tr>
<tr><td>>0.55</td><td rowspan="2">≤4.0</td><td rowspan="2">≤6.0</td></tr>
<tr><td>>45</td><td>—</td></tr>
</table>

在脚手架的转角处、不闭合(一字型、槽型)脚手架的两端应增设连墙件,其竖向间距不应大于4.0 m。在脚手架外侧因设置防护棚或安全网而承受偏心荷载的部位,应增设连墙件,其水平间距不应大于4.0 m。

连墙件应能承受拉力与压力,其承载力标准值不应小于10 kN;连墙件与门架、建筑物的连接也应具有相应的连接强度。

5.3.2.6 通道洞口

通道洞口高不宜大于2个门架,宽不宜大于1个门架跨距。通道洞口应按以下要求采取加固措施:当洞口宽度为1个跨距时,应在脚手架洞口上方的内外侧设置水平加固杆,在洞口两个上角加斜撑杆(见图5-9);当洞口宽为两个及两个以上跨距时,应在洞口上方设置经专门设计和制作的托架,并加强洞口两侧的门架立杆。

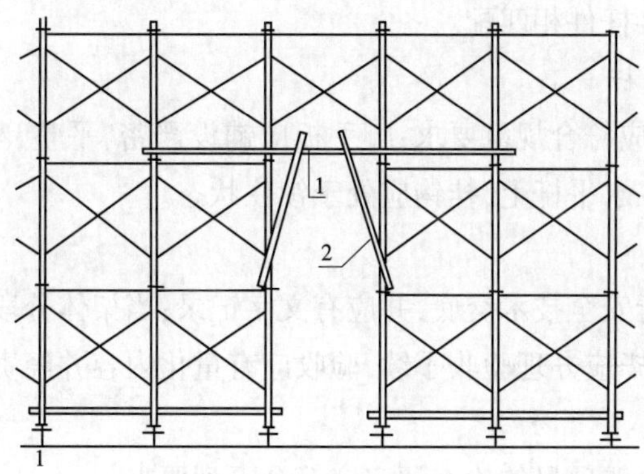

1—水平加固杆;2—斜撑杆

图5-9 通道洞口加固示意

5.3.2.7 斜梯

作业人员上下脚手架的斜梯应采用挂扣式钢梯,并宜采用"之"字形式,一个梯段宜跨越两步或三步。钢梯规格应与门架规格配套,并应与门架挂扣牢固,钢梯应设栏杆扶手。

5.3.3 门式钢管脚手架的检查评定

门式钢管脚手架检查评定应符合现行行业标准《建筑施工门式钢管脚手架安全技术规范》(JGJ 128—2010)的规定。

门式钢管脚手架检查评定保证项目应包括施工方案、架体基础、架体稳定、杆件锁臂、脚手板与防护栏杆、交底与验收。一般项目应包括架体防护、构配件材质、荷载、通道。

5.3.3.1 保证项目

门式钢管脚手架保证项目的检查评定应符合下列规定。

1.施工方案

架体搭设应编制专项施工方案,结构设计应进行计算,并按规定进行审核、审批;当架体搭设超过规范允许高度时，应组织专家对专项施工方案进行论证。

2.架体基础

立杆基础应按方案要求平整、夯实，并应采取排水措施；架体底部应设置垫板和立杆底座，并应符合规范要求；架体扫地杆设置应符合规范要求。

3.架体稳定

架体与建筑结构拉结应符合规范要求；架体剪刀撑斜杆与地面夹角应为45°~60°，应采用旋转扣件与立杆固定，剪刀撑设置应符合规范要求；门架立杆的垂直偏差应符合规范要求；交叉支撑的设置应符合规范要求。

4.杆件锁臂

架体杆件、锁臂应按规范要求进行组装；应按规范要求设置纵向水平加固杆；架体使用的扣件规格应与连接杆件相匹配。

5.脚手板与防护栏杆

脚手板材质、规格应符合规范要求；脚手板应铺设严密、平整、牢固；挂扣式钢脚手板的挂扣必须完全挂扣在水平杆上，挂钩应处于锁住状态。

6.交底与验收

架体搭设前应进行安全技术交底，并应有文字记录；当架体分段搭设、分段使用时，应进行分段验收；搭设完毕应办理验收手续，验收应有量化内容并经责任人签字确认。

5.3.3.2 一般项目

门式钢管脚手架一般项目的检查评定应符合下列要求：

1.架体防护

作业层应按规范要求设置防护栏杆；作业层外侧应设置高度不小于180 mm的挡脚板；架体外侧应采用密目式安全网封闭，网间连接应严密；架体作业层脚手板下应用安全平网兜底，以下每隔10 m应采用安全平网封闭。

2.构配件材质

门架不应有严重的弯曲、锈蚀和开焊；门架及构配件的规格、型号、材质应符合规范要求。

3.荷载

架体上的施工荷载应符合设计和规范要求；施工均布荷载、集中荷载应在设计允许范围内。

4.通道

架体应设置供人员上下的专用通道，专用通道的设置应符合规范要求。

建筑工程的门式钢管脚手架的安全检查，应以《建筑施工安全检查标准》(JGJ 59—2011)中表B.4为依据(见表5-8)。

表5-8 门式钢管脚手架检查评分表

序号	检查项目		扣分标准	应得分数	扣减分数	实得分数
1	保证项目	施工方案	未编制专项施工方案或未进行设计计算,扣10分 专项施工方案未按规定审核、审批,扣10分 架体搭设超过规范允许高度,专项施工方案未组织专家论证,扣10分	10		
2		架体基础	架体基础不平、不实,不符合专项施工方案要求,扣5~10分 架体底部未设置垫板或垫板的规格不符合要求,扣2~5分 架体底部未按规范要求设置底座,每处扣2分 架体底部未按规范要求设置扫地杆,扣5分 未采取排水措施,扣8分	10		
3		架体稳定	架体与建筑物结构拉结方式或间距不符合规范要求,每处扣2分 未按规范要求设置剪刀撑,扣10分 门架立杆垂直偏差超过规范要求,扣5分 交叉支撑的设置不符合规范要求,每处扣2分	10		
4		杆件锁臂	未按规定组装或漏装杆件、锁臂,扣2~6分 未按规范要求设置纵向水平加固杆,扣10分 扣件与连接的杆件参数不匹配,每处扣2分	10		
5		脚手板	脚手板未满铺或铺设不牢、不稳,扣5~10分 脚手板规格或材质不符合要求,扣5~10分 采用挂扣式钢脚手板时挂钩未挂扣在横向水平杆上或挂钩未处于锁住状态,每处扣2分	10		
6		交底与验收	架体搭设前未进行交底或交底没有文字记录,扣5~10分 架体分段搭设、分段使用未办理分段验收,扣6分 架体搭设完毕未办理验收手续,扣10分 验收内容未进行量化,或未经责任人签字确认,扣5分	10		
		小计		60		

续表 5-8

序号	检查项目		扣分标准	应得分数	扣减分数	实得分数
7	一般项目	架体防护	作业层防护栏杆不符合规范要求,扣 5 分 作业层未设置高度不小于 180 mm 的挡脚板,扣 3 分 脚手架外侧未设置密目式安全网封闭或网间连接不严,扣 5~10 分 作业层脚手板下未采用安全平网兜底或作业层以下每隔 10 m 未采用安全平网封闭,扣 5 分	10		
8		构配件材质	杆件变形、锈蚀严重,扣 10 分 门架局部开焊,扣 10 分 构配件的规格、型号、材质或产品质量不符合规范要求,扣 5~10 分	10		
9		荷载	施工荷载超过设计规定,扣 10 分 荷载堆放不均匀,每处扣 5 分	10		
10		通道	未设置人员上下专用通道,扣 10 分 通道设置不符合要求,扣 5 分	10		
		小计		40		
检查项目合计				100		

5.4 碗扣式钢管脚手架安全技术

5.4.1 碗扣式钢管脚手架检查评定保证项目

碗扣式钢管脚手架检查评定保证项目应包括施工方案、架体基础、架体稳定、杆件锁件、脚手板、交底与验收。

5.4.1.1 施工方案

(1)架体搭设应编制专项施工方案,结构设计应进行计算,并按规定进行审核、审批。

(2)当架体搭设超过规范允许高度时,应组织专家对专项施工方案进行论证。

5.4.1.2 架体基础

(1)立杆基础应按方案要求平整、夯实,并应采取排水措施,立杆底部设置的垫板和底座应符合规范要求。

(2)架体纵横向扫地杆距立杆底端高度应不大于 350 mm。

5.4.1.3 架体稳定

(1)架体与建筑结构拉结应符合规范要求,并应从架体底层第一步纵向水平杆处开始设置连墙件,当该处设置有困难时,应采取其他可靠措施固定。

(2)架体拉结点应牢固可靠。

(3)连墙件应采用刚性杆件。

(4)架体竖向应沿高度方向连续设置专用斜杆或八字撑。

(5)专用斜杆两端应固定在纵横向水平杆的碗扣节点处。

(6)专用斜杆或八字形斜撑的设置角度应符合规范要求。

5.4.1.4 **杆件锁件**

(1)架体立杆间距、水平杆步距应符合设计和规范要求。

(2)应按专项施工方案设计的步距在立杆连接碗扣节点处设置纵、横向水平杆。

(3)当架体搭设高度超过24 m时,顶部24 m以下的连墙件层应设置水平斜杆,并应符合规范要求。

(4)架体组装及碗扣紧固应符合规范要求。

5.4.1.5 **脚手板**

(1)脚手板材质、规格应符合规范要求。

(2)脚手板应铺设严密、平整、牢固。

(3)挂扣式钢脚手板的挂扣必须完全挂扣在水平杆上,挂钩应处于锁住状态。

5.4.1.6 **交底与验收**

(1)架体搭设前应进行安全技术交底,并应有文字记录。

(2)架体分段搭设、分段使用时,应进行分段验收。

(3)搭设完毕应办理验收手续,验收应有量化内容并经责任人签字确认。

5.4.2 碗扣式钢管脚手架检查评定一般项目

碗扣式钢管脚手架检查评分表一般项目包括架体防护、构配件材质、荷载、通道。

5.4.2.1 **架体防护**

(1)架体外侧应采用密目式安全网进行封闭,网间连接应严密。

(2)作业层应按规范要求设置防护栏杆。

(3)作业层外侧应设置高度不小于180 mm的挡脚板。

(4)作业层脚手板下应采用安全平网兜底,以下每隔10 m应采用安全平网封闭。

5.4.2.2 **构配件材质**

(1)架体构配件的规格、型号、材质应符合规范要求。

(2)钢管不应有严重的弯曲、变形、锈蚀。

5.4.2.3 **荷载**

(1)架体上的施工荷载应符合设计和规范要求 。

(2)施工均布荷载、集中荷载应在设计允许范围内。

5.4.2.4 **通道**

(1)架体应设置供人员上下的专用通道。

(2)专用通道的设置应符合规范要求。

建筑工程的碗扣式钢管脚手架的安全检查,应以《建筑施工安全检查标准》(JGJ 59—2011)中表B.5为依据(见表5-9)。

表 5-9　碗扣式钢管脚手架检查评分表

序号	检查项目		扣分标准	应得分数	扣减分数	实得分数
1	保证项目	施工方案	未编制专项施工方案或未进行设计计算,扣 10 分 专项施工方案未按规定审核、审批,扣 10 分 架体搭设超过规范允许高度,专项施工方案未组织专家论证,扣 10 分	10		
2		架体基础	基础不平、不实,不符合专项施工方案要求,扣 5~10 分 架体底部未设置垫板或垫板的规格不符合要求,扣 2~5 分 架体底部未按规范要求设置底座,每处扣 2 分 架体底部未按规范要求设置扫地杆,扣 5 分 未采取排水措施,扣 8 分	10		
3		架体稳定	架体与建筑结构未按规范要求拉结,每处扣 2 分 架体底层第一步水平杆处未按规范要求设置连墙件或未采用其他可靠措施固定,每处扣 2 分 连墙件未采用刚性杆件,扣 10 分 未按规范要求设置竖向专用斜杆或八字形斜撑,扣 5 分 专用斜杆两端未固定在纵、横向水平杆与立杆汇交的碗扣节点处,每处扣 2 分 专用斜杆或八字形斜撑未沿脚手架高度连续设置或角度不符合要求,扣 5 分	10		
4		杆件锁件	立杆间距、水平杆步距超过设计或规范要求,每处扣 2 分 未按专项施工方案设计的步距在立杆连接碗扣节点处设置纵、横向水平杆,每处扣 2 分 架体搭设高度超过 24 m 时,顶部 24 m 以下的连墙件层未按规定设置水平斜杆,扣 10 分 架体组装不牢或上碗扣紧固不符合要求,每处扣 2 分	10		
5		脚手板	脚手板未满铺或铺设不牢、不稳,扣 5~10 分 脚手板规格或材质不符合要求,扣 5~10 分 采用挂扣式钢脚手板时挂钩未挂扣在横向水平杆上或挂钩未处于锁住状态,每处扣 2 分	10		
6		交底与验收	架体搭设前未进行交底或交底没有文字记录,扣 5~10 分 架体分段搭设、分段使用未进行分段验收,扣 5 分 架体搭设完毕未办理验收手续,扣 10 分 验收内容未进行量化,或未经责任人签字确认,扣 5 分	10		
		小计		60		

续表 5-9

序号	检查项目		扣分标准	应得分数	扣减分数	实得分数
7	一般项目	架体防护	架体外侧未采用密目式安全网封闭或网间连接不严,扣 5~10 分 作业层防护栏杆不符合规范要求,扣 5 分 作业层外侧未设置高度不小于 180 mm 的挡脚板,扣 3 分 作业层脚手板下未采用安全平网兜底或作业层以下每隔 10 m 未采用安全平网封闭,扣 5 分	10		
8		构配件材质	杆件弯曲、变形、锈蚀严重,扣 10 分 钢管、构配件的规格、型号、材质或产品质量不符合规范要求,扣 5~10 分	10		
9		荷载	施工荷载超过设计规定,扣 10 分 荷载堆放不均匀,每处扣 5 分	10		
10		通道	未设置人员上下专用通道,扣 10 分 通道设置不符合要求,扣 5 分	10		
		小计		40		
检查项目合计				100		

5.5　承插型盘扣式钢管脚手架安全技术

5.5.1　承插型盘扣式钢管脚手架安全管理保证项目

承插型盘扣式钢管脚手架安全管理保证项目应包括施工方案、架体基础、架体稳定、杆件设置、脚手板、交底与验收。

5.5.1.1　施工方案

(1)架体搭设应编制专项施工方案，结构设计应进行计算。

(2)专项施工方案应按规定进行审核、审批。

5.5.1.2　架体基础

(1)立杆基础应按方案要求平整、夯实,并应采取排水措施。

(2)土层地基上立杆底部必须设置垫板和可调底座，并应符合规范要求。

(3)架体纵、横向扫地杆设置应符合规范要求。

5.5.1.3　架体稳定

(1)架体与建筑结构拉结应符合规范要求,并应从架体底层第一步水平杆处开始设置连墙件,当该处设置有困难时应采取其他可靠措施固定。

(2)架体拉结点应牢固可靠。

(3) 连墙件应采用刚性杆件。

(4) 架体竖向斜杆、剪刀撑的设置应符合规范要求。

(5) 竖向斜杆的两端应固定在纵、横向水平杆与立杆汇交的盘扣节点处。

(6) 斜杆及剪刀撑应沿脚手架高度连续设置，角度应符合规范要求 。

5.5.1.4　**杆件设置**

(1) 架体立杆间距、水平杆步距应符合设计和规范要求。

(2) 应按专项施工方案设计的步距在立杆连接插盘处设置纵、横向水平杆。

(3) 当双排脚手架的水平杆层未设挂扣式钢脚手板时,应按规范要求设置水平斜杆。

5.5.1.5　**脚手板**

(1) 脚手板材质、规格应符合规范要求。

(2) 脚手板应铺设严密、平整、牢固。

(3) 挂扣式钢脚手板的挂扣必须完全挂扣在水平杆上,挂钩应处于锁住状态。

5.5.1.6　**交底与验收**

(1) 架体搭设前应进行安全技术交底,并应有文字记录。

(2) 架体分段搭设、分段使用时,应进行分段验收。

(3) 搭设完毕应办理验收手续,验收应有量化内容并经责任人签字确认。

5.5.2　承插型盘扣式钢管脚手架安全管理一般项目

承插型盘扣式钢管脚手架安全管理一般项目应包括架体防护、杆件连接、构配件材质、通道。

5.5.2.1　**架体防护**

(1) 架体外侧应采用密目式安全网进行封闭，网间连接应严密。

(2) 作业层应按规范要求设置防护栏杆。

(3) 作业层外侧应设置高度不小于 180 mm 的挡脚板。

(4) 作业层脚手板下应采用安全平网兜底，以下每隔 10 m 采用安全平网封闭。

5.5.2.2　**杆件连接**

(1) 立杆的接长位置应符合规范要求。

(2) 剪刀撑的接长应符合规范要求。

5.5.2.3　**构配件材质**

(1) 架体构配件的规格、型号、材质应符合规范要求。

(2) 钢管不应有严重的弯曲、变形、锈蚀。

5.5.2.4　**通道**

(1) 架体应设置供人员上下的专用通道。

(2) 专用通道的设置应符合规范要求。

建筑工程的碗扣式钢管脚手架的安全检查,应以《建筑施工安全检查标准》(JGJ 59—2011) 中表 B.6 为依据(见表 5-10)。

表 5-10　承插型盘扣式钢管脚手架检查评分表

序号	检查项目		扣分标准	应得分数	扣减分数	实得分数
1	保证项目	施工方案	未编制专项施工方案或未进行设计计算,扣 10 分 专项施工方案未按规定审核、审批,扣 10 分	10		
2		架体基础	架体基础不平、不实、不符合专项施工方案要求,扣 5~10 分 架体立杆底部缺少垫板或垫板的规格不符合规范要求,每处扣 2 分 架体立杆底部未按要求设置可调底座,每处扣 2 分 未按规范要求设置纵、横向扫地杆,扣 5~10 分 未采取排水措施,扣 8 分	10		
3		架体稳定	架体与建筑结构未按规范要求拉结,每处扣 2 分 架体底层第一步水平杆处未按规范要求设置连墙件或未采用其他可靠措施固定,每处扣 2 分 连墙件未采用刚性杆件,扣 10 分 未按规范要求设置竖向斜杆或剪刀撑,扣 5 分 竖向斜杆两端未固定在纵、横向水平杆与立杆汇交的盘扣节点处,每处扣 2 分 斜杆或剪刀撑未沿脚手架高度连续设置或角度不符合规范要求,扣 5 分	10		
4		杆件设置	架体立杆间距、水平杆步距超过设计或规范要求,每处扣 2 分 未按专项施工方案设计的步距在立杆连接插盘处设置纵、横向水平杆,每处扣 2 分 双排脚手架的每步水平杆,当无挂扣钢脚手板时未按规范要求设置水平斜杆,扣 5~10 分	10		
5		脚手板	脚手板不满铺或铺设不牢、不稳,扣 5~10 分 脚手板规格或材质不符合要求,扣 5~10 分 采用挂扣式钢脚手板时挂钩未挂扣在水平杆上或挂钩未处于锁住状态,每处扣 2 分	10		
6		交底与验收	架体搭设前未进行交底或交底没有文字记录,扣 5~10 分 架体分段搭设、分段使用未进行分段验收,扣 5 分 架体搭设完毕未办理验收手续,扣 10 分 验收内容未进行量化,或未经责任人签字确认,扣 5 分	10		
		小计		60		

续表 5-10

序号	检查项目		扣分标准	应得分数	扣减分数	实得分数
7	一般项目	架体防护	架体外侧未采用密目式安全网封闭或网间连接不严,扣 5~10 分 作业层防护栏杆不符合规范要求,扣 5 分 作业层外侧未设置高度不小于 180 mm 的挡脚板,扣 3 分 作业层脚手板下未采用安全平网兜底或作业层以下每隔 10 m 未采用安全平网封闭,扣 5 分	10		
8		杆件连接	立杆竖向接长位置不符合要求,每处扣 2 分 剪刀撑的斜杆接长不符合要求,扣 8 分	10		
9		构配件材质	钢管、构配件的规格、型号、材质或产品质量不符合规范要求,扣 5 分 钢管弯曲、变形、锈蚀严重,扣 10 分	10		
10		通道	未设置人员上下专用通道,扣 10 分 通道设置不符合要求,扣 5 分	10		
		小计		40		
检查项目合计				100		

5.6 满堂脚手架安全技术

5.6.1 满堂脚手架安全管理保证项目

5.6.1.1 施工方案

(1)架体搭设应编制专项施工方案,结构设计应进行计算。

(2)专项施工方案应按规定进行审核、审批。

5.6.1.2 架体基础

(1)架体基础应按方案要求平整、夯实,并应采取排水措施。

(2)架体底部应按规范要求设置垫板和底座,垫板规格应符合规范要求。

(3)架体扫地杆设置应符合规范要求。

5.6.1.3 架体稳定

(1)架体四周与中部应按规范要求设置竖向剪刀撑或专用斜杆。

(2)架体应按规范要求设置水平剪刀撑或水平斜杆。

(3)当架体高宽比大于规范规定时应按规范要求与建筑结构拉结或采取增加架体宽度、设置钢丝绳张拉固定等稳定措施。

5.6.1.4 杆件锁件

(1)架体立杆间距,水平杆步距应符合设计和规范要求。

(2)杆件的接长应符合规范要求。

(3)架体搭设应牢固,杆件节点应按规范要求进行紧固。

5.6.1.5　脚手板

(1)作业层脚手板应满铺,铺稳、铺牢。

(2)脚手板的材质、规格应符合规范要求。

(3)挂扣式钢脚手板的挂扣应完全挂扣在水平杆上,挂钩处应处于锁住状态。

5.6.1.6　交底与验收

(1)架体搭设前应进行安全技术交底,并应有文字记录。

(2)架体分段搭设、分段使用时,应进行分段验收。

(3)搭设完毕应办理验收手续, 验收应有量化内容并经责任人签字确认。

5.6.2　满堂脚手架安全管理一般项目

5.6.2.1　架体防护

(1)作业层应按规范要求设置防护栏杆。

(2)作业层外侧应设置高度不小于 180 mm 的挡脚板。

(3)作业层脚手板下应采用安全平网兜底,以下每隔 10 m 应采用安全平网封闭。

5.6.2.2　构配件材质

(1)架体构配件的规格、型号、材质应符合规范要求。

(2)杆件的弯曲、变形和锈蚀应在规范允许范围内。

5.6.2.3　荷载

(1)架体上的施工荷载应符合设计和规范要求。

(2)施工均布荷载、集中荷载应在设计允许范围内。

5.6.2.4　通道

(1)架体应设置供人员上下的专用通道。

(2)专用通道的设置应符合规范要求。

建筑工程的满堂脚手架的安全检查,应以《建筑施工安全检查标准》(JGJ 59—2011)中表 B.7 为依据(见表 5-11)。

表 5-11　满堂脚手架检查评分表

序号	检查项目		扣分标准	应得分数	扣减分数	实得分数
1	保证项目	施工方案	未编制专项施工方案或未进行设计计算,扣 10 分 专项施工方案未按规定审核、审批,扣 10 分	10		
2		架体基础	架体基础不平、不实、不符合专项施工方案要求,扣 5~10 分 架体底部未设置垫板或垫板的规格不符合规范要求,每处扣 2~5 分 架体底部未按规范要求设置底座,每处扣 2 分 架体底部未按规范要求设置扫地杆,扣 5 分 未采取排水措施,扣 8 分	10		

续表 5-11

序号	检查项目		扣分标准	应得分数	扣减分数	实得分数
3	保证项目	架体稳定	架体四周与中间未按规范要求设置竖向剪刀撑或专用斜杆,扣10分 未按规范要求设置水平剪刀撑或专用水平斜杆,扣10分 架体高宽比超过规范要求时未采取与结构拉结或其他可靠的稳定措施,扣10分	10		
4		杆件锁件	架体立杆间距、水平杆步距超过设计和规范要求,每处扣2分 杆件接长不符合要求,每处扣2分 架体搭设不牢或杆件节点紧固不符合要求,每处扣2分	10		
5		脚手板	脚手板不满铺或铺设不牢、不稳,扣5~10分 脚手板规格或材质不符合要求,扣5~10分 采用挂扣式钢脚手板时挂钩未挂扣在水平杆上或挂钩未处于锁住状态,每处扣2分	10		
6		交底与验收	架体搭设前未进行交底或交底没有文字记录,扣5~10分 架体分段搭设、分段使用未进行分段验收,扣5分 架体搭设完毕未办理验收手续,扣10分 验收内容未进行量化,或未经责任人签字确认,扣5分	10		
		小计		60		
7	一般项目	架体防护	作业层防护栏杆不符合规范要求,扣5分 作业层外侧未设置高度不小于180 mm的挡脚板,扣3分 作业层脚手板下未采用安全平网兜底或作业层以下每隔10 m未采用安全平网封闭,扣5分	10		
8		构配件材质	钢管、构配件的规格、型号、材质或产品质量不符合规范要求,扣5~10分 杆件弯曲、变形、锈蚀严重,扣10分	10		
9		荷载	架体的施工荷载超过设计和规范要求,扣10分 荷载堆放不均匀,每处扣5分	10		
10		通道	未设置人员上下专用通道,扣10分 通道设置不符合要求,扣5分	10		
		小计		40		
检查项目合计				100		

5.7 悬挑式脚手架安全技术

悬挑式脚手架是指在新建工程无法搭建落地式架子(如地下基坑未回填或下面地基受力情况不好)、邻近下方有建筑物、地方狭窄或其他原因,没有搭设场地的情况下,采取的一种在建筑物的主体结构上安装水平横梁为架子基础的脚手架。

为保证建筑工程的悬挑式脚手架的施工安全,施工企业必须从施工方案的编制与审批、悬挑梁安装及架体稳定措施、脚手板铺设与材质、脚手架荷载值及施工荷载堆放、交底与验收规定等方面做好安全保证工作。

5.7.1 悬挑式脚手架安全管理保证项目

5.7.1.1 施工方案

悬挑式脚手架在搭设之前,应编制搭设方案并绘制施工图指导施工。施工方案对立杆的稳定措施、悬挑梁与建筑结构的连接等关键部位绘制大样详图指导施工。

悬挑式脚手架必须经设计计算确定。其内容包括悬挑梁或悬挑架的选材及搭设方法,悬挑梁的强度、刚度、抗倾覆验算,与建筑结构连接做法及要求,上部脚手架立杆与悬挑梁的连接等。悬挑架的节点应该采用焊接或螺栓连接,不得采用扣件连接做法。其计算书及施工方案应经公司总工审批。

5.7.1.2 悬挑梁及架体稳定

外挑杆件与建筑结构要连接牢固,悬挑梁要按设计要求进行安装,架体的立杆必须支撑在悬挑梁上,按规范规定与建筑结构进行拉结。

多层悬挑可采用悬挑梁或悬挑架。悬挑梁尾端固定在钢筋混凝土楼板上, 另一端悬挑出楼板。悬挑梁按立杆间距(1.5 m)布置,梁上焊短管作底座,脚手架立杆插入固定,然后绑扫地杆;也可采用悬挑架结构,将一段高度的脚手架荷载全部传给底部的悬挑架承担,悬挑架本身即形成一刚性框架,可采用型钢制作,但节点必须是螺栓连接或焊接的刚性节点,不得采用扣件连接,悬挑架与建筑结构的固定方法经计算确定。无论是单层悬挑还是多层悬挑,其立杆的底部必须支托在牢靠的地方,并有固定措施确保底部不发生位移。多层悬挑每段搭设的脚手架,应该按照一般落地脚手架搭设规定,垂直不大于两步,水平不大于三跨与建筑结构拉接,以保证架体的稳定。

5.7.1.3 脚手板

必须按照脚手架的宽度满铺脚手板,板与板之间紧靠,脚手板平接与搭接应符合要求,板面应平稳,板与小横杆放置牢靠。脚手板的材质及规格应符合规范要求,不允许出现探头板。

5.7.1.4 荷载

悬挑脚手架施工荷载应符合设计要求。承重架荷载为 3 kN/m^2,装修架荷载为 2 kN/m^2。材料要堆放整齐,不得集中码放。在悬挑架上不准存放大量材料、过重的设备,施工人员作业时,应尽量分散脚手架的荷载,严禁利用脚手架穿滑轮做垂直运输。

5.7.1.5 **交底与验收**

脚手架搭设之前,施工负责人必须组织作业人员进行交底;搭设后组织有关人员按照施工方案要求进行检查验收,确认符合要求方可投入使用。

交底、检查验收工作必须严肃认真地进行,要对检查情况、整改结构填写记录内容,并有相关人员签字。搭设前要有书面交底,交底双方要签字。每搭完一步架后要按规定校正立杆的垂直、跨度、步距和架宽,并进行验收,要有验收记录。

5.7.2 悬挑式脚手架施工安全一般项目

为保证建筑工程的悬挑式脚手架的施工安全,施工企业除必须做好上述保证项目的安全保证工作外,在其他一般项目的安全管理方面也必须加以重视,这些一般项目包括杆件间距规定、架体防护设置、层间防护措施、脚手架材质选取等。

5.7.2.1 **杆件间距**

立杆间距必须按施工方案规定,需要加大时必须修改方案,立杆的角度也不准随意改变。立杆的纵距和横距、大横杆的间距、小横杆的搭设,都要符合施工方案的设计要求。

5.7.2.2 **架体防护**

脚手架外侧要用密目式安全网全封闭;安全网片连接用尼龙绳做承绳;作业层外侧要有 1.2 m 高的防护栏杆和 180 mm 高的挡脚板。

5.7.2.3 **层间防护**

按照规定,作业层下应有一道大眼安全网做防护层,下面每隔 10 m 处要设一道大眼安全网,防止作业层人及物的坠落。

(1)单层悬挑架一般只搭设一层脚手板为作业层,故须在紧贴脚手板下部挂一道平网作防护层,当在脚手板下挂平网有困难时,也可沿外挑斜立杆的密目网里侧斜挂一道平网,作为人员坠落的防护层。

(2)多层悬挑搭设的脚手架,仍按落地式脚手架的要求,不但有作业层下部的防护,还应在作业层脚手板与建筑物墙体缝隙过大时增加防护,防止人及物的坠落。

(3)安全网作防护层必须封挂严密牢靠,密目网用于立网防护,水平防护时必须采用平网,不准用立网代替平网。

5.7.2.4 **脚手架材质**

脚手架的材质要求同落地式脚手架,杆件、扣件、脚手板等施工用材必须符合规范规定。外挑型钢和钢管都要符合《碳素结构钢》(GB/T 700—2006)中的 Q235-A 级钢的规范规定。悬挑梁、悬挑架的用材应符合钢结构设计规范的有关规定,并应有试验报告资料。

建筑工程的悬挑脚手架的安全检查,应以《建筑施工安全检查标准》(JGJ 59—2011)中表 B.8 为依据(见表 5-12)。

表 5-12 悬挑脚手架检查评分表

序号	检查项目		扣分标准	应得分数	扣减分数	实得分数
1	保证项目	施工方案	未编制专项施工方案或未进行设计计算,扣10分 专项施工方案未按规定审核、审批,扣10分 架体搭设超过规范允许高度,专项施工方案未按规定组织专家论证,扣10分	10		
2		悬挑钢梁	钢梁截面高度未按设计确定或截面形式不符合设计和规范要求,扣10分 钢梁固定段长度小于悬挑段长度的1.25倍,扣5分 钢梁外端未设置钢丝绳或钢拉杆与上一层建筑结构拉结,每处扣2分 钢梁与建筑结构锚固处结构强度、锚固措施不符合设计和规范要求,扣5~10分 钢梁间距未按悬挑架体立杆纵距设置,扣5分	10		
3		架体稳定	立杆底部与悬挑钢梁连接处未采取可靠固定措施,每处扣2分 承插式立杆接长未采取螺栓或销钉固定,每处扣2分 纵横向扫地杆的设置不符合规范要求,扣5~10分 未在架体外侧设置连续式剪刀撑,扣10分 未按规定设置横向斜撑,扣5分 架体未按规定与建筑结构拉结,每处扣5分	10		
4		脚手架	脚手板规格、材质不符合要求,扣5~10分 脚手板未满铺或铺设不严、不牢、不稳,扣5~10分	10		
5		荷载	脚手架施工荷载超过设计规定,扣10分 施工荷载堆放不均匀,每处扣5分	10		
6		交底与验收	架体搭设前未进行交底或交底没有文字记录,扣5~10分 架体分段搭设、分段使用未进行分段验收,扣6分 架体搭设完毕未办理验收手续,扣10分 验收内容未进行量化,或未经责任人签字确认,扣5分	10		
		小计		60		

续表 5-12

序号	检查项目		扣分标准	应得分数	扣减分数	实得分数
7	一般项目	杆件间距	立杆间距、纵向水平杆步距超过设计或规范要求,每处扣 2 分 未在立杆与纵向水平杆交点处设置横向水平杆,每处扣 2 分 未按脚手板铺设的需要增加设置横向水平杆,每处扣 2 分	10		
8		架体防护	作业层防护栏杆不符合规范要求,扣 5 分 作业层架体外侧未设置高度不小于 180 mm 的挡脚板,扣 3 分 架体外侧未采用密目式安全网封闭或网间不严,扣 5~10 分	10		
9		层间防护	作业层脚手板下未采用安全平网兜底或作业层以下每隔 10 m 未采用安全平网封闭,扣 5 分 作业层与建筑物之间未进行封闭,扣 5 分 架体底层沿建筑结构边缘,悬挑钢梁与悬挑钢梁之间未采取封闭措施或封闭不严,扣 2~8 分 架体底层未进行封闭或封闭不严,扣 2~10 分	10		
10		构配件材质	构配件材质:型钢、钢管、构配件规格及材质不符合规范要求,扣 5~10 分 型钢、钢管、构配件弯曲、变形、锈蚀严重,扣 10 分	10		
		小计		40		
检查项目合计				100		

5.8 附着式升降脚手架安全技术

附着式升降脚手架(整体提升架或爬架)是将架体附着于建筑结构上,能自行升降,可单跨升降、多跨升降,也可整体升降,因此它也被称为整体提升架或爬梯。

5.8.1 附着式升降脚手架施工安全保证项目

为保证建筑工程的附着式升降脚手架的施工安全,施工企业必须从使用条件的规定、脚手架的设计计算、架体构造措施、附着支撑设置、升降装置措施、防坠落装置措施、导向防倾斜装置措施等方面做好安全保证工作。

5.8.1.1 施工方案

附着式升降脚手架在静止或升降中,需要严格按照操作规程进行检查,监视周转部件的拆除、安装、调整、保养及测量记录等多项操作。施工单位还应结合实际工程的特点制定详细的外爬架施工组织设计及相应的各项规程制度。

住房和城乡建设部对从事附着式升降脚手架工程的施工单位实行资质管理,未取得相应资质证书的单位不得施工;对附着式升降脚手架实行认证制度,即所使用的附着式升降脚手架,必须经过建设行政主管部门组织鉴定或者委托具有资格的单位进行认证。使用时要编制专项施工组织设计和各相关工种的操作规程,并经上级技术、安全等部门审核、分公司技术负责人签字审批后,方可使用。

附着式升降脚手架工程的施工单位应当根据资质管理有关规定到当地建设行政主管部门办理相应的审查手续,由当地建筑安全监督管理部门发放准用证或备案。

工程项目的总承包单位必须对施工现场的安全工作实行统一监督管理,对使用的附着式升降脚手架要进行监督检查,发现问题及时采取解决措施。附着式升降脚手架组装完毕,总承包单位必须根据规定以及施工组织设计等有关文件的要求进行检查,验收合格后,方可进行升降作业。分包单位应对附着式升降脚手架的使用安全负责。

按照有关规定,从事导轨式附着式升降脚手架安装操作的人员应具有良好的素质,三年以上的专业工龄及相应资历,应确保人员的稳定,各项工作专职专人负责。所有人员应经过专门培训,熟悉国家有关安全规范,责任心强,工作严肃认真。

由附着式升降脚手架生产厂家协助施工单位,根据工程特点及施工需要确定附着式升降脚手架的整体施工方案:

(1)根据建筑物的外形特点,确定支架平面布置方案。

(2)确定预埋点(预留孔)的平面位置及与其相关轴线的位置、尺寸。

(3)确定支架高度及宽度。

(4)根据电梯、人货梯、高速井架等位置确定附着式升降脚手架的相对位置及布置方案。

(5)根据支架的平面布置方案排布预埋点位置,确定支架及导轨离墙距离及附着式升降脚手架的初始高度位置,选择不同型号的可调拉杆。

(6)确定所需部件的规格及数量。

(7)确定爬升方式及布线方案。

(8)电动提升方式应确定主控室的位置及搭设方法、布线方案。

(9)如需在附着式升降脚手架上搭设物料平台,应制订物料平台的搭设位置以及结构的卸荷措施方案。

5.8.1.2 安全装置

(1)为防止脚手架在升降过程中发生断绳、折轴等故障造成的坠落事故和保障在升降情况下脚手架不发生倾斜、晃动,必须设置防坠落和防倾斜装置。

(2)防坠落装置必须灵敏可靠,由发生坠落到架体停住的时间不超过3 s,其坠落距离不大于150 mm。防坠落装置必须设置在主框架部位,防坠落装置最后应通过两处以上的附着支撑向工程结构传力,且灵敏可靠,不得设置在架体升降用的附着支撑上。

(3)防倾斜装置必须具有可靠的刚度(不允许用扣件连接),可以控制架体升降过程中的倾斜度和晃动的程度,在两个方向倾斜度(前后、左右)均不超过3 cm。防倾斜装置的导向间隙应小于5 mm,在架体升降过程中始终保持水平约束。

(4)防坠落装置应能在施工现场提供动作试验,确认其可靠性、灵敏度符合要求。

5.8.1.3　**架体构造**

要有定型主框架,其节点上的杆件应焊接或用螺栓连接,两主框架之间距离不得超过8 m,其底部用定型的支撑框架连接,支撑框架的节点处的各杆件也应是焊接或用螺栓连接。

5.8.1.4　**附着支座**

附着支座是附着式升降脚手架的主要承载传力装置。附着式升降脚手架在升降和到位的使用过程中,都是靠附着支座附着于工程结构上来实现其稳定的 。它有三个作用:第一,传递荷载,把主框架上的荷载可靠地传给工程结构;第二,保证架体稳定性施工,确保安全;第三, 满足提升、防倾、防坠装置的要求, 包括能承受坠落时的冲击荷载。

附着支座应满足以下要求:

(1)要求附着支座与工程结构每个楼层都必须设连接点,架体主框架沿竖向侧,在任何情况下均不得少于两处。

(2)附着支座或钢挑梁与工程结构的连接质量必须符合设计要求,做到严密、平整、牢固。对预埋件或预留孔应按照节点大样图纸做法及位置逐一进行检查,并绘制分层检测平面图,记录各层各点的检查结果和加固措施。当起用附墙支座或钢挑梁时,其设置处混凝土强度等级应有强度检验报告,符合设计规定,并不得小于 C10。

(3)钢挑梁的选材、制作及焊接质量均按设计要求。连接螺栓不能使用板牙套制的三角形断面螺纹螺栓,必须使用梯形螺纹螺栓,以保证螺纹的受力性能,并由双螺母或加弹簧垫圈紧固。螺栓与混凝土之间垫板的尺寸按计算确定, 并使垫板与混凝土表面接触严密。

5.8.1.5　**架体安装**

主框架及水平支承桁架的节点应采用焊接或螺栓连接,各杆件轴线交汇于节点。内外两片水平支承桁架的上弦及下弦之间设置的水平支撑杆件,各节点应采用焊接或螺栓连接;架体立杆底端应设置在水平支承桁架上弦杆件节点处;竖向主框架组装高度应与架体高度相等;剪刀撑应沿架体高度连续设置,并应将竖向主框架、水平支承桁架和架体构架连成一体,剪刀撑斜杆水平夹角应为45°~60°。

5.8.1.6　**架体升降**

架体主框架要与其覆盖的每个楼层进行连接,连接构件要经过设计计算。升降所用钢挑梁也要经过设计计算,并与建筑物牢固连接。处于工作状态时,架体底部要有支托和斜拉等装置。

架体升降时必须有两处与建筑物连接,架体上不准站人,必须设置高差和荷载的同步装置。不得使用手拉葫芦(倒链)作为提升设备,通过升降指挥信号系统来提升操作程序。

5.8.2　附着式升降脚手架施工安全一般项目

为保证附着式升降脚手架的施工安全,施工企业除必须做好上述保证项目的安全保证工作外,在其他一般项目的安全管理方面也必须加以重视, 这些一般项目包括检查验收规定、脚手板铺设、防护措施、安全作业等。

5.8.2.1　检查验收

1.检查验收内容及要求

(1)附着式升降脚手架在使用过程中，每升降一层都要进行一次全面检查。

(2)提升或下降作业前，检查准备工作是否满足升降时的作业条件，包括脚手架所有连墙处完全脱离、各点提升机具吊索处于同步状态、每台提升机具状况良好、靠墙处脚手架已留出升降空隙、准备起用附着支撑处或钢挑梁处的混凝土强度已达到设计要求，以及分段提升的脚手架两端敞开处已用密目网封闭，防倾、防坠等安全装置处于正常等。

(3)脚手架升降到位后，不能立即上人进行作业，必须把脚手架进行固定并达到上人作业的条件，如把各连墙点连接牢靠、架体已处于稳固、所有脚手板已按规定铺牢铺严、四周安全网围护已无漏洞、经验收已经达到上人作业条件。

(4)每次验收应按施工组织设计规定内容记录检查结果，并有责任人签字。每次提升、下降前后都必须经过检查验收，确认无误，方可操作，检查要有记录，资料要齐全。

2.附着式升降脚手架使用注意事项

(1)现场操作人员应树立“安全第一、预防为主”的思想，健全各项规章制度。

(2)6级以上大风及雷雨天严禁升降操作。

(3)控制柜、电动葫芦应注意防雨。

(4)防止导线断路、短路，相位应正确一致，在工地总电源改动及新电源柜安装时，应检查其相位是否同控制相位一致。

(5)防止电动葫芦翻链。

(6)应有可靠的避雷措施。

(7)升降时应设警戒线，任何人员不准在警戒范围内走动。

(8)施工荷载不容许超过规定荷载。

(9)每升降5层或使用时间达到一个月，支架节点要全面检查一次，爬升机构每次升降前都应检查一次，如有部件损坏应及时更换，填写有关检查表。

(10)非闭环支架，其端头一跨爬升机构应向外增加一步，以平衡荷载。

3.升降前的检查

(1)检查所有碗扣连接点处上、下碗扣是否拧紧。

(2)检查所有螺纹连接处螺母是否拧紧。

(3)检查所有障碍物是否拆除，约束是否解除。

(4)检查所有提升点的预埋点处导轨离墙距离是否符合提升点数据档案。

(5)检查葫芦是否挂好，链条有无翻链、扭曲现象，提升倒链是否挂好、拧紧。

(6)检查电控柜、电动葫芦供电系统是否正常。

(7)检查安全钳、保险钢丝绳是否灵活可靠。

4.升降中的检查

(1)检查各升降点运动是否同步。

(2)检查电动(或手动)葫芦链条有无翻链、扭曲现象。

(3)有无异物干扰架体升降。

5.升降后的检查

(1)检查所有碗扣连接处上、下碗扣是否拧紧。

(2)检查所有螺纹连接处螺母是否拧紧。

(3)检查所有提升点处导轨离墙距离是否符合提升点数据档案。

(4)检查导轨离墙距离有无变化,导轨、支架有无变形。

(5)检查临边防护是否搭设妥当。

5.8.2.2 **脚手板、防护、安全作业**

(1)脚手板应合理铺设,铺满铺严,无探头板,并与架体固定绑牢,有钢丝绳穿过的脚手板,其孔洞应规则,洞口不能过大,人员上下各作业层应设专用通道和扶梯。

(2)架体离墙空隙必须封严,防止落人落物。

(3)脚手架板材质量符合要求,应使用厚度不小于 5 cm 的木板或专用钢制板。

(4)每个作业层处脚手板与墙之间的空隙,应用安全网等措施封严。

(5)脚手架外侧用密目网封闭, 安全网的搭接处必须严密并与脚手架绑牢。

(6)各作业层都应按临边防护的要求设置防护栏杆及挡脚板。

(7)最底部作业层下方应同时采用密目网及平网挂牢封严。

(8)升降脚手架下部、上部建筑物的门窗及孔洞,也应进行封闭。

(9)脚手架的安装搭设都必须按照施工组织设计的要求及施工图进行,安装后应验收并进行荷载试验,确认符合设计要求时,方可正式使用。

(10)按照施工组织设计的规定向技术人员和工人进行全面交底, 使参加作业的每个人都清楚全部施工工艺及个人岗位的责任要求。

(11)按照有关规范、标准及施工组织设计中制定的安全操作规程,进行培训考核,专业工种应持证上岗并明确其责任。

(12)脚手架在安装、升降、拆除时,应划定安全警戒范围并设专人监督检查。

(13)架体上荷载应尽量均布平衡,防止发生局部超载,升降时架体上不能有人停留和堆放大宗材料,也不准有超过 2 000 N 的设备等。

建筑工程的附着式升降脚手架的安全检查,应以《建筑施工安全检查标准》(JGJ 59—2011)中表 B.9 为依据(见表 5-13)。

表 5-13 附着式升降脚手架检查评分表

序号	检查项目		扣分标准	应得分数	扣减分数	实得分数
1	保证项目	施工方案	未编制专项施工方案或未进行设计计算,扣 10 分 专项施工方案未按规定审核、审批,扣 10 分 脚手架提升超过规定允许高度,专项施工方案未按规定组织专家论证,扣 10 分	10		

续表 5-13

序号	检查项目		扣分标准	应得分数	扣减分数	实得分数
2	保证项目	安全装置	未采用防坠落装置或技术性能不符合规范要求,扣10分 防坠落装置与升降设备未分别独立固定在建筑结构上,扣10分 防坠落装置未设置在竖向主框架处并与建筑结构附着,扣10分 未安装防倾覆装置或防倾覆装置不符合规范要求,扣5~10分 升降或使用工况,最上和最下两个防倾装置之间的最小间距不符合规范要求,扣8分 未安装同步控制装置或技术性能不符合规范要求,扣5~8分	10		
3		架体构造	架体高度大于5倍楼层高,扣10分 架体宽度大于1.2 m,扣5分 直线布置的架体支承跨度大于7 m或折线、曲线布置的架体支承跨度的架体外侧距离大于5.4 m,扣8分 架体的水平悬挑长度大于2 m或大于跨度的1/2,扣10分 架体悬臂高度大于架体高度的2/5或大于6 m,扣10分 架体全高与支撑跨度的乘积大于110 m^2,扣10分	10		
4		附着支座	未按竖向主框架所覆盖的每个楼层设置一道附着支座,扣10分 使用工况未将竖向主框架与附着支座固定,扣10分 升降工况未将防倾、导向装置设置在附着支座上,扣10分 附着支座与建筑结构连接固定方式不符合规范要求,扣5~10分	10		
5		架体安装	主框架及水平支承桁架的节点未采用焊接或螺栓连接,扣10分 各杆件轴线未汇交于节点,扣3分 水平支承桁架的上弦及下弦之间设置的水平支撑杆件未采用焊接或螺栓连接,扣5分 架体立杆底端未设置在水平支承桁架上弦杆件节点处,扣10分 竖向主框架组装高度低于架体高度,扣5分 架体外立面设置的连续剪刀撑未将竖向主框架、水平支承桁架和架体构架连成一体,扣8分	10		
6		架体升降	两跨以上架体升降采用手动升降设备,扣10分 升降工况附着支座与建筑结构连接处混凝土强度未达到设计和规范要求,扣10分 升降工况架体上有施工荷载或有人员停留,扣10分	10		
		小计		60		

续表 5-13

序号	检查项目		扣分标准	应得分数	扣减分数	实得分数
7	一般项目	检查验收	主要构配件进场未进行验收,扣6分 分区段安装、分区段使用未进行分区段验收,扣8分 架体搭设完毕未办理验收手续,扣10分 验收内容未进行量化,或未经责任人签字确认,扣5分 架体提升前未有检查记录,扣6分 架体提升后、使用前未履行验收手续或资料不全,扣2~8分	10		
8		脚手板	脚手板未满铺或铺设不严、不牢,扣3~5分 作业层与建筑结构之间空隙封闭不严,扣3~5分 脚手板规格、材质不符合要求,扣5~10分	10		
9		架体防护	脚手架外侧未采用密目式安全网封闭或网间连接不严,扣5~10分 作业层防护栏杆不符合规范要求,扣5分 作业层未设置高度不小于180 mm的挡脚板,扣3分	10		
10		安全作业	操作前未向有关技术人员和作业人员进行安全技术交底或交底未有文字记录,扣5~10分 作业人员未经培训或未定岗定责,扣5~10分 安装拆除单位资质不符合要求或特种作业人员未持证上岗,扣5~10分 安装、升降、拆除时未设置安全警戒区及专人监护,扣10分 荷载不均匀或超载,扣5~10分	10		
		小计		40		
检查项目合计				100		

5.9 吊篮脚手架安全技术

吊篮脚手架是在屋面设置挑杆,伸出外墙不小于1 500 mm,在挑出的杆上设置钢丝绳,绳下吊脚手架或吊篮,升降方式分手动式提升和电动式提升。

5.9.1 高处作业吊篮施工安全保证项目

为保证吊篮脚手架的施工安全,施工企业必须从施工方案的编制与审批、安全装置措施、悬挂结构、钢丝绳、安装作业、升降操作规定等方面做好安全保证工作。

5.9.1.1 施工方案

吊篮脚手架是通过上部设置的支撑点将吊篮等悬吊起来,并可随时供砌筑或装饰用。吊篮必须经设计计算,编制包括梁、铆固、组装、使用、检验、维护等内容的施工方案。方案需经公司总工审批。

5.9.1.2 **安全装置**

吊篮脚手架的安全装置有保险卡、安全锁、行程限位器、制动器及保险措施。

1.保险卡(闭锁装置)

手扳葫芦应装设保险卡,防止吊篮平台在正常工作情况下发生自动下滑事故。

2.安全锁

吊篮必须装有安全锁,并在各吊篮平台悬挂处增设一根与提升钢丝绳相同型号的保险绳(直径不小于12.5 mm),每根保险绳上安装安全锁。安全锁应能使吊篮平台在下滑速度大于25 m/min时动作,并在下滑距离100 mm以内停住。

3.行程限位器

当使用电动提升机时,应在吊篮平台上下两个方向装设行程限位器,对其上下运行的位置、距离进行限定。

4.制动器

电动提升机构一般应配两套独立的制动器,每套均可使带有额定荷载125%的吊篮平台停住。

5.保险措施

(1)钢丝绳与悬挑梁连接应有防止钢丝绳受剪措施。

(2)钢丝绳与吊篮平台连接应使用卡环。当使用吊钩时,应有防止钢丝绳脱出的保险装置。

(3)在吊篮内作业人员应佩戴安全带,不应将安全带系挂在提升钢丝绳上,防止提升钢丝绳断开。

5.9.1.3 **悬挂结构**

悬挂机构前支架不得支撑在建筑物女儿墙上或挑檐边缘等非承重结构上;悬挂机构前梁外伸长度应符合产品说明书规定;前支架应与支撑面垂直,且脚轮不受力;上支架应固定在前支架调节杆与悬挑梁连接的节点处;严禁使用破损的配重块或采用其他替代物;配重块应固定,重量应符合设计规定。

5.9.1.4 **钢丝绳**

钢丝绳应不存在断丝、松股、硬弯、锈蚀及有油污和附着物;安全钢丝绳应单独设置,规格、型号与工作钢丝绳一致;吊篮运行时,安全钢丝绳应紧张悬垂;电焊作业时应对钢丝绳采取保护措施。

5.9.1.5 **安装作业**

吊篮平台组装长度应符合产品说明书和规范要求;吊篮组装的构配件应为同一生产厂家的产品。

5.9.1.6 **升降操作**

操作升降人员要固定,并经专业培训,考试合格后方准持证上岗。架体升降时,非操作人员不得在吊篮内停留。当两个吊篮连在一起同时升降时,必须装设有效和灵敏的同步装置。

5.9.2 吊篮脚手架施工安全一般项目

为保证吊篮脚手架的施工安全，施工企业除必须做好上述保证项目的安全保证工作外，在其他一般项目的安全管理方面也必须加以重视，这些一般项目包括交底与验收、防护措施、吊篮稳定、荷载规定等。

5.9.2.1 交底与验收

吊篮脚手架安装、拆除和使用之前，由施工负责人按照施工方案要求，针对队伍情况进行详细交底、分工，并确定指挥人员。吊篮在现场安装后，应进行空载安全运行试验，并对安全装置的灵敏可靠性进行检验。每次吊篮提升或下降到位固定后，进行验收确认，符合要求后，方可上人作业。

5.9.2.2 防护措施

吊篮脚手架应按临边防护的规定，设高度 1.2 m 以上的两道防护栏杆及高度为 180 mm 的挡脚板。吊篮脚手架外侧必须用密目网或钢板网封闭，建筑物如有门窗等洞口，也应进行防护。当单片吊篮提升时，吊篮的两端也应加设防护栏杆并用密目网封严。

5.9.2.3 吊篮稳定

吊篮升降到位必须确认与建筑物固定拉牢后方可上人操作，吊篮与建筑物水平距离(缝隙)应不大于 15 cm。当吊篮晃动时，应及时采取固定措施，人员不得在晃动中继续作业。无论在升降过程中，还是在吊篮定位状态下，提升钢丝绳必须与地面保持垂直，不准斜拉。当吊篮需横向移动时，应将吊篮下放到地面，放松提升钢丝绳，改变屋顶悬挑梁位置固定后，再起升吊篮。

5.9.2.4 荷载规定

吊篮脚手架属工具式脚手架，其施工荷载为 1 kN/m^2，吊篮内堆料及人员总实载不应超过规定。堆料及设备不得过于集中，防止超载。

建筑工程的吊篮脚手架的安全检查，应以《建筑施工安全检查标准》(JGJ 59—2011)中表 B.10 为依据(见表 5-14)。

表 5-14　高处作业吊篮检查评分表

序号	检查项目		扣分标准	应得分数	扣减分数	实得分数
1	保证项目	施工方案	未编制专项施工方案或未对吊篮支架支撑处结构的承载力进行验算，扣 10 分 专项施工方案未按规定审核、审批，扣 10 分	10		
2		安全装置	未安装防坠安全锁或安全锁失灵，扣 10 分 防坠安全锁超过标定期限仍在使用，扣 10 分 未设置挂设安全带专用安全绳及安全锁扣或安全绳未固定在建筑物可靠位置，扣 10 分 吊篮未安装上限位装置或限位装置失灵，扣 10 分	10		

续表 5-14

序号	检查项目		扣分标准	应得分数	扣减分数	实得分数
3	保证项目	悬挂机构	悬挂机构前支架支撑在建筑物女儿墙上或挑檐边缘,扣10分 前梁外伸长度不符合产品说明书规定,扣10分 前支架与支撑面不垂直或脚轮受力,扣10分 上支架未固定在前支架调节杆与悬挑梁连接的节点处,扣5分 使用破损的配重块或采用其他替代物,扣10分 配重块未固定或重量不符合设计规定,扣10分	10		
4		钢丝绳	钢丝绳有断丝、松股、硬弯、锈蚀或有油污附着物,扣10分 安全钢丝绳规格、型号与工作钢丝绳不相同或未独立悬挂,扣10分 安全钢丝绳不悬垂,扣5分 电焊作业时未对钢丝绳采取保护措施,扣5~10分	10		
5		安装作业	吊篮平台组装长度不符合产品说明书和规范要求,扣10分 吊篮组装的构配件不是同一生产厂家的产品,扣5~10分	10		
6		升降作业	操作升降人员未经培训合格,扣10分 吊篮内作业人员数量超过2人,扣10分 吊篮内作业人员未将安全带用安全锁扣挂置在独立设置的专用安全绳上,扣10分 作业人员未从地面进出吊篮,扣5分	10		
		小计		60		
7	一般项目	交底与验收	未履行验收程序,验收表未经责任人签字确认,扣5~10分 验收内容未进行量化,扣5分 每天班前班后未进行检查,扣5分 吊篮安装使用前未进行交底或交底未留有文字记录,扣5~10分	10		
8		安全防护	吊篮平台周边的防护栏杆或挡脚板的设置不符合规范要求,扣5~10分 多层或立体交叉作业未设置防护顶板,扣8分	10		
9		吊篮稳定	吊篮作业未采取防摆动措施,扣5分 吊篮钢丝绳不垂直或吊篮距建筑物空隙过大,扣5分	10		
10		荷载	施工荷载超过设计规定,扣10分 荷载堆放不均匀,扣5分	10		
		小计		40		
检查项目合计				100		

5.10 脚手架安全事故警示

案例一 上海市某高层住宅工程脚手架倒塌事故

一、事故简介

事故简介详见“案例引入”。

二、原因分析

1.直接原因

作业前何某等三人,未对将拆除的悬挑脚手架进行检查、加固,就在上部将水平拉杆拆除,以致在水平拉杆拆除后,架体失稳倾覆,这是造成本次事故的直接原因。

2.间接原因

专业分包单位分队长孙某,在拆除前未认真按规定进行安全技术交底,作业人员未按规定佩戴和使用安全带以及未落实危险作业的监护,是造成本次事故的间接原因。

3.主要原因

专业分包单位的另一位架子工何某,作为经培训考核持证的架子工特种作业人员,在作业时负责接层内水平拉杆和连杆的拆除工作,但未按规定进行作业,先将水平拉杆、连杆予以拆除,导致架体失稳倾覆,是造成本次事故的主要原因。

三、事故预防及控制措施

(1)分四个小组对一至三段及转换层以下场貌进行整改,重点清理楼层垃圾、钢管、扣件等零星物件,对现场材料重新进行堆放,现场垃圾及时清除。

(2)对楼层临边孔洞彻底进行封闭,设置防护栏杆,封闭楼层孔洞,对大型机械设备进行保养检修,重点对人货电梯、吊篮、电箱、电器等进行检查,并做出书面报告。

(3)对楼层尚存的悬挑脚手架、零星排架、防护棚彻底进行清查、整改,该加固的加固,该完善的完善,并在事先做好交底、监护、措施、方案等工作,拆除时必须有施工员、专职安全员在场监控。同时,认真按照悬挑脚手架方案重申交底内容,进行高空作业时,必须有专职安全员、施工员、监护人员到位,并有专项交底及监护措施。

(4)彻底检查安全持证状况,对无证人员立即清退。检查现场方案交底执行情况,完善合同、安全协议内容。完善、落实监护制度。

(5)加强安全管理教育,强化管理人员与分包队伍的安全意识,杜绝安全事故与隐患发生。重申项目内部各岗位的安全生产责任制,层层签订安全生产责任状。

(6)对安全带、安全网、消防器材等安全设备配置情况进行检查,保证储备量。

(7)严格执行住房和城乡建设部关于安全生产的《建筑施工高处作业安全技术规范》(JGJ 80—2016)、《施工现场临时用电安全技术规范》(JGJ 46—2005)、《建筑机械使用安全技术规程》(GJ 33—2012)等规范以及有关脚手架安全方面的强制性条文进行设计和施工。严格按《建筑施工安全检查标准》(JGJ 59—2011)进行自查自纠。

案例二 广州石化油罐钢管脚手架倒塌事故

一、事故简介

2005年2月,广州石化14#芳烃特种油罐区新建2座油罐施工,由于施工点距离在用油罐G1411#、1412#只有5 m,需要在用油罐南侧搭设长47 m、高15 m的双排钢脚手架防火墙。3月1日,双排钢脚手架搭设完成;3月2日上午,9名施工人员在钢脚手架上铺设防火铁皮,脚手架旁新建油罐基础上有12名土建筑施工人员在施工,11时10分,由于开始下雨和刮北风,所有施工人员离开去避雨,11时30分,除有部分支撑绑在G1411#盘梯上的钢脚手架外,其余钢脚手架防火墙全部倒塌,所幸未造成人员伤亡。

二、事故原因

(1)脚手架材质不符合要求,使用前未进行必要的检查和检验。脚手架的材质和规格,有关规范均有明确的规定。脚手架搭设之前,必须对所用钢管、扣件、底座、钢(木)脚手板等材料进行场外检查、检验,确认合格后方可运至施工现场使用。由于种种原因,承包商为追求经济利益,使大量的不符合要求的脚手架构配件流入施工现场,导致了脚手架倒塌事故。

(2)脚手架搭设与拆除方案不全面。施工管理单位在脚手架施工风险评估中,没有认真对待,没有制定有针对性的安全防范措施;应当编制专项安全技术方案的专项施工工程,如脚手架搭设与拆除、基坑支护、临时用电、模板工程等,不编制施工安全方案,或者不结合施工现场实际情况,照抄标准、规范,应付检查。在方案的审批方面,还存在“外行管内行”的现象,一些没有脚手架方面知识、不具备施工方案审批资格的人员盲目、敷衍签字审批。

(3)施工单位没有脚手架作业资格证,施工作业人员没有经过架子工资格考试培训,无证上岗,安全意识差,违章冒险作业,对脚手架的安全状况认识不足,对可能遇到或发生的危险估计不足。工程施工凭个人经验操作,不可避免地存在事故隐患和违反操作规程、技术规范等问题,甚至引发脚手架倒塌、人员伤亡事故。

(4)施工管理单位对脚手架施工和施工现场安全检查监督不到位,安全技术交底无针对性,在脚手架倒塌、人员伤亡事故中,大都存在违反技术标准和操作规程等问题,但管理施工现场的领导、管理人员、技术人员、监护人员、安全员、督察员等在施工资质的审核、施工方案的审批以及定期安全检查、平时检查中,均未能及时发现存在的问题和事故隐患,或发现问题、事故隐患后未及时整改和纠正。

三、事故预防对策

(1)加强培训教育,提高安全意识,尤其是要提高各级人员对脚手架安全的认识,安全生产教育培训是实现安全生产的重要基础工作。随着社会的发展,脚手架的设计也不断得到改进和发展,对脚手架工艺的要求也就越来越高。脚手架搭设不规范、不稳固,在施工过程中就容易发生倒塌和重大伤亡事故。脚手架等特殊工种作业人员必须做到持证上岗,并每年接受规定学时的安全培训。上岗人员应定期体检,合格者方可持证上岗。施工队伍自身要加强对施工作业人员的安全教育,提高作业人员的安全意识,增强自我保护能力,杜绝违章作业。不仅脚手架作业施工人员,企业一线岗位操作工、技术管理人员和

安全专业管理人员,也必须加强对脚手架知识、脚手架事故案例的学习、教育和培训,请有关专业人员讲课,尽可能避免“外行管内行”的现象。

(2)必须严格执行脚手架作业的有关技术规范和要求。无论是脚手架的作业层防护、连墙件、剪刀撑、横向水平杆,还是脚手架的拆除,都必须严格按照脚手架作业的有关技术规范和要求进行施工作业。容不得图省事、想当然、凭经验和偷工减料。

(3)加强对脚手架构配件材质的检查,按规定进行检验检测。不符合要求的一律不准使用。脚手架检查、验收应根据技术规范、施工组织设计及变更文件和技术交底文件进行。

(4)制订针对性强、切实可行的脚手架搭设与拆除方案,要重视和严格对施工方案的审批,方案必须由具有相应审批资格的人员审批;要加强作业前的施工作业危害识别和风险评估,严格进行安全技术交底。必须根据施工现场的实际情况,针对现场的施工环境、施工方法及人员配备等情况进行编制,按照标准、规范的规定,制定切实有效的防护措施,并认真落实到实际工作中。施工安全技术交底也不能停留在“进入施工现场必须戴安全帽”的层次上,必须通过相关人员深入分析和评估后的结果,有针对性地进行。同时,要严格执行变更手续,要不断补充和完善识别与评价的内容,努力提高危害识别和风险评估水平,制定更全面的安全防范措施,并使各项措施落到实处,确保安全。

(5)加强危险与安全检查可操作性的研究,落实安全生产责任制,强化安全检查监督。安全生产责任制将企业各级管理人员、各机构及其工作人员和各岗位生产工人在安全生产方面应做的工作及应负的责任加以明确的规定。单单有制度是不够的,更要根据自身工作特点和职责分工,加强危险与安全检查可操作性的研究,将安全检查、检查到位很好地落实到实际工作中去。脚手架必须定期检查,大风、大雨、雪后应进行全面检查,如有松动、折裂或倾斜等情况,应及时加固或更换;在作业过程中,若发现脚手架立杆沉陷或悬空、连接松动、架子歪斜变形等现象,应立即停止作业并报告,待问题处理并经重新验收合格后方可进行作业。脚手架安全检查要把住脚手架“十道关”:材质关、尺寸关、铺板关、护栏关、连接关、承重关、上下关、雷电关、挑梁关、检验关。要严格执行定期安全检查制度,并经常进行随机检查,对于发现的问题和事故隐患,要按照“定人、定时间、定措施”的原则进行及时整改,并对整改情况进行复查,消除事故隐患,防止事故发生。

学习项目 6　模板工程安全生产技术

【知识目标】

1. 掌握模板的分类和构造。
2. 掌握模板的设计原理。
3. 熟悉模板安装和拆除的安全要求。
4. 熟悉模板支架安全检查的一般项目和保证项目。

【能力目标】

1. 能够应用模板的设计和荷载组合原理,对模板和支撑系统进行验算。
2. 能依据模板安装和拆卸的安全技术要求,进行模板工程施工现场的安全管理。
3. 能够进行模板工程安全事故分析,指出事故的原因,并提出事故的预防措施和应急处理方法。

【案例引入】

重庆秀山县模板支撑系统坍塌事故

2008 年 12 月 4 日,重庆市秀山县某水泥公司改造项目施工现场,在浇筑混凝土过程中,发生模板支撑系统坍塌事故,造成 4 人死亡、2 人轻伤,直接经济损失约 192 万元。

该公司 2 500 t/d 新型干法生产线技术改造项目,辅助原料破碎平台工程为单层现浇框架结构,长 33 m,宽 8.5 m,结构层高 9.6 ~ 9.727 m,建筑面积为 280 m^2。事故当日 16 时左右,施工人员正在对该工程平台混凝土现浇板进行浇筑,当浇筑到 2/3 时,发生了①轴—②轴 / A 轴—B 轴现浇模板钢管支撑系统整体坍塌,坍塌事故现场见图 6-1。

根据事故调查和责任认定,对有关责任方做出以下处理:项目常务副经理、现场监理工程师、土建工程分包负责人 3 人移交司法机关依法追究刑事责任;总包单位经理、总监理工程师、土建分包单位经理等 4 名责任人受到相应经济处罚;总包、土建分包、监理等单位受到相应经济处罚。

【案例思考】

针对上述案例,试分析事故发生的可能原因,事故的责任划分,可采取哪些预防措施。

6.1　模板的分类及构造

钢筋混凝土结构具有强度较高、可模性好、适用面广、耐久性和耐火性较好、维护费用

图 6-1　坍塌事故现场

低、易于就地取材等很多优点，在房屋建筑中得到广泛应用。现浇混凝土结构的整体性好、延性好，适用于抗震抗爆结构。同时防震性和防辐射性能较好，适用于防护结构。钢筋混凝土结构的缺点是自重大、抗裂性较差、施工复杂、工期较长。

模板工程是混凝土浇筑成型用的模板及其支架的设计、安装、拆除等一系列技术工作的总称。模板在现浇混凝土结构施工中使用量大面广，每 1 m^3 混凝土工程模板用量高达 45 m^3，其工程费用占现浇混凝土结构造价的 30% ~35%，劳动用量占 40% ~50%。模板工程在混凝土工程中占有举足轻重的地位，对施工质量、安全和工程成本有着重要的影响。

模板系统由模板和支撑两部分组成。模板是指与混凝土直接接触，使新浇筑混凝土成型，并使硬化前混凝土具有设计所要求的形状和尺寸。支撑是保证模板形状、尺寸及其空间位置的支撑体系，它既要保证模板形状、尺寸和空间位置正确，又要承受模板传来的全部荷载。模板质量的好坏直接影响到混凝土成型的质量；支架系统的好坏直接影响到其他施工的安全。

6.1.1　按材料分类

模板按所用材料的不同，分为木模板、胶合板模板、竹胶板模板、组合钢模板、钢框木胶模板、塑料模板、玻璃钢模板、铝合金模板等。

6.1.1.1　木模板

木模板的优点是较适用于外形复杂或异形混凝土构件及冬期施工的混凝土工程；缺点是制作量大，木材资源浪费大等。木模板的树种可按各地区实际情况选用，一般为松木和杉木。由于木模板木材消耗量大，重复使用率低，为了节约木材，在现浇混凝土结构施工中应尽量少用或不用木模板。

6.1.1.2　胶合板模板

胶合板模板是由木材为基本材料压制而成，表面经酚醛薄膜处理，或经过塑料浸渍饰面或高密度塑料涂层处理的建筑用胶合板。优点是自重小、板幅大、板面平整、施工安装方便简单，模板的承载力、刚度较好，能多次重复使用；模板耐磨性强，防水性好，是一种较理想的模板材料，目前应用较多。缺点是需要消耗较多的木材资源。

6.1.1.3　竹胶板模板

竹胶板模板以竹篾纵横交错编织热压而成。其纵横向的力学性能差异很小，强度、刚度和硬度比木材高；收缩率、膨胀率、吸水率比木材低，耐水性能好，受潮后不会变形；不仅富有弹性，而且耐磨、耐冲击，使用寿命长，能多次使用；质量较轻，可加工成大面模板；原材料丰富，价格较低，是一种理想的模板材料，应用越来越多，但施工安装不如胶合板模板方便。

6.1.1.4　组合钢模板

组合钢模板一般做成定型模板，用连接构件拼装成各种形状和尺寸，适用于多种结构形式，在现浇混凝土结构施工中应用广泛。优点是轻便灵活、拆装方便、通用性强、周转率高等；缺点是接缝多且严密性差，导致混凝土成型后外观质量差。在使用过程中应注意保管和维护，防止生锈以延长使用寿命。

组合钢模板是一种工具式模板，由具有一定模数和类型的平面模板建成。面板厚有 2.3 mm、2.5 mm、2.8 mm 三种。钢模板的类型主要有平面模板（代号 P）、阴角模板（代号 E）、阳角模板（代号 Y）、连接角模（代号 J）等，如图 6-2 所示。钢模板的规格见表 6-1。

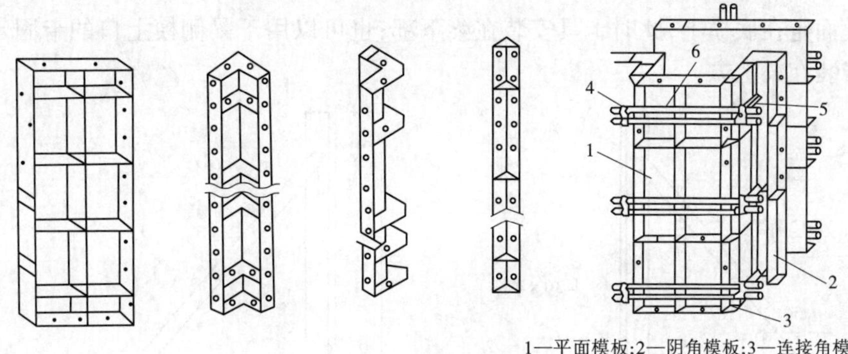

图 6-2　组合钢模板

表 6-1　钢模板的规格

规格	平面模板	阴角模板	阳角模板	连接角模
宽度（mm）	300，250，200，150，100	150×150，50×50	100×100，50×50	50×50
长度（mm）	1 500，1 200，900，750，600，450			
肋高（mm）	55			

组合钢模板的连接件主要有 U 形卡、L 形插销、钩头螺栓、紧固螺栓、对拉螺栓和扣件等，如图 6-3 所示。模板拼接均用 U 形卡，相邻模板的 U 形卡安装距离一般不大于 300 mm，即每隔一孔卡插一个。L 形插销插入钢模板端部横肋的插销孔内，以增强两相邻模板接头处的刚度和保证接头处板面平整。钩头螺栓用于钢模板与内外钢楞的连固。紧固螺栓用于紧固内外钢楞。对拉螺栓用于连接墙壁两侧模板。

组合钢模板的支承件包括卡具、柱箍、钢托架等。如图 6-4 所示的梁钢管卡具可用于

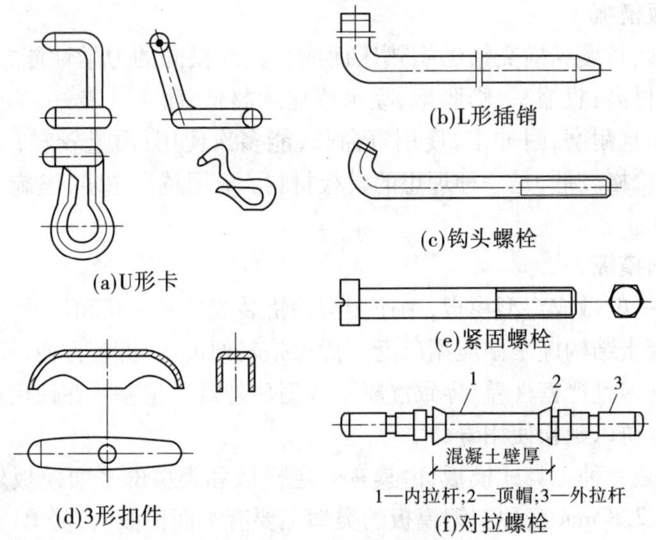

图 6-3　钢模板的连接件

把梁侧模面定在底模上,此时卡具安装在梁下部;也可以用于梁侧模上口的卡固定位,此时卡具安装在梁上方。

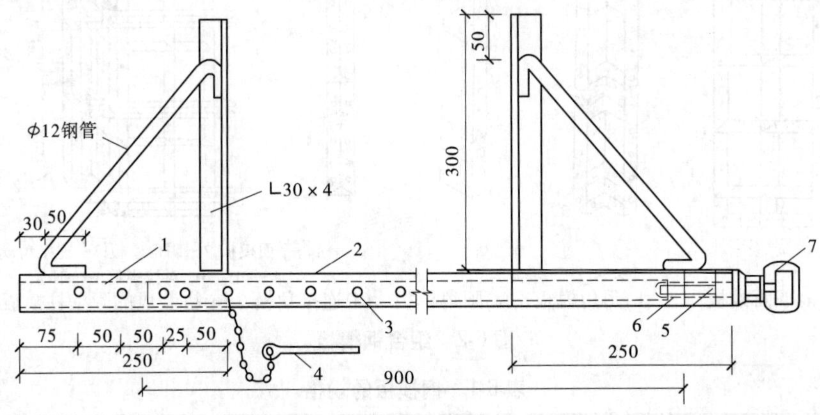

1—Φ32 钢管;2—Φ25 钢管;3—圆孔;4—钢销;5—螺栓;6—螺母;7—钢筋环

图 6-4　梁钢管卡具

支撑桁架、钢支柱和钢托架如图 6-5 所示。钢桁架作为梁模板的支撑工具可不用钢支柱。钢支柱采用不同直径的钢套管,通过套管的抽拉可以调整高度,具有通用性。

其他模板不再介绍,有兴趣的读者可参考有关书籍。

6.1.2　按结构类型分类

各种现浇混凝土结构构件,由于其形状、尺寸、构造不同,模板的构造及组装方法也不同。模板按结构的类型不同,分为基础模板、柱模板、梁模板、楼板模板、墙模板、壳模板、烟囱模板、桥梁墩台模板等。

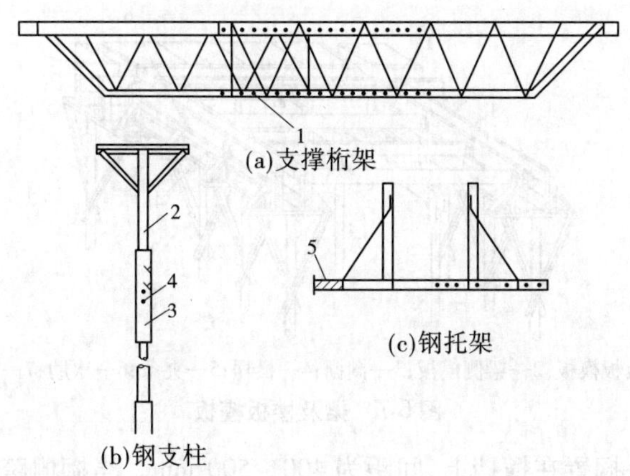

1—桁架伸缩销孔;2—内套钢管;3—外套钢管;4—插销孔;5—调节螺栓

图6-5　定型组合模板的支撑

6.1.2.1　柱模板

如图6-6所示为方形柱子模板的构造。柱模板主要由四块拼板构成,在拼板外应加柱箍或对拉螺栓,柱箍应上疏下密,间距由计算确定。两块内拼板宽度与柱截面相同,两块外拼板宽度应比柱截面宽度大两个拼板的厚度。拼板长度等于基础面（或楼面）至上一层楼板底面的距离。若与梁相接，尚应留出梁的缺口。柱模板底部四周有钉在基础面或楼面上的木框，用以固定柱模板的位置。柱模板底部应留有清理孔,待垃圾清理完毕后再钉牢。沿柱模板高度每2 m设浇筑孔,以便浇筑混凝土。对于独立柱模,其四周应加支撑,以免浇筑混凝土时发生倾斜。

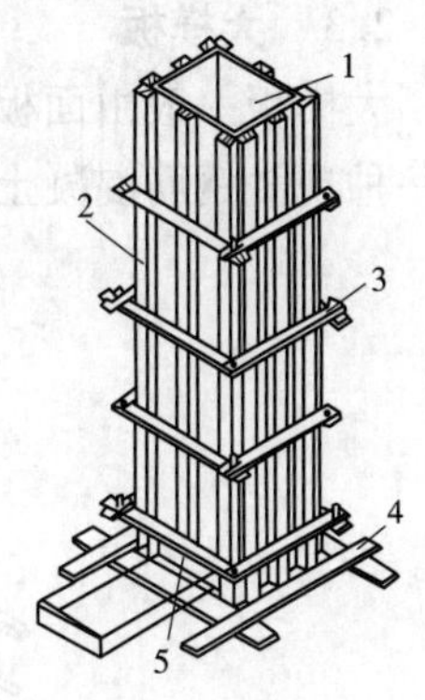

1—内拼板;2—外拼板;3—柱箍;
4—底部木框;5—清理孔

图6-6　柱模板图

6.1.2.2　梁及楼板模板

肋形楼盖的梁及楼板模板通常整体支设,构造如图6-7所示。梁模板由一块底模板、两块侧模板构成,它们的长度均为梁长度减去两块柱模板的厚度。底模板的宽度同梁宽。侧模板若为边梁外侧板,其宽度为梁高加梁底模板厚度;若为一般梁侧模板,其宽度为梁高加梁底模板厚度再减去混凝土板厚度。在梁底模板下每隔一定间距支设支柱（又称顶撑）或桁架承托,两侧模板下方设夹条将侧模板与底模板夹紧,并钉牢在支柱的顶板(帽木)上。次梁模板还应根据搁栅标高,在两侧模板外面钉上横档(托木)。在主梁与次梁交接处,应于主梁侧模板上留缺口，并钉上衬口档,次梁的侧模板和底模板钉在衬口档上。

支柱有木支柱和钢管支柱。为了调整梁模板的标高,在木支柱底部要垫木楔。钢管支柱宜用伸缩式的,可以调整高度。沿梁纵向在支柱底部应铺设垫板。支柱的间距根据梁的断面大小而定,一般为800～1 200 mm。当梁的高度较大时,应在梁侧模板外加斜撑,其两端分别钉在横档和支柱顶板上。

楼板模板可由拼板组成,但一般宜用定型板拼成,铺设在搁栅上,其不足部分另加异

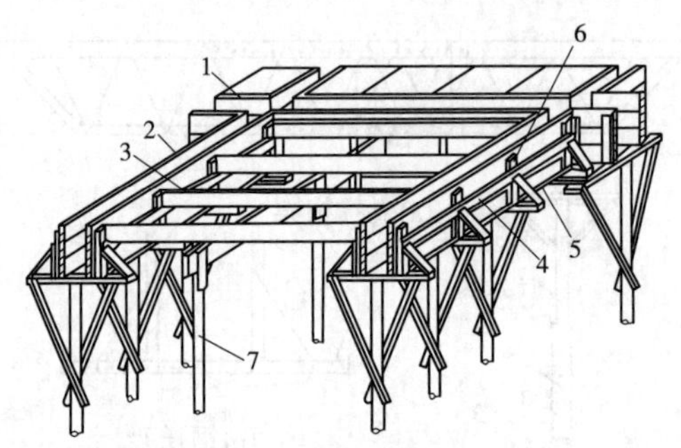

1—楼板模板;2—梁侧模板;3—搁栅;4—横楞;5—夹条;6—次肋;7—支撑

图 6-7　梁及楼板模板

形板补齐。搁栅两头搁置在横档上,间距为 400 ~ 500 mm。当搁栅跨度较大时,应在搁栅中部设立支撑,并铺设通长的龙骨。木牵杠撑的断面要求与木支柱的立柱一样,底部也需垫木楔和垫板。楼板平模应垂直于搁栅方向铺钉。

6.1.2.3　大模板

大模板一般由面板、加劲肋、竖楞、支撑桁架、稳定机构和操作平台、穿墙螺栓等组成,是一种现浇钢筋混凝土墙体、壁结构施工的大型工具式模板,如图 6-8 所示。

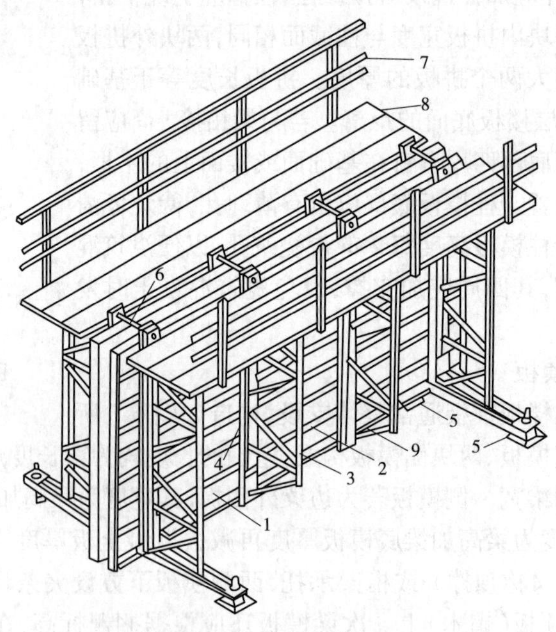

1—面板;2—次肋;3—支撑桁架;4—主肋;5—调整螺旋;
6—卡具;7—栏杆;8—脚手板;9—对拉螺栓

图 6-8　大模板构造

1. 面板

面板是直接与混凝土接触的部分,可采用胶合板、钢框木(竹)模板、木模板、钢模板等制作。

2. 加劲肋

加劲肋的作用是固定面板,可做成水平肋或垂直肋,其作用是把混凝土传给面板的侧压力传递给竖楞。加劲肋与金属面板用断续焊焊接固定,与胶合板、木模板则用螺栓固定。它一般用[65 或∟65 制作,间距由面板的大小、厚度及墙体厚度确定,一般为 300 ~ 500 mm。

3. 竖楞

竖楞的作用是加强大模板的整体刚度,承受模板传来的混凝土侧压力和垂直力。通常用[65 或[80 成对放置,两槽钢间留有空隙,以通过穿墙螺栓,间距一般为 1 000 ~ 1 200 mm。

4. 支撑桁架和稳定机构

支撑桁架用螺栓或焊接与竖楞固连,其作用是承受风荷载等水平力,防止大模板倾覆。桁架上部可搭设操作平台。

稳定机构为大模板两端的桁架底部伸出支腿上设置的可调整螺旋千斤顶。在模板使用阶段,用以调整模板的垂直度,并把作用力传递到地面或楼面上;在模板堆放时,用来调整模板的倾斜度,以保证模板稳定。

5. 操作平台

操作平台是施工人员操作的场所,有两种做法:一是将脚手板直接铺在桁架的水平弦杆上,外侧设栏杆。特点是工作面少,但投资少,装拆方便。二是在两道横墙之间的大模板的边框上用角钢连接成为搁栅,再在其上铺满脚手板。特点是施工安全,但耗钢量大。

大模板的特点是以建筑物的开间、进深和层高为大模板尺寸,由于面板由钢板组成,其优点是模板整体性好、抗震性强、无拼缝等;缺点是模板质量大,移动安装需起重机械吊运。

6.2 模板的设计

模板是新浇混凝土成形用的模型。在拆模之前,模板承受着浇筑过程中施工人员与施工机具等施工荷载,承受着钢筋与混凝土的自重。因此,如果模板体系选择不当、模板设计不合理,均有可能造成支撑杆件失稳、模板系统倒塌等安全事故。模板及其支架应根据工程结构形式、荷载大小、地基土类别、施工设备和材料供应等条件进行设计。模板及其支架应具有足够的承载能力、刚度和稳定性,能可靠地承受浇筑混凝土的重量、侧压力以及施工荷载。

6.2.1 模板及支架的荷载标准值

6.2.1.1 永久荷载标准值

模板及其支架自重标准值应根据模板设计图确定。对肋形楼盖及无梁楼板的自重标准值可按表 6-2 取值。

表 6-2　楼板的自重标准值

模板构件的名称	木模板（kN/m^2）	钢模板（kN/m^2）
平板的模板及小梁	0.3	0.5
楼板的模板（包括梁的模板）	0.5	0.75
楼板模板及其下支架（楼层高度 4 m 以下）	0.75	1.10

新浇筑混凝土自重标准值，对普通混凝土可采用 24 kN/m^3，其他混凝土可根据实际重力密度确定。

钢筋自重标准值应根据工程设计图确定。对一般梁板结构每立方米钢筋混凝土的钢筋自重标准值：楼板可取 1.1 kN，梁可取 1.5 kN。

当采用内部振捣器时，新浇混凝土作用于模板的侧压力标准值可按式（6-1）和式（6-2）计算，并取两式中较小值：

$$F = 0.22\gamma_c t_0 \beta_1 \beta_2 v^{\frac{1}{2}} \tag{6-1}$$

$$F = \gamma_c H \tag{6-2}$$

式中 F——新浇混凝土作用于模板的侧压力计算值，kN/m^2；

γ_c——混凝土的容重，kN/m^3；

β_1——外加剂影响系数，不加外加剂 $\beta_1=1.0$，加有缓凝作用的外加剂 $\beta_1=1.2$；

β_2——坍落度影响系数，当坍落度小于 30 mm 时，取 0.85，坍落度为 50～90 mm 时，取 1.0，坍落度为 110～150 mm 时，取 1.15；

t_0——新浇混凝土的初凝时间，h，按试验确定，当缺乏试验资料时，$t_0 = \frac{200}{T+15}$，T 为混凝土浇筑时混凝土的温度（取气温 +20 ℃）；

v——混凝土浇筑速度，m/h；

H——混凝土侧压力计算位置处至新浇混凝土顶面的总高度，m，混凝土侧压力的分布见图 6-9。

6.2.1.2　可变荷载标准值

（1）施工人员及设备自重荷载标准值。

当计算模板和直接支撑模板小楞时，均布荷载取 2.5 kN/m^2，再用集中力 $P=2.5$ kN 进行验算，比较两者所获得的弯矩值，取较大值；当计算直接支撑小楞的主肋时，均布荷载取 1.5 kN/m^2；当计算支架立柱及其他支撑结构构件时，均布荷载可取 1.0 kN/m^2。

注：①对大型浇筑设备，如上料平台、混凝土输送泵等按实际情况计算；采用布料机上料进行浇筑时，活荷载取 4 kN/m^2。②混凝土堆积高度超过 100 mm 以上者按实际高度计算。③模板单块宽度小于 150 mm 时，集中荷载可分布于相邻的两块板面上。

（2）振捣混凝土产生的荷载标准值，对水平模板可采用 2 kN/m^2，对垂直面模板可采用 4 kN/m^2，且作用范围在新浇筑混凝土侧压力有效压头高度之内。

（3）倾倒混凝土时，对垂直面模板产生的水平荷载标准值，可按表 6-3 选用。

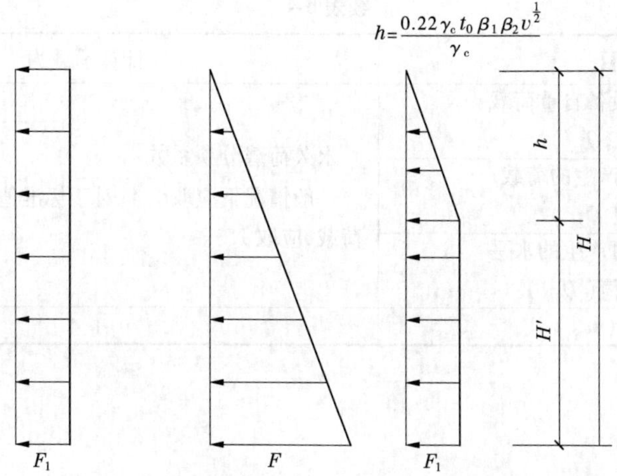

图 6-9 混凝土侧压力的分布

表 6-3 倾倒混凝土产生的水平荷载标准值

向内部模板供料的方法	水平荷载(kN/m^2)
用串桶、溜槽、导管	2
用容量小于 0.2 m^3 的运输器具	2
用容量为 0.2 ~ 0.8 m^3 的运输器具	4
用容量大于 0.8 m^3 的运输器具	6

注:作业范围在有效压头高度以内。

6.2.2 荷载设计值

计算模板及支架结构或构件的强度、稳定性和连接强度时,应采用荷载设计值(荷载标准值×荷载分项系数);计算正常使用极限状态的变形时,采用荷载标准值。荷载分项系数应按表 6-4 选用,钢面板及支架作用荷载设计值可乘以系数 0.95 进行折减。当采用冷弯薄壁型钢时,其荷载设计值不应折减。

表 6-4 荷载分项系数

项目	计算承载力
模板及其支架自重标准值(G_{1K})	永久荷载分项系数: (1)当其效应对结构不利时,对由可变荷载效应控制的组合应取 1.2;对由永久荷载效应控制的组合应取 1.35; (2)当其效应对结构有利时,一般取 1.0;对结构的倾覆、滑移验算应取 0.9
现浇素混凝土自重标准值(G_{2K})	
钢筋自重标准值(G_{3K})	
新浇混凝土对模板的侧压力标准值(G_{4K})	

续表 6-4

项目	计算承载力
施工人员及设备自重荷载标准值(Q_{1K})	永久荷载分项系数： 一般情况下应取 1.4；对于标准值大于 4 kN/m^2 的活荷载，应取 1.3。
振捣混凝土产生的荷载标准值(Q_{2K})	
倾倒混凝土时产生的水平荷载标准值(Q_{3K})	
风荷载(w_K)	1.4

6.2.3 荷载组合

参与计算模板及其支架荷载效应组合的各项荷载标准值组合应符合表 6-5 的规定。

表 6-5　荷载标准值组合

项目		参与组合的荷载类别	
		计算承载力	计算挠度
1	平板和薄壳的模板及支架	$G_{1K}+G_{2K}+G_{3K}+Q_{1K}$	$G_{1K}+G_{2K}+G_{3K}$
2	梁和拱的底模板及支架	$G_{1K}+G_{2K}+G_{3K}+Q_{2K}$	$G_{1K}+G_{2K}+G_{3K}$
3	梁、拱、柱(边长不大于 300 mm)、墙(厚度不大于 100 mm)的侧面模板	$G_{4K}+Q_{2K}$	G_{4K}
4	大体积结构、柱(边长不大于 300 mm)、墙(厚度不大于 100 mm)的侧面模板	$G_{4K}+Q_{3K}$	G_{4K}

注：计算挠度荷载取标准值，计算承载力应采用荷载设计值。

6.2.4 变形值规定

(1)验算模板及支架的刚度时，其最大变形值不得超过下列允许值：

①对于结构表面外露的模板，为模板计算跨度的 1/400；

②对于结构表面隐蔽的模板，为模板计算跨度的 1/250；

③支架的压缩变形或单性挠度，为相应的结构计算跨度的 1/1 000。

(2)组合钢模板结构或其构配件的最大变形值不得超过 6-6 的规定。

表 6-6　组合钢模板结构或其构配件的容许变形值

部件名称	容许变形值(mm)
钢模板的面板	≤1.5
单块钢模板	≤1.5
钢楞	L/500 或≤3.0
柱箍	B/500 或≤3.0
桁架、钢模板结构体系	L/1 000
支撑系统累计	≤4.0

注：L 为计算跨度，B 为柱宽。

【例6-1】　某现浇梁板结构如图6-10所示。楼板160 mm厚，采用12 mm胶合板作底模，胶合板尺寸为1 000 mm×2 000 mm；用50 mm×100 mm方木作小肋（次肋），方木长度4 m，间距250 mm；主肋用两根外径48 mm、壁厚3 mm钢管，间距1 200 mm；支柱用外径48 mm、壁厚3 mm钢管，支柱上放承托，支柱横杆间距为1 200 mm，试对模板和支撑系统进行验算。

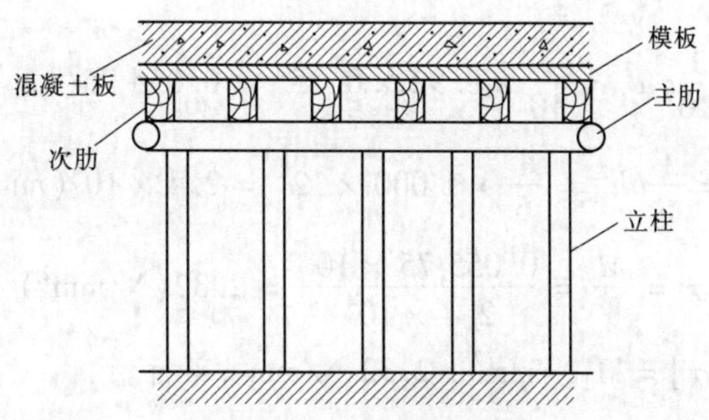

图6-10　现浇梁板结构

解　一、荷载计算

1. 模板自重

$$G_{1K} = 0.5\ \text{kN/m}^2$$

2. 混凝土自重

$$G_{2K} = 24\ \text{kN/m}^3 \times 0.16 = 3.84\ \text{kN/m}^2$$

3. 钢筋自重

$$G_{3K} = 1.1\ \text{kN/m}^3 \times 0.16 = 0.176\ \text{kN/m}^2$$

4. 施工荷载

$$Q_{1K} = 2.5\ \text{kN/m}^2$$

$$\begin{aligned} q &= (G_{1K} + G_{2K} + G_{3K}) \times 1.2 + Q_{1K} \times 1.4 \\ &= (0.5 + 3.84 + 0.176) \times 1.2 + 2.5 \times 1.4 = 8.92(\text{kN/m}^2) \end{aligned}$$

二、胶合板模板计算

因方木长向沿胶合板长向布置，且在胶合板长向接缝处有方木，故胶合板单向受力。因胶合板宽度为1 000 mm，而方木间距为250 mm，故胶合板应简化为图6-11。

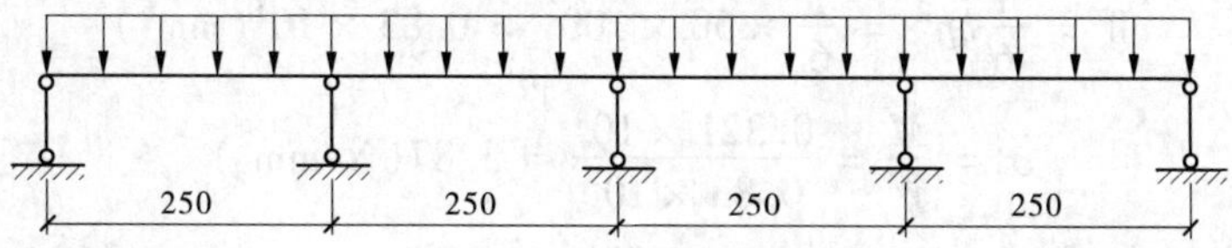

图6-11　胶合板模板计算简图一

实际按三跨连续单向板计算，取1 000 mm宽为计算单元，如图6-12所示。

$$q_1 = 8.92 \times 1 = 8.92(\text{kN/m})$$

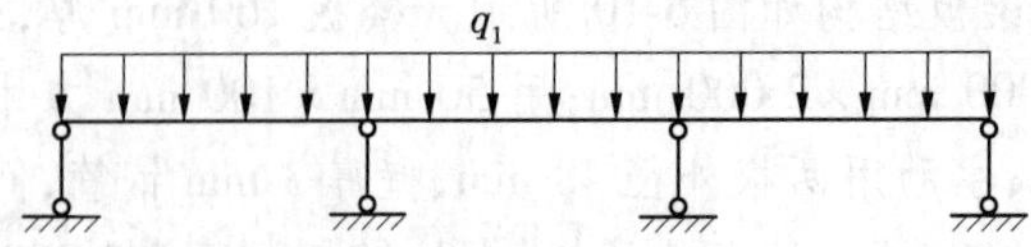

图6-12　胶合板模板计算简图二

1. 强度计算

$$M = \frac{1}{10}q_1 l^2 = \frac{1}{10} \times 8.92 \times 0.25^2 = 0.05575(\text{kN}\cdot\text{m})$$

$$W = \frac{1}{6}bh^2 = \frac{1}{6} \times 1000 \times 12^2 = 2.4 \times 10^4(\text{mm}^3)$$

$$\sigma = \frac{M}{W} = \frac{0.05575 \times 10^6}{2.4 \times 10^4} = 2.32(\text{N/mm}^2)$$

胶合板允许应力$[\sigma]=11\ \text{N/mm}^2>2.32\ \text{N/mm}^2$,可行。

2. 挠度计算

荷载取标准值,且$q_2 = G_{1K} + G_{2K} + G_{3K} = 4.52(\text{kN/m}^2)$。

取1 m宽为计算单元:$q_2=4.52$ kN/m,模板挠度$w = 5\dfrac{q_2L^4}{384EI}$。

胶合板$E = 9.5 \times 10^3\ \text{N/mm}^2$

$$I = \frac{1}{12}bh^3 = \frac{1}{12} \times 1000 \times 12^3 = 1.44 \times 10^5(\text{mm}^4)$$

$$w = 5 \times \frac{4.52 \times 250^4}{384 \times 9.5 \times 10^3 \times 1.44 \times 10^5} = 0.168(\text{mm})$$

$[w]=\dfrac{1}{400}\times 250=0.625>0.168(\text{mm})$,可行。

三、计算支承胶合板模板的小肋(50 mm×100 mm 的方木)

此时,小肋承受的荷载应为$q_3=q\times 0.25\ \text{m}=8.92\times 0.25\ \text{m}=2.23\ \text{kN/m}$,其中0.25 m为方木的间距。

方木长度一般为4 m,主肋间距为1.2 m,则又按三跨连续梁进行计算。

1. 强度计算

$$M = \frac{1}{10}q_3 l^2 = \frac{1}{10} \times 2.23 \times 1.2^2 = 0.321(\text{kN}\cdot\text{m})$$

$$W = \frac{1}{6}bh^2 = \frac{1}{6} \times 50 \times 100^2 = 0.83 \times 10^5(\text{mm}^3)$$

$$\sigma = \frac{M}{W} = \frac{0.321 \times 10^6}{0.83 \times 10^5} = 3.87(\text{N/mm}^2)$$

方木允许应力$[\sigma]=11\ \text{N/mm}^2>3.87\ \text{N/mm}^2$,可行。

2. 挠度计算

$$q_4 = q_2 = 4.52 \times 0.25 = 1.13(\text{kN/m})$$

$$I = \frac{1}{12}bh^3 = \frac{1}{12} \times 50 \times 100^3 = 0.42 \times 10^7(\text{mm}^4)$$

$$w = \frac{q_4 L^4}{150EI} = \frac{1.13 \times 1\,200^4}{150 \times 9.5 \times 10^3 \times 0.42 \times 10^7} = 0.35(\text{mm})$$

$[w]=\frac{1}{250}L=\frac{1}{250}\times 1\,200=4.8(\text{mm})>0.35\text{ mm}$，可行。

四、计算支承小肋的主肋

1.强度计算

主肋采用 $2\phi48\times3.5$ mm 钢管，支柱间距为 1 200 mm，则钢管受到小肋传来的集中力，钢管长度为 6 m，则受力图见图 6-13。

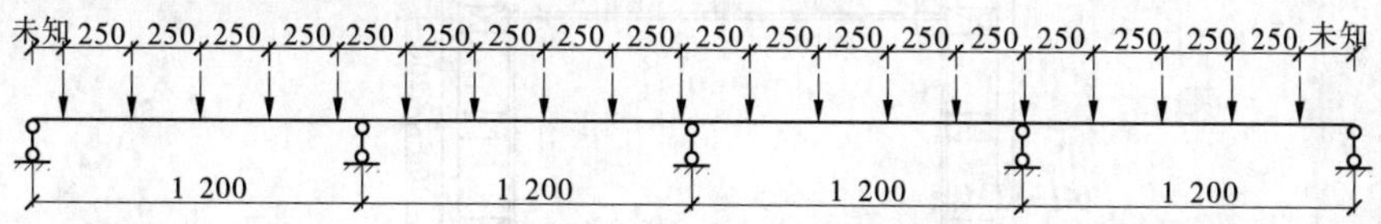

图 6-13　主肋计算简图一

为计算方便，一方面计算跨数取 3 跨，另一方面计算荷载取等量的均布荷载，从而得到计算简图见图 6-14。

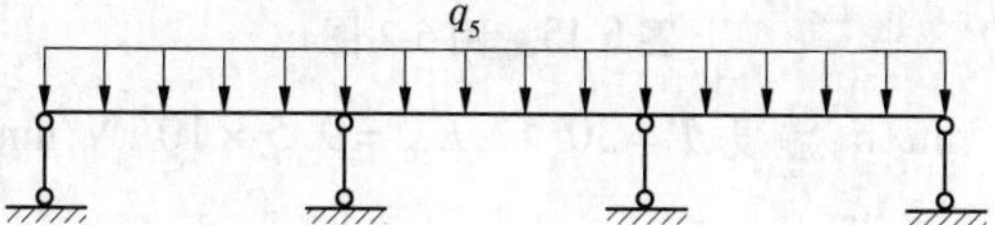

图 6-14　主肋计算简图二

$$q_5 = q \times 1.2 = 8.92 \times 1.2 = 10.704(\text{kN/m})$$

从而得到：$M = \frac{1}{10}ql^2 = \frac{1}{10} \times 10.704 \times 1.2^2 = 1.541(\text{kN}\cdot\text{m})$

外径 48 mm、壁厚 3.0 mm 钢管，$w=4.493\text{ cm}^3$

$$\sigma = \frac{M}{W} = \frac{1.541 \times 10^6}{4.493 \times 2 \times 10^3} = 171.5(\text{N/mm}^2)$$

钢管的允许拉应力 $[\sigma]=215\text{ N/mm}^2>171.5\text{ N/mm}^2$，可行。

2.挠度计算

$$E = 2.05 \times 10^5\text{ N/mm}^2, I = 10.783\,1 \times 10^4\text{ mm}^4, q_6 = q_2 \times 1.2$$

$$w = \frac{q_6 L^4}{150EI} = \frac{4.52 \times 1.2 \times 1\,200^4}{150 \times 2.05 \times 10^5 \times 10.783\,1 \times 10^4} = 3.39\ (\text{mm})$$

$[w]=\frac{L}{250}=\frac{1\,200}{250}=4.8\text{ mm}>3.39\text{ mm}$，可行。

五、计算支承主肋的支柱钢管

每根钢管承担的力：$F=q\times1.2\times1.2=12.844\,8(\text{kN})$

取横杆步距为 12 mm，则主杆长细比为

$$\lambda = \frac{L}{r} = \frac{1\,200}{15.9} = 75.5 < [170]$$

查表 $\varphi = 0.813, A = 423.9\ \text{mm}^2$

$$\sigma = \frac{N}{\varphi A} = \frac{12.8448 \times 10^3}{0.813 \times 423.9} = 37.27(\text{N/mm}^2) < [215\ \text{N/mm}^2]\text{，可行。}$$

【例 6-2】 柱截面尺寸为 600 mm×800 mm，柱高 4 m，用 12 mm 厚胶合板作模板，用 50 mm×100 mm 方木作肋，间距 200 mm，设型钢作柱箍，如图 6-15 所示。试对模板、方木、柱箍进行验算。

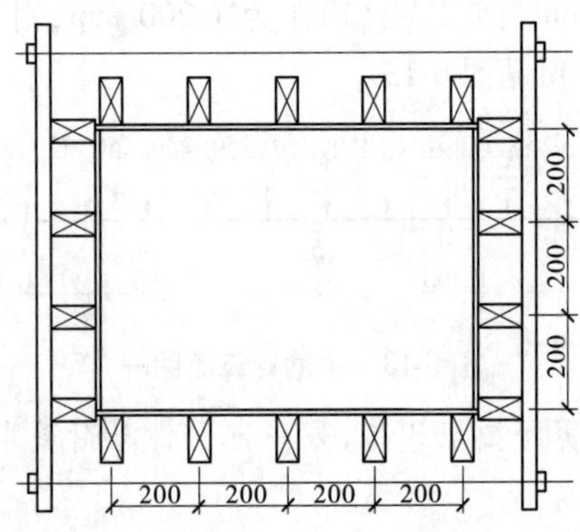

图 6-15　例 6-2 图

混凝土浇筑时，$v = 2$ m/h，温度 $T = 30$ ℃，$E_{木} = 9.5 \times 10^3\ \text{N/mm}^2$。

解　一、确定计算简图

1. 模板、方木

模板、方木计算简图见图 6-16。

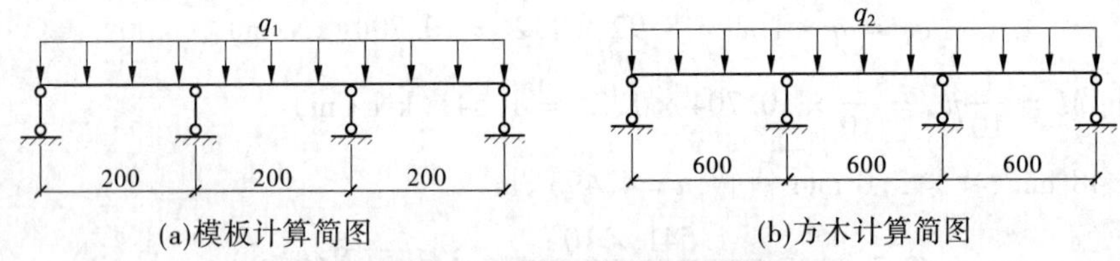

(a)模板计算简图　　(b)方木计算简图

图 6-16　模板、方木计算简图

2. 柱箍

柱箍计算简图见图 6-17。

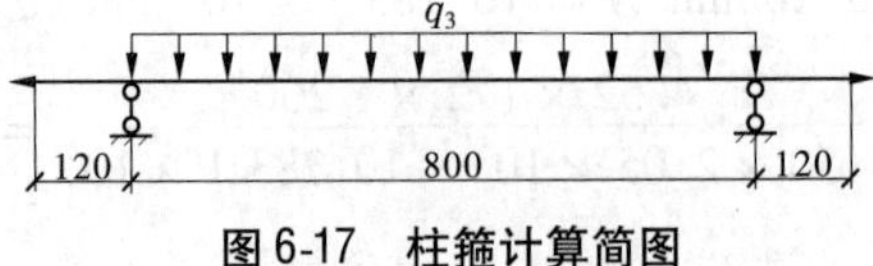

图 6-17　柱箍计算简图

二、确定荷载

荷载计算见图 6-18。

$$F = 0.22 \times 24 \times \frac{200}{30 + 15} \times 1 \times 1 \times \sqrt{2} = 33.19(\text{kN/m}^2)$$

$$F = \gamma_c H = 24 \times 4 = 96(\text{kN/m}^2)$$

取较小值 $h=\frac{33.19}{24}=1.383(\text{m})$

则 $q_1=33.19\times1.2+2\times1.4=44.63(\text{kN/m}^2)$

计算挠度用的 $q'_1=33.19(\text{kN/m}^2)$

$q_2=0.2\times q_1=8.926\ \text{kN/m}$；计算挠度用的 $q'_2=33.19\times0.2=6.638(\text{kN/m})$

$q_3=q_1\times0.6=26.8\ \text{kN/m}$；计算挠度用的 $q'_3=33.19\times0.6=19.91(\text{kN/m})$

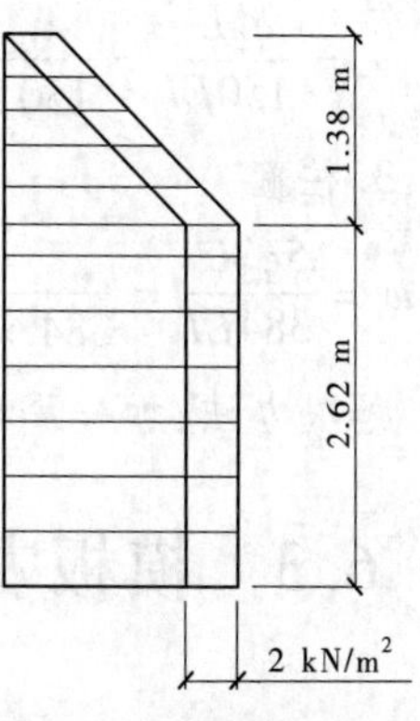

图6-18　荷载计算简图

三、强度计算

1. 模板

取一半宽为计算单元

则 $$M=\frac{1}{10}q_1L^2=\frac{1}{10}\times44.63\times0.2^2=0.178\,5(\text{kN}\cdot\text{m})$$

$$W=\frac{1}{6}bh^2=\frac{1}{6}\times1\,000\times12^2=2.4\times10^4(\text{mm}^3)$$

$$\sigma=\frac{0.178\,6\times10^6}{2.4\times10^4}=7.44(\text{N/mm}^2)<10\ \text{N/mm}^2$$

2. 方木

$$M=\frac{1}{10}q_2L^2=\frac{1}{10}\times8.926\times0.6^2=0.321(\text{kN}\cdot\text{m})$$

$$W=\frac{1}{6}\times50\times100^2=8.33\times10^4(\text{mm}^3)$$

$$\sigma=\frac{M}{W}=\frac{0.321\times10^6}{8.33\times10^4}=3.9(\text{N/mm}^2)<10\ \text{N/mm}^2$$

3. 柱箍

$$M=\frac{1}{8}qL^2=\frac{1}{8}\times26.8\times1.04^2=3.62(\text{kN}\cdot\text{m})$$

$60\times40\times2.5$ 方钢管 $I_x=21.88\times10^4\ \text{mm}^4$，$W_x=2.98\times10^4\ \text{mm}^4$

$$\sigma=\frac{3.62\times10^6}{2.98\times10^4}=121.5(\text{N/mm}^2)<215\ \text{N/mm}^2$$

四、变形计算

1. 模板挠度

$$w=\frac{qL^4}{150EI}$$

$$I=\frac{1}{12}bh^2=\frac{1}{12}\times1\,000\times12^3=1.44\times10^5(\text{mm}^2)$$

$$w=\frac{33.19\times200^4}{150\times9.5\times10^3\times1.44\times10^5}=0.26(\text{mm})<\frac{200}{400}=0.5(\text{mm})$$

2. 方木挠度

$$I=\frac{1}{12}\times50\times100^3=4.17\times10^6(\text{mm}^4)$$

$$w = \frac{q'_2L^4}{150EI} = \frac{6.638 \times 600^4}{150 \times 9.5 \times 10^3 \times 4.17 \times 10^6} = 0.145(\text{mm}) < \frac{600}{400} = 1.5(\text{mm})$$

3. 柱箍

$$w = \frac{5q'_3L^4}{384EI} = \frac{5 \times 19.91 \times 1\,040^4}{384 \times 2.1 \times 10^5 \times 21.88 \times 10^4} = 6.60(\text{mm}) > \frac{1\,040}{200} = 5.1(\text{mm})$$

解决办法:加一穿墙螺栓。

6.3 模板安装与拆除安全技术

6.3.1 模板安装安全技术

模板安装以模板工程施工设计为依据,按预定的安装方案和程序进行。在模板安装之前及安装过程中应注意如下安全技术事项。

6.3.1.1 模板安装一般安全要求

组合钢模板安装和拆除必须编制安全技术方案,并严格执行。安装和拆除组合钢模板,当作业高度在2 m及以上时,尚应遵守高处作业有关规定。施工用临时照明及机电设备的电源线应绝缘良好,不得直接架设在组合钢模板上,应用绝缘支持物使电线与组合钢模板隔开,并严格防止线路绝缘破损漏电。

组合钢模板夜间施工时,要有足够的照明,行灯电压一般不超过36 V,在满堂红钢模板支架或特别潮湿的环境中,行灯电压不得超过12 V;照明行灯及机电设备的移动线路要采用橡套电缆。

安装和拆除钢模板,高度在3 m及以下时,可使用马凳操作;高度在3 m及以上时,应搭设脚手架或工作平台,并设置防护栏杆或安全网。

高处作业人员应通过斜道或施工电梯上下通行,严禁攀登组合钢模板或绳索等上下。模板的预留孔洞、电梯井口等处,应加盖或设防护栏杆。多人共同操作或扛抬组合钢模板时,要密切配合,协调一致,互相呼应;高处作业时要精神集中,不得打闹和酒后作业。操作人员的操作工具要随手放入工具袋,不便放入工具袋的要拴绳系在身上或放在稳妥的地方。

高处作业支、拆模板时,不得乱堆乱放,脚手架或工作平台上临时堆放的钢模板不宜超过3层,堆放的钢模板、部件、机具连同操作人员的总荷载,不得超过脚手架或工作平台设计控制荷载,当设计无规定时,一般不超过2 700 N/m²。支模过程中如遇中途停歇,应将已就位的钢模板或支承件连接牢固,不得架空浮搁;拆模间歇时,应将已松扣的钢模板、支承件拆下运走,防止坠落伤人或人员扶空坠落。

6.3.1.2 组合钢模板安装安全要求

安装组合钢模板,一般应按自下而上的顺序进行。模板就位后,要及时安装好U形卡和L形插销,连杆安装好后,应将螺栓紧固。同时,架设支撑以保证模板整体稳定。

需要拼装的模板,在拼装前应做好操作平台,操作平台必须稳固、平整。安装基础及地下工程组合钢模板时,基槽(坑)上口的1 m边缘内不得堆放钢模板及支承件;向基槽(坑)内运料应用吊机、溜槽或绳索系下;高大长胫基础分层、分段支模板时,应边组装钢模板边安设支承杆件,下层钢模板就位校正并支撑牢固后,方可进行上一层钢模板的安装。

墙模板现场散拼支模时,钢模板排列,内外楞位置、间距及各种配件的设置均应按钢模板设计进行;当采取分层分段支模时,应自下而上进行,并在下一层钢模板的内外钢楞、各种支承件等全部安装紧固稳定后,方可进行上一层钢模板的安装,当下层钢模板不能独立地安设支承件时,必须采取临时固定措施,否则不得进行上一层钢模板的安装。

预拼装大块墙模板安装,应边就位、边校正和插置连接件,边安设支承件或临时支撑固定,防止大块钢模板倾覆。当采用吊机安装大块钢模板时,大块钢模板必须固定可靠后方可脱钩。

墙模板的内外支撑必须坚固可靠,确保组合钢模板的整体稳定;高大的墙模板宜搭设排架式支承。

柱模板现场散拼支模应逐块逐段上够U形卡、紧固螺栓、柱箍或紧固钢楞并同时安设支撑固定。

安装预拼装大片钢模板应同时安设支承或用临时支撑支稳,不得将大片模板系在柱钢筋上代替支撑。四侧模板全部就位后要随即进行校正,并坚固角模,上齐柱箍或紧固钢楞,安设支撑固定。

安装预拼装整体柱模板时,应边就位、边校正、边安设支撑固定。整体柱模就位安装时,要有套入柱子钢筋骨架的安全措施,以防止人身安全事故的发生。柱模的支承必须牢固可靠,确保整体稳定。高度在4 m及以上的柱模,应四面支承;当柱模超过6 m时,不宜单根柱子支模及灌注混凝土施工,宜采用群体或成列同时支模并将其支承毗连一体,形成整体构架体系。

安装独立梁模板,一般应设操作平台,高度超过6 m时,应搭设排架并设防护栏杆,操作人员不得在独立梁底板或支架上操作及上下通行。

安装预拼大片或整体梁模板,应在就位并两端及中部支撑安设联结稳固后方可脱钩。

安装圈梁、阳台、雨篷及挑檐等模板,这些模板的支撑应自成系统,不得交搭在施工脚手架上;多层悬挑结构模板的支柱,必须上下保持在一条垂直中心线上。

6.3.2 模板拆除安全技术

模板拆除的顺序和方法应遵照施工组织设计(方案)规定,按施工设计及安全技术措施规定的施工方法和顺序进行,一般应先拆除侧模,后拆底模;先拆非承重部分,后拆承重部分,同时必须遵守安全技术操作规程的有关规定。

6.3.2.1 框架柱模板拆除

在混凝土强度达到4.0 MPa能保证其表面棱角不因拆模而受损后方可拆模,拆除顺序为先松开穿墙螺栓,再松开地角螺栓,使定型模板与墙体脱开。

脱模困难时,可用撬棍在模板底部稍微撬动,严禁用大锤砸模板。拆除的模板及时清理残渣,刷好脱模剂且进行全面检查和维修,做好模板质量评定记录,保证使用质量。

6.3.2.2 **梁板模板拆除**

模板的底板及其支架拆除时,混凝土的强度必须符合设计要求,当设计无具体要求时,混凝土强度应符合《混凝土结构工程施工质量验收规范》(GB 50204—2015)的规定,见表6-7。对后张法预应力混凝土结构构件,侧模宜在预应力张拉前拆除,而其底模支架的拆除应按施工技术方案执行;当无具体要求时,不应在结构构件建立预应力前拆除。

表6-7 底模拆除时的混凝土强度要求

构件类型	构件跨度(m)	达到设计的混凝土立方体抗压强度标准值的百分比(%)
板	≤2	≥50
	>2,≤8	≥75
	>8	≥100
梁、拱、壳	≤8	≥75
	>8	≥100
悬臂构件	—	≥100

当上层楼盖正在浇筑混凝土时,下层楼板和支柱不得拆除。顶模拆除时需由施工员提前填写拆模板申请,注明混凝土浇筑时间、浇筑部位、同条件试块强度,由技术负责人签署意见,同意后方可拆除模板。

拆顶模时,要根据区域划分从房间一端向另一端循序进行,要严格遵循"先支后拆、后支先拆"的原则,防止落物伤人、人员自高处坠落,造成工程事故。拆除顺序:先保留跨中支撑,以承受上部施工荷载,然后拆除拉杆。拆去支撑以前,在次龙骨处增加临时支撑,以确保主龙骨拆完时,不致全面脱落。拆支撑和龙骨时,以出入口或已拆完的房间为出发点,由远及近,用钩子将次龙骨和模板勾下,一气呵成,将整个房间的模板全部拆完,不得遗留。

拆下的模板应及时清理黏结物,进行"一磨、一铲、一擦、一涂"四道工序,模板板面及边框、背楞、拼缝处、连接处等部位均要清理到位;拆下的扣件应及时集中收集管理。

顶板模板拆除时,注意保护顶板模板,不能硬撬模板接缝处,以防损坏多层板。拆除的多层板、龙骨及钢管(碗口件)要码放整齐,并注意楼板面不要过高集中堆载,多层板的堆放高度不大于1.00 m。拆掉的钉子要回收再利用,在作业面清理干净,以防扎脚伤人。

模板拆除时,上下应有人接应,随时拆随时运转,并应把活动部件固定牢靠,严禁堆放在脚手架板上和自上而下抛掷。拆除的模板要按指定的地点及时分类、分规格码放整齐,随时转运,并做到及时清理、维修和涂刷隔离剂。

后浇带模板支撑需保持三层连续支撑,顶板模板拆除后及时将支撑回顶,回顶碗扣脚手架,立杆间距1 200 mm,顶托上安装木方支顶在梁底、板底,碗口架下垫通长脚手板。

模板拆除后,将底部凸出部分的混凝土剔除,并对结构的棱角部位进行保护,以防损伤结构成品。

6.3.2.3 **模板吊运时的注意事项**

(1)吊装模板时,必须在模板就位并连接牢固后,方可脱钩。

(2)信号工一定要持证上岗,并严格遵守吊装机械使用安全有关规定指挥吊运。

(3)吊装模板时轻起轻放,不准碰撞已拆除模板的结构构件和其他硬物;组装式模板吊运就位时要平稳、准确,不得兜挂支撑架体。

(4)组装式定型模板在使用过程中应加强管理,分规格堆放,及时修理,保证编号清晰。

(5)雨天及五级大风等天气情况下禁止施工。

6.3.2.4 **模板拆除的安全措施**

(1)模板拆除时,必须严格按照交底要求的顺序及方法进行拆除,不得违章作业。

(2)施工人员严禁打闹、嬉戏或大声喧哗。

(3)拆除模板时由专人指挥并有切实可靠的安全措施,并在下面标出作业区,严禁非操作人员进入作业区。

(4)操作人员佩戴好安全带,安全带要高挂低用。

(5)拆模间歇时,将活动的模板、拉杆、支撑等固定牢固,严防突然掉落,倒塌伤人。

(6)登高作业时,各种配件放在工具箱内或工具袋内,严禁放在模板或脚手架上。

(7)模板拆除施工时,上下有人接应,随拆随运转,并把活动部件固定牢靠,严禁堆放在脚手板上或抛掷。4 m 以上高空拆模时,不得让其自由下落,更不能大面积同时撬落。

(8)模板拆除时尽量减少噪声,不得用力敲击模板,起吊、放置时做到轻拿轻放。

(9)拆下的模板集中吊运,并多点捆牢。

(10)模板吊运时,起重吊点必须垂直,不能出现剐蹭,防止模板倾倒伤人。

(11)信号工在指挥吊运时,要站位准确,既要保证自己安全,同时还要保证别人安全。

(12)挂钩工与信号工应密切注意模板状况,吊物下严禁站人。

(13)模板拆除后,必须及时、认真做好"四口"及"五临边"的防护工作。

6.4 模板支架安全保证项目和一般项目

6.4.1 模板支架安全保证项目

6.4.1.1 **施工方案**

模板支架搭设、拆除前应编制专项施工方案,对支架结构进行设计计算,并按程序进行审核、审批。按照住房和城乡建设部建质〔2009〕38 号文件要求,模板支架搭设高度 8 m 及以上;跨度 18 m 及以上,施工荷载 15 kN/m^2 及以上;集中线荷载 20 kN/m 及以上的专项施工方案必须经专家论证。

6.4.1.2 **支架基础**

支架基础承载力必须符合设计要求,应能承受支架上部全部荷载,必要时应进行夯实处理,并应设置排水沟、槽等设施。支架底部应设置底座和垫板,垫板长度不小于 2 倍立杆纵距,宽度不小于 200 mm,厚度不小于 50 mm。支架在楼面结构上应对楼面结构强度

进行验算,必要时应对楼面结构采取加固措施。

6.4.1.3 **支架构造**

采用对接连接,立杆伸出顶层水平杆中心线至支撑点的长度:碗扣式支架不应大于700 mm;承插型盘扣式支架不应大于680 mm;扣件式支架不应大于500 mm。支架高宽比大于2 时,为保证支架的稳定,必须按规定设置连墙件或采用其他加强构造的措施。连墙件应采用刚性构件,同时应能承受拉、压荷载。连墙件的强度、间距应符合设计要求。

6.4.1.4 **支架稳定**

立杆间距、水平杆步距应符合设计要求,竖向、水平剪刀撑或专用斜杆、水平斜杆的设置应符合规范要求。

6.4.1.5 **施工荷载**

支架上部荷载应均匀布置,均布荷载、集中荷载应在设计允许范围内。

6.4.1.6 **交底与验收**

支架搭设前,应按专项施工方案及有关规定,对施工人员进行安全技术交底,交底应有文字记录。支架搭设完毕,应组织相关人员对支架搭设质量进行全面验收,验收应有量化内容及文字记录,并应有责任人签字确认。

6.4.2 模板支架安全一般项目

6.4.2.1 **杆件连接**

(1)立杆应采用对接、套接或承插式连接方式,并应符合规范要求。

(2)水平杆的连接应符合规范要求。

(3)当剪刀撑斜杆采用搭接方式时,搭接长度不应小于1 m。

(4)杆件各连接点的紧固应符合规范要求。

6.4.2.2 **底座与托撑**

(1)可调底座、托撑螺杆直径应与立杆内径匹配,配合间隙应符合规范要求。

(2)螺杆旋入螺母内长度不应少于5 倍的螺距。

6.4.2.3 **构配件材质**

(1)钢管壁厚应符合规范要求。

(2)构配件规格、型号、材质应符合规范要求。

(3)杆件弯曲、变形、锈蚀量应在规范允许范围内。

6.4.2.4 **支架拆除**

(1)支架拆除前结构的混凝土强度应达到设计要求。

(2)支架拆除前应设置警戒区,并应设专人监护。

建筑工程的模板支架的安全检查,应以《建筑施工安全检查标准》(JGJ 59—2011)中表 B.12 为依据(见表6-8)。

表6-8　模板支架检查评分表

序号	检查项目		扣分标准	应得分数	扣减分数	实得分数
1	保证项目	施工方案	未编制专项施工方案或结构设计未经计算，扣10分 专项施工方案未经审核、审批，扣10分 超规模模板支架专项施工方案未按规定组织专家论证，扣10分	10		
2		支架基础	基础不坚实平整，承载力不符合专项施工方案要求，扣5～10分 支架底部未设置垫板或垫板的规格不符合规范要求，扣5～10分 支架底部未按规范要求设置底座，每处扣2分 未按规范要求设置扫地杆，扣5分 未设置排水设施，扣5分 支架设在楼面结构上时，未对楼面结构的承载力进行验算或楼面结构下方未采取加固措施，扣10分	10		
3		支架构造	立杆纵、横间距大于设计和规范要求，每处扣2分 水平杆步距大于设计和规范要求，每处扣2分 水平杆未连续设置，扣5分 未按规范要求设置竖向剪刀撑或专用斜杆，扣10分 未按规范要求设置水平剪刀撑或专用水平斜杆，扣10分 剪刀撑或斜杆设置不符合规范要求，扣5分	10		
4		支架稳定	支架高宽比超过规范要求未采取与建筑结构刚性连接或增加架体宽度等措施，扣10分 立杆伸出顶层水平杆的长度超过规范要求，每处扣2分 浇筑混凝土未对支架的基础沉降、架体变形采取监测措施，扣8分	10		
5		施工荷载	荷载堆放不均匀，每处扣5分 施工荷载超过设计规定，扣10分 浇筑混凝土时未对混凝土堆积高度进行控制，扣8分	10		
6		交底与验收	支架搭设、拆除前未进行交底或无文字记录，扣5～10分 架体搭设完毕未办理验收手续，扣10分 验收内容未进行量化，或未经责任人签字确认，扣5分	10		
		小计		60		
7	一般项目	杆件连接	立杆连接不符合规范要求，扣3分 水平杆连接不符合规范要求，扣3分 剪刀撑斜杆接长不符合规范要求，每处扣3分 杆件各连接点的紧固不符合规范要求，每处扣2分	10		
8		底座与托撑	螺杆直径与立杆内径不匹配，每处扣3分 螺杆旋入螺母内的长度或外伸长度不符合规范要求，每处扣3分	10		
9		构配件材质	钢管、构配件的规格、型号、材质不符合规范要求，扣5～10分 杆件弯曲、变形、锈蚀严重，扣10分	10		
10		支架拆除	支架拆除前未确认混凝土强度达到设计要求，扣10分 未按规定设置警戒区或未设置专人监护，扣5～10分	10		
		小计		40		
检查项目合计				100		

6.5 模板工程安全事故警示

案例一 重庆秀山县模板支撑系统坍塌事故

一、事故简介

事故简介详见“案例引入”。

二、原因分析

1. 直接原因

现浇混凝土模板支撑系统钢管立杆间距,大横杆步距和剪刀撑的设置不符合安全技术规范的要求,不能满足承载力的需要,加载后致使模板支撑系统失稳。

2. 间接原因

(1)未按工程建设强制性规定编制安全专项施工方案,该工程属于高大模板工程,按规定需要编制安全专项施工方案,并组织专家论证后方可实施,但该工程只是按经验进行施工。

(2)未严格按施工组织设计实施,平台现浇板模板支撑系统基础未进行填平处理压实,立杆直接置于回填用的片石和块石上,并且立杆间距、步距、剪刀撑严重不符合施工组织设计和脚手架安全生产技术交底的相关要求,不能满足承载力的需要;加载后造成标高9.6 ~9.727 m平台立杆失稳。

(3)施工工序不合理,在上午浇筑的柱子混凝土强度还不能满足加载要求的情况下进行现浇板的施工,进一步增加了不合格模板支撑系统的荷载,导致事故发生。

(4)安全生产培训教育不到位。特种作业人员无证上岗,该工程使用的8名架子工没有一人经过培训取得特种作业资格证书的。

(5)未按照《建设工程安全监理规范》和工程建设强制性标准实施监理。对于模板施工无安全专项施工方案、无专家论证审查意见这一情况,工程总监及监理人员未加制止,更未提出整改要求,施工组织设计也没有经过总监审核签署意见。在该工程模板支撑系统严重不符合规范的情况下,就在项目部自检的验收合格表上签字确认并签发了混凝土浇筑许可证。在浇筑过程中,发现模板支撑系统出现异常摆动的情况,仅通报施工单位负责人,而没有采取强制性措施停止混凝土浇筑,导致事故发生。

(6)现场安全管理失控。该工程是一起以包代管的典型案例,实际施工队伍是由挂靠的个人出资聘请安全员和其他管理人员组成的,施工人员由各班组长负责聘请、管理和付报酬。施工单位从未派人到该工程进行检查。由于该工程存在多次转包和私人挂靠等问题,致使安全管理失控。

三、事故教训

(1)必须严格执行有关规定,对于危险性较大的分项工程,必须编制安全专项施工方案,超过一定规模的危险性较大的分部分项工程应由专家对安全专项施工方案进行论证。

(2)加强施工管理,严禁工程挂靠和违法转包,杜绝以包代管的现象。

(3)加强安全生产培训教育力度,杜绝未经培训教育的人员上岗从事特种作业。

(4)监理单位必须严格审核施工组织设计和专项施工方案并参加验收工作,对不符合规范和方案要求的,坚决不允许施工。

四、事故预防对策

这是一起由于未按工程建设强制性规定编制安全专项施工方案、施工工序不合理、模板支撑系统搭设不符合安全技术规范要求引起的生产安全责任事故。事故暴露出施工现场安全管理失控、监督管理缺失等问题。我们应认真吸取事故教训,做好以下几方面工作:

(1)切实加强安全专项方案管理。从调查的情况看,这起事故中没有编制安全专项施工方案,也就无法进行论证。特别是在基础未填平、压实的情况下,施工人员随意支搭,立杆就直接置于回填土用的片石和块石上,并且立杆间距、横杆步距、剪刀撑设置等严重不符合规范和施工组织设计的要求,不能满足承载力的需要。

(2)科学合理安排工期。从施工管理上分析,该工程工期不合理。为赶工期,在基础未回填夯实的情况下就在上面支搭模板支撑系统。由于基础不实,受力不均,造成立杆受力不均。加上工序安排不合理,柱、板连续浇筑,上午浇筑完柱子,下午接着浇筑顶板,因柱子混凝土强度不能满足规范允许的加荷要求,随即进行顶板的施工,进一步增加了不合格的现浇模板钢管支撑体系的荷载。

(3)牢固树立生产经营的法律意识。在这起事故中,非法转包、以包代管,导致施工安全管理失控。从目前市场的情况看,有些工程不但主体结构进行了转包,而且转包给与施工资质不符的单位、私人,挂靠施工,他们没有技术力量来保证施工质量和安全。转包以后,总包单位往往以包代管,根本不派人到现场进行指导管理,由转包单位组织施工,造成安全管理失控。

(4)安全生产培训教育要突出针对性。这起事故中,违反《中华人民共和国建筑法》和《建设工程安全生产管理条例》的违法行为突出,违反技术规范和安全规程的行为明显,涉及建设工程的相关的法规和制度没有真正落实到班组,特别是安全生产培训教育缺少针对工程特点的实质内容,不能使施工人员真正认识到安全工作的重要性。因此,要加强安全培训教育工作,特别是加强施工人员进场的安全教育和特种作业人员的安全技术培训,提高其安全意识和自我保护能力。

(5)完善工程监理的安全保证体系。要明确每个监理人员的安全职责及管理范围,实行安全监督与施工监督相结合、安全预防与过程监督相结合、安全监理工程师巡视与现场监理人员检查相结合的施工安全监督工作制度。在健全审查核验制度、检查验收制度和督促整改制度的基础上,完善安全例会、定期检查及资料归档等制度,针对薄弱环节及时提出整改意见,并督促检查落实。

案例二 天津市开发区“5·13”模板坍塌事故

一、事故简介

2008年5月13日,天津市经济技术开发区某通信公司新建厂房工程,在施工过程中发生模板坍塌事故,造成3人死亡、1人重伤。

发生事故的厂房东西长151.6 m，南北宽18.75 m，建筑面积33 074.8 m^2，为钢筋混凝土框架结构，地下1层，地上3层，局部4层，层高6 m，檐高23 m。

工程于2007年12月18日开工，2008年5月7日已先后完成桩基施工、地下室、首层和二层主体结构。事发当日，在对第3层⑥～⑩轴段的柱和顶部梁、板进行混凝土浇筑作业时，已浇筑完的⑧～⑩轴段的3层顶部突然坍塌（坍塌面积约为700 m^2），在下面负责观察和加固模板的4名木工被埋压。

根据事故调查和责任认定，对有关责任方做出以下处理：总包单位总经理、项目经理、劳务单位法人等6名责任人分别受到记过、撤职并停止在津执业1年、罚款等行政处罚；总包、劳务分包等单位受到停止在津参加投标活动6个月、吊销专业资质、罚款等行政处罚。

二、原因分析

1. 直接原因

(1)施工单位在组织施工人员对第3层⑥～⑪轴段的柱和梁、板进行混凝土浇筑作业过程时，擅自改变原有施工组织设计方案及施工技术交底中规定的先浇筑柱，再浇筑梁、板的作业顺序，而是同时实施柱和梁、板浇筑，使⑧～⑩轴段区域的6根柱起不到应有的刚性支撑作用，导致坍塌。

(2)施工单位未按照模板专项施工方案和脚手架施工方案进行搭设，架件搭设间距不统一，水平杆步距随意加大；未按规定设置纵、横向扫地杆；未按规定搭设剪刀撑、水平支撑和横向水平杆，致使整个支撑系统承载能力降低。

2. 间接原因

(1)施工单位编制的模板专项施工方案和脚手架施工方案对主要技术参数未提出具体规定和要求，对浇筑混凝土施工荷载没有规定；在搭设完模板支撑系统及模板安装完毕后，没有按照规范、方案要求进行验收，即开始混凝土浇筑作业；压缩工期后，未采取任何相应的安全技术保障措施；施工管理方面，在项目部人员配备不齐，技术人员变更、流动的情况下，以包代管，将工艺、技术、安全生产等工作全部交由分包单位实施。

(2)监理单位未依法履行监理职责，未对工程依法实施安全监理。对施工单位擅自改变施工方案进行作业、模板支撑系统未经验收就进行混凝土浇筑等诸多隐患，没有采取有效措施予以制止，未按《建设工程监理规范》等有关规定下达“监理通知单”或“工程暂停令”。

(3)该开发商在与总包等单位签订压缩合同工期的协议后，未经原设计单位审核，擅自变更设计方案，且在协议中又约定了以提前后的竣工日期为节点，从而对施工单位盲目抢工期、冒险蛮干起到了助推作用。

三、事故教训

这起事故的发生，与施工过程中存在的严重违章指挥、违章施工是密不可分的。违章指挥和施工不仅存在于模板支撑系统的搭设过程中，在混凝土的浇筑过程中更是屡见不鲜。违章指挥和施工所带来的结果，不仅直接导致工程施工面临了更多的风险和安全隐患，而且最终造成事故。浇筑混凝土作业中，未执行施工组织设计，现场管理人员和技术人员均未及时出现和制止，说明施工管理失控，对劳务分包形成“以包代管”甚至“只包不管”。另外,这起事故中造成伤亡的主要是在混凝土浇筑作业面垂直下方的施工人员,这既违反操作规程,也不合常理,直接反映出一线施工人员安全培训教育的缺失和内容缺乏针对性,这类问题必须引起广大施工单位及管理人员的重视。

四、事故预防对策

这是一起由于违反施工方案而引发的生产安全责任事故。事故的发生暴露出施工单位存在技术管理缺陷和监理单位安全监督缺失等问题。我们应认真吸取事故教训,做好以下几方面工作:

(1)加强对工期合理性的监管与控制。建设单位不能盲目压缩工期,要依据实际施工情况合理要求,当工期必须提前时,应将设计、技术、施工、安全等各方面进行统一协调,制订可行的变更方案,然后进行施工。

(2)加强施工方案执行过程的监督。施工单位在施工过程中要严格执行已审批的施工方案、施工工艺顺序。施工人员擅自变更施工方案、施工顺序的,工长要及时制止、纠正。施工单位编制施工方案时要依据规范要求,选用合理的技术参数。本道工序未经验收不得进行下道工序。工期、工艺有变更时要制定安全保证措施。

(3)强化监理安全职责。监理单位要严格按照《建设工程监理规范》认真履行监理职责,发现存在安全隐患的,应当要求施工单位及时整改,发现重大隐患的要采取强制措施,拒不整改的要及时向有关部门报告。

案例三　湖南省长沙市“4·30”模板坍塌事故

一、事故简介

2008 年 4 月 30 日,湖南省长沙市某商业广场工程在施工过程中,发生一起模板坍塌事故,造成 8 人死亡、3 人重伤,直接经济损失 339.4 万元。

该工程位于长沙市马王堆路东侧,由商业裙楼和 4 座塔楼组成,人工挖孔桩基础,框架剪力墙结构,地上 25 ~ 30 层,在第 4 层设置转换层,建筑总高度 98 m,建筑面积 10 万 m^2,工程造价 6 870 万元。

事发当日 8 时左右,按照项目部安排,水泥工班长带领 9 名水泥工开始裙楼东天井加盖现浇钢筋混凝土屋面施工,12 时左右,天井屋面从中间开始下沉并迅速导致整体坍塌。

根据事故调查和责任认定,对有关责任方做出以下处理:施工单位项目经理、项目技术负责人、监理单位董事长等 7 名责任人移交司法机关依法追究刑事责任;施工单位法人、副经理、监理单位项目总监等 11 名责任人员分别受到吊销安全生产考核合格证、吊销执业资格、撤职等行政处罚;施工、监理单位分别受到吊销安全生产许可证、责令停业整顿等行政处罚。

二、原因分析

1. 直接原因

(1)天井顶盖模板支撑系统搭设材料不符合要求,据抽样检测,钢管壁厚不合格率为 55%,钢管力学性能试验合格率只有 22%,直角扣件力学性能合格率只有 19.2%,对接扣件抗拉性能合格率为 70%;搭设不符合要求,横杆步距较大,未设置剪刀撑。

(2)天井浇筑施工中出现局部塌陷,现场施工负责人未立即撤离天井屋面作业人员,

仍违章指挥工人冒险作业。

2. 间接原因

(1)施工组织混乱。模板支撑系统搭设无专项施工方案、未组织专家论证、未组织技术和安全交底。

(2)安全管理混乱。施工、监理单位未正确履行职责,安全检查流于形式。

(3)安全生产培训教育不落实。施工人员无特种作业资格证,未经岗前安全教育,缺乏必要的安全生产常识和自我保护能力。

(4)安全监管工作不落实。有关主管监管人员未及时发现和处理安全生产违法、违规行为,对于发现的违法行为也未依法予以处理。

三、事故教训

(1)无论是建设、施工、监理、设计单位还是勘察单位,在项目实施过程中都要严格执行《中华人民共和国建筑法》《建设工程安全生产管理条例》等国家相关法律法规的规定,任何违法、违规的行为都可能造成重大责任事故的发生。而一旦发生事故,不管是对于企业还是对于个人来说,都将造成不可挽回的损失。

(2)模板支撑系统的搭设选材一定要按照相关国家和行业的标准、规范严格执行,任何不合格产品的入场都会造成不可估量的损失。

(3)施工现场发现违章指挥、冒险作业时,任何人都有责任在第一时间制止,这样才能将事故消灭在萌芽状态。

四、事故预防措施

这是一起由于违章指挥、冒险作业而引发的生产安全责任事故。事故的发生暴露出施工单位施工组织混乱、安全管理缺失、检查不到位等问题。我们应认真吸取教训,做好以下几方面工作:

(1)施工单位应当加强对模板支撑系统搭设作业的安全管理。必须根据工程实际情况,针对不同高度、不同跨度、不同荷载和不同工艺,进行详细计算,编制安全专项施工方案;现场必须安排专门人员进行安全管理,确保其按照方案搭设;作业前,项目负责人或技术负责人必须向全体施工人员进行安全技术交底;搭设完成后,项目部和监理单位相关专业人员应认真进行检查验收。

(2)施工参建各方要加大安全生产管理力度,有效提高执行力。这起事故最令人痛心的是在浇筑施工中出现局部塌陷的情况时,未能及时停止作业,撤出作业人员,而是继续违章指挥、冒险作业,最终酿成了8死3伤的惨剧。这也提醒广大一线施工人员,不能存在任何侥幸心理,要提高安全意识。遇到违章指挥时,施工作业人员有权利拒绝以确保施工过程中的人身安全。

(3)政府要不断完善建筑安全监管体制。有关安全监督管理机构要及时解决监管力量与监管任务不适应的矛盾,严格落实巡查制度,落实监管人员的职责,切实督促建设单位严格按照规划设计施工。要把对于模板支撑系统的监督检查作为工作重点,检查中发现不符合要求的,应责令整改并负责督促落实,及时消除事故隐患。

案例四 陕西省宝鸡市"3·13"模板坍塌事故

一、事故简介

2008年3月13日,陕西省宝鸡市某寺庙在浇筑混凝土梁板过程中,发生一起模板支撑系统坍塌事故,造成4人死亡、5人受伤,直接经济损失约150万元。

发生事故的正圣门东A区建筑为单层框架钢筋混凝土结构,东西宽21 m,南北长28 m,梁板标高为20.5 m。工程于2007年6月开工,采用满堂红钢管脚手架作为梁板支撑系统,于2007年底搭设完毕。2008年3月12日17时开始浇筑混凝土,混凝土总量为300 m^3,经过连夜施工,13日上午已浇筑260 m^3,10时左右,当浇筑快要结束时,高跨①~④轴部位的模板支撑系统突然发生坍塌,造成作业面正在浇筑混凝土的8名施工人员和1名在架体下方巡查的人员被埋压。

根据事故调查和责任认定,对有关责任方做出以下处理:施工单位经理、项目经理、监理单位总监等9名责任人分别受到吊销执业资格证书、吊销安全生产考核合格证书、撤职、罚款等行政处罚;施工、监理、劳务等单位分别受到罚款、吊销施工资质等行政处罚。

二、原因分析

1. 直接原因

在搭设正圣门模板支撑系统过程中,劳务队没有按照施工方案进行搭设,立杆间距和横杆步距严重超过了方案的要求。方案要求立杆排距和列距均为600 mm,水平横杆步距为1 500 mm,架体底部垫板采用60 mm×80 mm方木。但现场实际搭建的模板支撑系统立杆间距多为1 030~1 820 mm,最大间距为2 020 mm,水平横杆步距为1 560~1 750 mm,部分底部垫板采用50 mm×70 mm方木,整个架体未设置剪刀撑。经计算,立杆钢管承受的实际抗拉(压)强度值达到279.865 N/mm^2,达到了立杆设计允许抗拉(压)强度值205 N/mm^2的1.37倍。正是由于模板支撑系统存在严重的质量问题,导致稳定性和载荷力不足,承受不了如此大面积的混凝土浇筑量而坍塌。

2. 间接原因

(1)隐患整改不力。项目部安全员在事发前的安全检查中发现模板支撑系统立杆间距过大,连接不可靠,缺少剪刀撑,扣件质量不合格等比较明显的隐患,但没有跟踪落实其整改情况,隐患没有得到及时的整改,最终酿成事故。

(2)安全生产培训教育工作不到位,从事高空危险作业的劳务人员没有特种作业资格证;事故中伤亡的9名劳务人员均是3月上旬从农村招来的,进场后未接受过相关业务培训和安全教育就直接上岗。

(3)施工秩序混乱。在施工过程中,项目部发现模板支撑系统未按施工方案搭设,要求劳务队进行整改,但在隐患没有消除,又未对体系搭设质量进行验收的情况下,为赶工期,便匆匆安排混凝土浇筑。

(4)监理单位监督不到位。现场两名监理人员,均无监理工程师证书。对支撑系统没有进行验收,对隐患没有督促整改,在混凝土浇筑作业中没有履行"旁站"职责。

(5)安全管理不严。项目部虽然建立了安全生产责任制和14项安全管理制度,但制度落实不到位,特别是安全跟踪检查不到位,用人和劳务分包机制不完善,手续不健全,劳

务队在进行梁板混凝土浇筑作业时,既未采取有效的安全防护措施,又无专人现场负责。

三、事故教训

这是一起典型的不尊重科学、盲目压缩工期而造成的事故。工程建设项目要有合理的施工工期,特别是对危险性较大的施工项目,要按专项方案施工,并一定要把好验收关口。工程建设各方要严格落实自身安全生产主体责任,履行安全管理职责,尊重科学,遵纪守法,合理安排施工生产。

四、事故预防措施

这是一起由于违反施工方案导致模板支撑体系承载力不足而引发的生产安全责任事故。事故的发生暴露出该工程施工管理混乱、隐患整改不力等问题。我们应认真吸取事故教训,做好以下几个方面的工作:

(1)严格施工方案审批。这起事故中,施工单位虽然编制了安全专项施工方案,但对方案的可行性未进行专家论证,且施工方案未真正落实到班组,未起到指导班组施工的作用。建议工程要严格技术方案的审批,特别是对高大模板支撑系统方案要进行必要的验算,严格履行编制、审核、审批和专家论证程序,从方案上把好关。同时要尊重科学,确定合理的施工工期,防止因工期过紧而加大工程建设中的安全风险。

(2)加强施工过程监控。由于该工程现场管理混乱,高大模板支撑系统随意支搭,无人指导、无人把关,造成模板支撑系统实际承重能力低于要承受的混凝土重量,根本满足不了如此大面积的混凝土浇筑的需要。同时,施工现场缺乏全面的安全防范措施,隐患整改不及时,对现场违章行为无人制止。施工单位应落实各级安全生产责任制,严格执行安全生产各项管理制度;切实加强对施工现场和危险性较大的分项工程的动态管理,把现场组织指挥、质量安全管理和工段长、班组长的安全岗位责任落到实处。还要加强安全生产培训教育,提高他们对安全生产的认识和自我保护能力。严格执行持证上岗制度,特种作业人员必须持证上岗,严禁不具备相应资格的人员上岗作业。

(3)落实责任强化检查。项目部虽然制定了安全生产责任制和安全生产管理制度,但未落实到班组和作业层,形同虚设。施工人员进场没有进行安全教育,材料进场把关不严。建设工程施工现场应加强隐患排查和治理,举一反三,特别要对尚未进行混凝土浇筑施工的高大模板支撑系统、起重机械设备、高处作业和交叉作业等隐患排查和治理,及时消除事故隐患。加强对进场租赁材料的检查和验收,杜绝不合格的钢管、扣件等材料进入现场。

(4)旁站监理消除隐患。监理单位在高大模板支撑系统的方案审批和验收方面监管不到位。特别是对支撑系统搭设存在的严重隐患未能及时发现。未对模板支撑系统进行验收就下达梁板混凝土浇筑令,在浇筑过程中又没有认真履行"旁站"职责,未能及时发现隐患并予以消除,导致事故发生。因此,监理单位应该认真履行职责,加强现场监理工作,对发现的问题和隐患要督促施工单位及时予以解决。

案例五　湖北省荆州市"12·21"模板坍塌事故

一、事故简介

2007 年 12 月 21 日,湖北省荆州市某综合楼工程施工现场,发生一起阳台预制板断裂导致支撑坍塌的事故,造成3人死亡、1人重伤,直接经济损失约80万元。

2007年12月19日下午,施工单位木工班长安排2名施工人员进行8楼阳台雨篷模板的制作,2人按施工方案制作现浇模板,模板下面的支撑立柱共有6根,分两排,每排3根,支撑于8楼阳台的预制板上,制作模板时未在预制板上采取任何分散载荷的保护措施,支撑立柱杆直接落在预制板上。20日上午制作安装完毕,由木工班长负责检查。

2007年12月21日13时左右,6名混凝土工进行8楼阳台雨篷混凝土浇筑作业,现浇作业面积为3.6 m×1.8 m。14时左右,当第8车混凝土料倒入现浇板中间时,8楼阳台的预制板忽然断裂,现浇板支撑垮塌,作业面上的4人来不及撤离,与斗车、现浇板、8楼阳台预制板一同坠落,并击断7楼至2楼的所有阳台预制板,被压在落下的预制板废墟下。

根据事故调查和责任认定,对有关责任方做出以下处理:木工班长移交司法机关依法追究刑事责任;施工单位主要负责人、现场监理工程师、预制板制造单位法人等9名责任人分别受到罚款、吊销执业资格等行政处罚;施工、监理等单位分别受到相应经济处罚;责成有关责任部门向当地政府做出书面检查。

二、原因分析

1. 直接原因

由木工班长制订的8楼阳台雨篷模板施工方案为:模板由6根立柱支撑,立柱底部未设置木垫板,直接作用在8楼阳台预制板上。该方案不是由专业技术人员编制的施工方案,没有经过设计计算,也没有经过审批。经专家验算,施工时立柱作用到预制板上产生的弯矩值达到了12.93 kN·m,而省标预制板允许的弯矩值为3.99 kN·m,超载3.3倍,致使预制板发生断裂,引起作业面垮塌。

2. 间接原因

(1)建设单位在项目建设中擅自加层,埋下安全隐患。

(2)施工单位安全生产管理制度不落实;工程项目经理人与证不符;施工管理混乱,对现场安全监管缺失,未对施工人员进行有效的三级安全教育培训,未能及时消除安全生产隐患,理应负有相应的责任。

(3)该项目的主要负责人未取得安全生产考核合格证书。工程分包给不具备安全生产能力的个人,致使施工现场作业秩序混乱,施工人员违章作业、冒险施工,最终导致了事故的发生。

(4)事发8楼阳台预制板系某预制板厂提供的产品,事故发生后,对预制板进行了检测,实测钢筋直径4.5 mm,钢筋抗拉强度平均为520 MPa,而省标构件的钢筋直径应为5 mm,钢筋抗拉强度应为650 MPa,配筋总面积只达到标准要求的79%,抗拉强度只达到标准要求的82%,均不符合标准要求。

(5)监理单位没有履行监理职责。工程监理人员在实施监理过程中,未履行监理职责,没有对模板的施工方案进行审核,没有对工地8楼阳台雨篷浇筑混凝土实行旁站监理,未发现、消除施工现场存在的安全隐患。

(6)该县城市规划局有关责任人对建设项目违规加层没有及时制止,致使建设单位将原规划7层楼房建成8层。

三、事故教训

(1) 安全监管不到位,建设、施工、监理单位等各方责任主体没有认真按照《建设工程安全生产管理条例》履行其安全责任。

(2) 技术管理方面存在明显漏洞。模板施工方案没有经过计算,没有经过审批,没有采取任何分散载荷的措施,没有对模板工程进行验收和混凝土浇筑过程的监理。没有对预制板等材料进行进场验收检查。

四、事故预防措施

这是一起由于违反技术管理规范、施工人员擅自制订施工方案而引发的生产安全责任事故。事故的发生暴露出施工单位技术管理存在严重漏洞、安全管理不到位等问题。我们应认真吸取教训,做好以下几方面工作:

(1) 加强过程管理。该工程雨篷在8楼顶层阳台处,雨篷面积近7 m^2,自重达2 t以上,所以必须对阳台板承载力进行核算,可采用自首层至8层对阳台板进行连续支顶的方法进行加固或搭设悬挑架进行卸荷,才能保证模板支撑系统的牢固稳定。而该工程施工单位现场施工管理混乱,对模板工程的危险性重视不够,安全意识、风险防范意识不强,任由施工人员凭经验制订施工方案,无设计计算、无审批手续,现场无专职人员进行检查和监督。

(2) 严格执行规范。模板工程应严格按《建筑施工模板安全技术规范》等标准规范实施,同时加强模板工程的技术管理。模板工程施工方案应由施工单位工程技术人员编制。内容要有施工设计(包括设计计算)和安全技术措施。加强对方案的审核和批准环节的管理,认真审查模板支撑系统结构设计的计算方法、荷载取值、节点构造和安全措施。这起事故反映出施工单位要切实落实各项安全生产责任制,规范建设工程施工中的各项安全技术措施,加强安全生产法律法规学习和培训教育,加强对在建工程的安全监管,严格按照安全操作规程组织施工生产。尤其要加强对分包施工队伍的管理和控制。

(3) 落实监督职责。监理单位要按照《建设工程安全生产管理条例》《建设工程监理规范》实施监理,承担起相应职责。要对施工方案进行审查并实行旁站监理。建设工程各方责任主体要深刻吸取教训,认真履行自己的安全生产职责,自觉遵守有关安全生产的法律法规、规范行为准则,严格按照安全生产要求组织施工并进行管理,把隐患消灭在萌芽状态。

(4) 强化政府监管。政府相关主管部门要认真加强现场监管,发现事故隐患及时制止,对监管过程中的违规行为必须予以严肃处理。同时要认真履行安全职责,对建设项目要严格实行跟踪管理,切实加强检查督促,对违规建设项目坚决依法查处。

学习项目7　建筑施工机械安全生产技术

【项目提要】

熟悉各种建筑施工机械:物料提升机、施工升降机、塔吊、手持电动工具、混凝土机械、钢筋机械、木工机械、土石方机械安全操作规程。

【能力目标】

能够对建筑施工机械使用、操作过程中的安全事故进行分析,指出事故的原因,并提出事故的预防措施和应急处理方法。

【案例引入】

福建省宁德市"10·30"起重伤害事故

2008年10月30日,福建省宁德市某房地产开发项目施工现场发生一起施工升降机吊笼坠落事故,造成12人死亡,直接经济损失521.1万元。该项目总建筑面积18 313 m^2,总造价23 843.22万元,共计8栋楼,发生事故的3号楼高85.45 m,共计28层。事故发生在6时左右,3号楼木工班组、钢筋班组共计12名施工员,吃完早饭后,乘坐施工升降机准备到25层工作面作业,由其中1人(非操作人员)擅自开机。第43标准节间两侧两根连接螺栓紧固螺母脱落,东侧吊笼产生的倾覆力矩大于上部四节标准节自重及钢丝绳拉力产生的稳定力矩,造成第43至46标准节倾倒在3号楼东面外钢管脚手架上,吊笼重力和冲击力的作用使吊笼滚轮和安全钩滑脱标准节,对重钢丝绳脱离顶部滑轮,吊笼坠落在2号楼与3号楼之间的2层平台上,坠落点与施工升降机机架的中心点距离约6 m。

根据事故调查和责任认定,对有关责任方做出以下处理:建设单位法人、副总经理、总监理工程师代表等18名责任人移交司法机关依法追究刑事责任;借出资质的施工、劳务单位法人、项目经理、升降机安装单位负责人等33名责任人受到相应行政处罚;建设、监理等单位受到相应经济处罚。

【案例思考】

针对上述案例,试分析事故发生的可能原因,事故的责任划分,可采取哪些预防措施。

7.1　建筑施工机械的类型及常见事故

机械安全是指机器在按使用说明书规定的预定使用条件下,执行其功能和对其进行运输、安装、调试、运行、维修、拆卸和处理时对操作者不发生损伤或危害其健康的能力。

它包括两方面的内容：

(1)在机械产品预定使用期间执行预定功能和可预见的误用时，不会给人身带来伤害。

(2)机械产品在整个寿命周期内，发生可预见的非正常情况下任何风险事故时机器是安全的。

7.1.1 建筑施工机械类型

建筑施工机械，按使用功能大致可分为以下十类：

(1)运输机械。为建筑施工现场运输材料和施工用品的各种车辆。包括各种汽车、自卸翻斗车等。

(2)土方工程机械。进行土、石方施工的机械。如挖掘机、推土机、铲运机、装载机、压路机等。

(3)桩工机械。用来打桩的机械。如蒸汽打桩机、柴油打桩机、电动钻孔机等。

(4)起重及垂直运输机械。用来完成施工现场起重、吊装、垂直运输的机械。如建筑卷扬机、建筑升降机、塔吊、汽车吊等。

(5)钢筋与混凝土机械。进行钢筋与混凝土加工的机械。如钢筋拉伸机、钢筋矫直机、钢筋弯曲机、切断机、混凝土搅拌机、输送机、振捣器等。

(6)木工机械。用于木材加工、木构件制作的机械。

(7)喷涂机械。用于灰浆和砂浆喷涂及灌注工作的机械。如灰浆搅拌机、灰浆泵、灰浆输送机等。

(8)装修机械。用于建筑装修的机械。如喷漆枪、射钉枪、涂粉机、研磨机等。

(9)手持工具。手持工具包括风钻、风镐、凿岩机等。电动手持工具包括电钻、电锤、电刨、手砂轮、水磨石机等。

(10)空气压缩机和水泵。为建筑施工提供压缩空气及水源的机械。如空气压缩机、各种气泵、各种水泵等。

7.1.2 建筑施工机械常见的事故

在建筑施工中与建筑机械有关的伤害事故主要有起重伤害、车辆伤害、机械伤害和触电伤害四种。本节仅对车辆伤害、机械伤害进行介绍。

7.1.2.1 车辆伤害事故

建筑施工中的车辆伤害，实际就是在建筑工地内的交通肇事(撞车、撞人事故)。导致车辆伤害事故发生的主要因素是：

(1)不良驾驶。包括超速、忽视瞭望、取捷径、走反道、盲目倒车等行为。

(2)司机在作业期间对一些危险设施疏忽大意。如碰架空电线或掉进沟槽之中。

(3)擅自让人搭车，造成驾驶条件困难，引起司机操作失误造成翻车或撞人事故。

(4)维修保养不良。如刹车装置失灵就是相当危险的。此外，在修车时，当车停在坡路上时，也会发生车体失控伤害修车人。

(5)超载或装载欠佳。超载会增大车辆的惯性，使车失控。装载欠佳会在刹车或转弯时造成货物甩落伤人,严重的会造成翻车事故。

(6)场地拥挤,道路规划不合理。道路不平坦且杂乱无章,这些容易造成车辆相撞,撞人或撞坏施工现场的设施,如撞坏脚手架会使脚手架垮塌。

7.1.2.2　机械伤害事故

它是指机器和工具在运转及操作过程中对作业者的伤害,包括绞、辗、碰、割、戳等伤害形式,机械伤害的重点是机械传动和运动装置中存在着危险部件所构成的危险区域。

1.分类

建筑施工机械伤害可分以下几种:

(1)转动的刀具锯片等。建筑施工机械的刀具、锯片速度高,一旦操作者失误,会造成切割伤害,或抛出物的打击伤害。

(2)相对运动部件。如齿轮机构的啮合区,一对滚筒的接触区,皮带进入皮带轮的区域等。这些部件会造成操作者夹轧,或缠绕衣服和头发被绞伤。

(3)有下落或倾倒危险的装置。如搅拌机的上料斗、打桩机耸立的机身,这些装置如果意外下落或倾倒,将有打击、碰撞操作者的危险。

(4)运动部件的凸出物。如凸出在转轴或连接器上的键、螺栓及其他紧固件。

(5)旋转部件不连续旋转表面。如齿轮带轮、飞轮的轮轴部分。

(6)蜗杆和螺旋。如螺旋输送机、蛟龙机、混合机等,都可以导致卷入夹轧事故。

2.常见的事故形式

(1)卷入和挤压这种伤害主要来自旋转机械的旋转零部件,即两旋转件之间或旋转件与固定件之间的运动将人体某一部分卷入或挤压。这是造成机械事故的主要原因,其发生的频率最高,约占机械伤害事故的47.7%。

(2)碰撞和撞击。这种伤害主要来自直线运动的零部件和飞来物或坠落物。例如,做往复直线运动的工作台或滑枕等执行件撞击人体;高速旋转的工具、工件及碎片等击中人体;起重作业中起吊物的坠落伤人或人从高层建筑上坠落伤亡等。

(3)接触伤害。接触伤害主要是指人体某一部分接触到运动或静止机械的尖角、棱角、锐边、粗糙表面等发生的划伤或割伤的机械伤害和接触到过冷过热及绝缘不良的导电体而发生冻伤、烫伤及触电等伤害事故。

3.机械防范措施

认真按标准做好机具使用前的验收工作,做好机具操作人员的培训教育,严把持证上岗关;作业前必须检查机具安全状态,使用时必须严格执行操作规程,定机定人,严禁无证上岗,违章操作;必须保证必要的机具维修保养时间,做到专人管理、定期检查、例行保养,并做好维修保养记录;各种机具一经发现缺陷、损坏,必须立即维修,严禁机具"带病"运转。

7.1.3　建筑施工机械事故的主要预防措施

(1)对操作者进行安全培训。经常对操作者进行安全技术、操作过程专业知识等方面的培训教育,提高其技术素质,强化安全意识,使操作者了解机械性能,会操作,会维修,出现隐患能够及时发现和排除。对一些特种设备的操作人员要加强培训考核,机动车辆

司机、电焊等特种设备作业人员必须持证上岗。

(2)设备安全防护装置必须齐全可靠。设备危险部位、危险区域适用的安全防护装置,如防护罩、防护架、挡板、安全钩、安全连锁装置等,必须齐全有效、性能可靠。选用的安全装置应为经过国家特定部门合格认证的机械产品,在设备的安装和调试过程中应严格遵照操作规程的要求,保证安全防护装置的有效性。满载设备安装使用前,由工程技术人员对设备进行检查验收,并形成制度。

(3)加强施工设备的管理。加强施工设备的管理,建立必要的使用维修保养制度,可落实具体的责任者,使设备保持良好的运行状态,不带病运转。

(4)创造有利于机械安全工作的环境。如机动车行走的路线必须平坦,路标清楚,且能避开如架空电线和陡坡一类的潜在危险,机械设备周围应整洁有序,防止操作者滑落和绊倒。

(5)加强机械操作者的个人防护措施,合理佩戴防护用具。对职工进行遵章守纪教育,做到不违规指挥,不违章作业。

(6)应根据人机工程学的理论,不断改进和完善机械设备,使其适应人体特性,使工作适合于人,从而提高劳动生产率,避免机械伤害事故。

7.2 土石方机械安全技术

7.2.1 推土机

7.2.1.1 工作前安全注意事项

(1)推土机在工作前应按内燃机的有关规定进行技术保养,检查发动机散热器冷却水量并予加满;检查柴油箱油量,并泄放沉淀的积水;检查各润滑点及油位;检查电源系统有无断线、短路或接头松动现象;检查各易松的螺栓、螺母,并予紧固;检查、调整各操纵杆与制动踏板的行程间隙和可靠性及工作装置完好情况。

(2)起动前应将操纵杆、主离合器放在空挡位置。对采用液压动升降机构的机械应将操纵杆放在中间位置。

(3)推土机的起动一定要严格按照不同机型的起动程序和要求进行。发动机起动后,须先施行加热运转,待水温、油温上升后,方可进行操作。一般发动机应运转至水温55 ℃,油温45 ℃,在没有数字表的机型上其水温和油温表指针均在规定的范围内(如D80 A－12型均在白色范围内)即可。

(4)在进行保养、检修或加油时,必须关闭发动机,放下推土铲。如在推土铲下保养,应将推土铲升到需要的高度,并用垫木将推土铲垫实后,方可进行。液压铲提升后,锁好分配器,还应用垫木垫好推土铲,否则不能进行保养,以防推土铲突然下落发生事故。

7.2.1.2 工作中的安全要求

(1)起步前应仔细检查现场四周有无阻碍,机械上下应无工具和其他物品,然后鸣笛以示开车。

(2)在运转中必须随时检视各仪表指示是否正常,排气色、音是否正常,是否有漏水、漏气、漏油等现象，以及内燃机运转声响是否正常，来判定是否可以进行工作，如有故障，应及时处理。

(3)推土机工作中不得进行任何紧固、润滑等保养工作；严禁在陡坡上停车进行保养和修理；禁止用手触摸传动部件及回转部件，以防造成人身事故。

(4)推土机在行驶中，操作人员或其他人员不得上下机；同时，不准站立或坐在驾驶室以外的任何部位。

(5)禁止推土机在陡坡上急转弯，必须正车上坡、倒车下坡。其上坡坡度不得超过25 ℃。下坡坡度不得大于35 ℃，横向坡度不得大于10 ℃。在25 ℃以上陡坡上严禁横向行驶。上下坡应用低挡行驶，并不许换挡，下坡严禁脱挡滑行。

(6)在坡地上工作时，如发动机熄火，必须立即将推土机制动，并用三角木等将履带揳紧，才能启动内燃机，以防推土机溜坡。

(7)推土机工作应平稳，吃土不可太深，推土机刀片起落不要太猛。推土铲刀距地面一般以0.4 m为宜。

(8)工作中驾驶员不准离开机械，必须离开时，应将操纵杆放在空挡位置，将推土铲刀落地并关闭发动机。

(9)填沟渠或回填土时，禁止推土铲刀超出沟槽边缘，可用一铲顶一铲的推土法填土。在沟深、坡陡的施工现场作业时应由专人指挥以确保安全生产。

(10)多台推土机在同一施工现场联合作业时，前后距离应大于8 m；左右距离1.5 m。若工程需要并铲作业，必须用机械性能良好、机型相同的机械和驾驶技术熟练的人员担任驾驶员。雾天作业必须打开车灯。

(11)推土机在基坑或深沟内作业时，应有专人指挥，基坑与深沟一般不得超过2 m。当超过上述深度时，应放出安全边坡。同时，禁止用推土机铲刀侧面推土。

(12)用推土机清除高过机械的建筑物、树木、电杆时，应选择有利位置，以免倒塌伤人或损坏机械设备。大型推土机推屋墙时，屋墙高度不得超过2.5 m，中小型推土机屋墙高度不得超过1.5 m。在电线杆附近作业时，应根据电线杆的结构、埋入深度和土质情况，在其周围保留一定的土堆，一般土堆直径不得小于3 m；冬季土堆直径应不小于4 m。电压超过380 V的高压线，电线杆周围保留土堆大小应征得电业管理部门同意。

(13)推土机在有负荷情况下，禁止急转弯。履带式推土机在高速行驶时，亦应禁止急转弯，以免履带脱落或损坏行走机构。

(14)履带式推土机不准在沥青路面上行驶。必须通过时应采取措施，垫上木板，以免破坏路面。通过铁路时，在铁轨两边和中间应铺设木板，垂直横过，禁止转向。

(15)当推土机遇到过大阻力，履带产生“打滑”或发动机出现减速现象时，应立即停止铲推，切不可强行作业。

(16)推土机倒车时，应注意块石或其他障碍物等，防止碰坏油箱底壳。

7.2.1.3 工作后安全注意事项

将推土机开到无任何障碍且不影响其他车辆通行的安全地带。雨季必须把推土机开出沟槽，停放在地面坚实、平坦的高处，将铲刀落地。冬季应选择背风向阳的地方停车，将机身转正，内燃机朝阳，将铲刀落地，熄火后，进行班次保养。当气温降到0 ℃时，应打开

放水开关(使用防冻液的机械除外)、水箱盖,放尽冷却水,将外部灰尘、泥土、污物冲洗擦拭干净。

7.2.2 压路机

7.2.2.1 基本安全要求

(1)压路机在公路上行驶时,应严格遵守交通规则,一般不得超5 km/h。

(2)禁止用其他机械牵引拖拉内燃压路机强行启动,同时也不得用压路机拖拉任何机械。

(3)前后滚轮的刮泥板,应经常检查和调整,应经常保持刮泥板平整。

(4)使用胶轮压路机时,应保持轮胎的正常气压,并注意是否有石块夹在轮胎之间。

(5)振动压路机严禁在坚实道路上进行振动,以免造成机件损伤。

7.2.2.2 工作中应注意安全事项

(1)压路机在平地上行驶或碾压时,前后应保持5 m以上的安全距离;在坡道上禁止纵队行驶,以防制动器失灵造成溜坡或撞车事故。

(2)机械在运转中禁止进行任何维修、保养,如在运行中发生故障,应熄火,制动行走机构,用三角木楔紧滚轮后方可进行维修。

(3)在碾压高填土方和在新开路面上碾压时,应从中间向两侧碾压,滚轮离边缘最少应留有50 cm的安全距离,以防坍方掉碾;在修筑第二行时,须搭透半个滚轮的宽度(被压过的和未被压过的路基各占50%)。上下坡时严禁换挡或空挡滑行。

(4)振动压路机的起振或停振应在行驶中进行,以免损坏被压路面的平整。

7.2.2.3 停机后安全要求

压路机应停放在安全地带,不要停放在施工现场边缘坑洼积水之处,更不允许停放在斜坡上。只能停在斜坡上时,应用三角木或石块将滚轮揳住,以防溜坡。

7.2.3 装载机

7.2.3.1 工作前的安全准备事项

(1)内燃机发动前应按内燃机有关规定对机械进行检查保养,确认无问题后,将变速杆放在空挡位置,启动发动机。

(2)作业前,应做无负荷运转和负荷运转10 min,即升降大小摇臂及铲斗前后倾和升降等,然后详细检查金属结构是否正常、液压系统是否完好,确认正常后,方可装卸作业。

(3)作业前,检查周围有无障碍和危险物品,并平整施工现场。

7.2.3.2 工作和行驶中安全注意事项

(1)刹车、喇叭、转向机构应齐全、灵敏,在行驶中要遵守"交通规则"。若需经常在公路上行驶,司机需持有机动车驾驶证。

(2)装料时铲斗角度不宜过大,以免增加装料阻力。

(3)当装载机遇到装料阻力增大,轮胎(或履带)打滑和发动机转速降低等现象时,应停止铲装,切不可强行操作。

(4)装载机在配合自卸汽车工作时,装卸时,自卸汽车不要在铲斗下通过。

(5)装载机在满斗行驶时,铲斗不应提升过高,一般距离地面0.5 m左右为宜。

(6)在向汽车上卸料时,必须将铲斗提升到卸料时不会触及车厢底板的高度,并注意勿使料斗和车厢碰撞。

(7)在土质坚硬的情况下,不得强行装卸,以免损坏机件,必须先用其他机械翻松后,再用装载机装料。

(8)在装料过程中,铲斗内有积土时,严禁使用操纵操纵阀使铲斗来回抖动的方法清理铲斗,这样会使有关部件产生强大的应力集中,造成斗杆折断等事故。必要时可人工清理。

(9)机械在作业时,不得进行紧固、保养等工作,同时严禁在斗臂下站人或通过。

(10)司机离开驾驶位置时必须将铲斗落地。

(11)装载机动臂升起后在进行润滑和调整时,必须装好安全销或采取其他措施,防止动臂下落伤人。

(12)装载机在工作中,应注意随时清除夹在轮胎(或履带)间的石渣。

(13)夜间工作时机械和现场应有良好的照明。

7.2.3.3 装载机停机后的安全要求

(1)作业停止后将装载机驶离工作现场,停放在安全、平坦处。

(2)松下铲斗,用方木垫好。清除斗内泥土及砂石。

(3)按日常例行保养项目对机械进行保养和维护。

(4)关闭门窗并加锁后方可离开。

7.2.4 挖掘机

7.2.4.1 工作前的安全要求

(1)向施工人员了解施工条件和任务,内容包括填挖土的高度或深度、边缘及电线高度,地下电缆、各种管道、坑道、墓穴和各种障碍物的情况和位置。挖掘机进入现场后,司机应遵守施工现场的有关安全规则。

(2)按照日常例行保养项目,对挖掘机进行检查、保养、调整、紧固。

(3)检查燃料、润滑油、冷却水是否充足,不足时应予以添加,在添加燃油时严禁吸烟及接近烟火,以免引起火灾。

(4)检查电源线路绝缘及开关触点是否良好。

(5)检查液压系统各管路及操纵阀、工作油缸、油泵等是否有泄漏,动作是否正常。

(6)将主离合器操纵杆放在空挡位置上,启动发动机。检查各仪表、传动机构、工作装置、制动机构等是否正常,确认无误后,方可开始工作。

(7)确认机械周围无行人和障碍物时,才能开始工作,同时鸣喇叭示意人员避开。

(8)挖掘机工作时的停置位置必须平坦、稳固,将履带制动,履带停置应与挖掘工作面延伸方向一致,左右不得有歪斜现象。

在软土泥沼地上工作时,履带下方必须用枕木或其他材料铺垫,防止倾斜与下沉。

(9)挖掘机在工作位置停稳后,应先试挖一、二斗,确认正常后才能开始作业。

7.2.4.2　**工作中的安全要求**

(1)挖掘机工作时,应处于水平位置,并将行走机构刹住。轮胎式挖掘机应把支腿支好。

(2)铲斗挖掘每次吃土不易过深,提斗不要过猛,以免损坏机械或造成倾覆事故。铲斗下落时,注意不要冲击履带及车架。

(3)配合挖掘机作业,进行清底、平地、修坡人员,须在挖掘机回转半径以外工作。当必须在挖掘机回转半径内工作时,挖掘机必须停止回转,并将回转机构刹住后,方可进行工作。同时机上机下人员要彼此照顾,密切配合,确保安全。

(4)在挖掘机装载活动范围内,不得停留车辆和行人。当往汽车上卸料时,应等汽车停稳,驾驶员离开驾驶室后,方可回转铲斗,向车上卸料。挖掘机回转时,应尽量避免铲斗从驾驶室顶部越过。卸料时,铲斗应尽量放低,但又需注意不得碰撞汽车的任何部位。

(5)挖掘机回转时,应用回转离合器配合回转制动机构平稳转动,禁止急剧回转和紧急制动。

(6)铲斗未离开地面前,不得回转、行走等。铲斗满载悬空时,不得起落臂杆和行走。

(7)拉铲作业时,当拉满铲后,不得继续铲土,防止超载。拉铲挖沟、渠、基坑等项作业时,应根据深度、土质、坡度等情况与施工人员协商,确定机械离坡的距离。

(8)反铲作业时,必须待臂杆停稳后再铲土,防止斗柄与臂杆沟槽两侧相互碰击。

(9)履带式挖掘机移动时,臂杆应放在行走的前进方向,铲斗离地面高度不超过 1 m,并将回转机构刹住。

(10)挖掘机上坡时,驱动轮应在后面,臂杆应在前面;挖掘机下坡时,驱动轮应在前面,臂杆应在后面。上下坡度不得超过 20°。下坡时应慢速行驶,途中不许变速及空挡滑行,履带式挖掘机在通过轨道、软土、黏土时,应铺垫板。

(11)在高的工作面上挖掘散粒土壤时,应将工作面内的较大石块和其他杂物清除,以免塌下造成事故。当土壤挖成悬空状态而不能自然塌落时,则需用人工处理,不准用铲斗将其砸下或压下。

(12)履带式挖掘机行走转弯不应过急,如弯道过大,应分次转弯,每次在 20°之内。

(13)在工作中,严禁进行保养、检修、润滑、紧固等工作。工作过程中若发现异响、异味、温升等情况,应立即停车检查。

7.2.4.3　**工作后安全注意事项**

(1)挖掘机工作后,应将机械驶离工作现场,停放在安全、平坦的地方,将机身转正,使内燃机朝向阳方向,铲斗落地,并将所有操纵杆放到空挡位置,将所有制动器刹死。关闭发动机,冬季应将冷却水放净(使用防冻液的除外)。按照保养规定,做好例行保养。关闭门窗并上锁后,方可离开。

(2)挖掘机可做短距离自行转移,一般履带式挖掘机自行距离不应大于 5 km,轮胎式的可不受此限制,但均不得做长距离自行转移。

(3)挖掘机在做短距离自行转移时,应对行走机构(指履带式)进行一次全面的润滑,行驶时,驱动轮应在后方,行走速度不宜过快。

(4)挖掘机装卸车时,应由经验丰富的吊装工指挥。装卸车过程中,严禁挖掘机在坡道上回转或转向。装车时若发现危险情况,可将铲斗放下,协助制动,然后挖掘机缓缓退下。

(5)从侧面装车转向拧正时,必须保持两侧履带都在车面上,禁止一侧履带压车原地转向。

7.3 物料提升机安全技术

7.3.1 物料提升机的拆装安全

物料提升机(龙门架、井字架),特别是低架(高度在30 m以下)的提升机,多数不是正规厂家生产的,而是施工企业自己制作的。这类装置结构无设计依据,制作无工艺要求,产品粗制滥造,验收无检验手段,是造成重大事故的隐患。物料提升机拆装必须严格执行《龙门架及井架物料提升机安全技术规范》(JGJ 88—2010)(简称《规范》)。架体必须按照《规范》的要求进行设计计算,并经上级相关部门和总工程师审批签字后,按照设计图纸进行加工制造。

《规范》不包括使用脚手架钢管和扣件做材料,在施工现场临时搭设的井字架,而是指采用型钢材料,预制成标准件或标准节,到施工现场按照设计图纸进行组装的架体。若使用厂家生产的产品,必须有产品合格证、有关部门的鉴定材料和市级建筑安全监督管理部门核发的准用证。

物料提升机由产权单位负责编制拆装施工方案,产权单位负责人审批签字,并负责安装和拆卸。安装完毕后,由产权单位会同施工单位共同进行检查试验,验收合格后共同签字,方准投入使用。

在空载情况下,按照物料提升机正常工作时所需的各种运行动作,包括上升、下降、变速、制动等,在全程范围内以各种工作速度反复试验,不少于3次。试验中检查动作和安全装置的可靠性,有无异常现象,金属结构不得出现永久变形、可见裂纹、油漆脱落、节点松动以及振颤、过热的现象。将检查结果和试验过程中检验的情况按照要求认真填写在验收记录表中,供验收组审定。

7.3.2 物料提升机的安全保护装置

7.3.2.1 吊篮停靠装置

物料提升机是专门运送物料,不准载人的提升设备。当吊篮在空中运行到位时,作业人员进入吊篮内装料或卸料,万一此时吊篮的钢丝绳突然断开,在吊篮内的作业人员必定会随吊篮坠落伤亡,所以在吊篮停靠时,需有一种安全装置,将吊篮托起定位,能承担吊篮自重、物料荷载和吊篮内装卸料人员荷载,对作业人员进行安全保护。

7.3.2.2 断绳保险装置

当吊篮在承载荷载上下运行中发生断绳时,断绳保险装置可迅速将吊篮可靠地停在架体上。这种装置可靠性差。

7.3.2.3 超高限位装置

超高限位装置也称上极限位器,用于限定吊篮的上升高度。吊篮上升的最高位置与天梁最低处之间的距离不应小于3 m,防止吊篮碰撞天梁造成断绳或拉垮物料提升机造

成机毁人亡事故发生。

当动力采用可逆式卷扬机时，超高限位不准采用切断提升电源的方式，否则会发生因提升电源被切断、吊篮突然滑落的事故。应采用到位报警响铃方式，以提示司机立即分离离合器，用手刹制动方式，然后慢慢松开制动，使吊篮正常滑落。

7.3.2.4　高架提升机的安全装置

高架提升机是指高度 30 m 以上的物料提升机。除应具有低架提升机的安全装置外，还具有以下装置：

(1)下极限位器。当吊篮下降到缓冲器之前限位器即能动作，当吊篮达到最低限位器时，限位器自动切断电源，吊篮停止下降。

(2)缓冲器。在架体的最下部坑底设置缓冲器，缓冲器的材料可采取弹簧和橡胶等。

(3)超载限位器。主要考虑使用高架提升机时，由于上下运行距离长、耗用时间长，上料人员容易尽量多装物料以减少运行次数而超载。当吊篮荷载达到 90% 时，超载限位装置发出报警信号提示司机。凡超过额定荷载时，切断提升电源。

(4)楼层卸料通道防护。在建工程的各楼层与提升机连接处搭设卸料通道，通道两侧边应按临边防护规定设置防护栏杆、挡脚板、封闭密网。通道脚手板要铺平绑牢，保证运输作业安全进行。各楼层与提升机接口处必须设置常闭型的防护门，只有吊篮运行到位时，楼层防护门才准打开。只有装卸完料具时楼层防护立即关闭，吊篮方可上下运行。提升机架体地面进料口，应搭设防护棚，防止落物打击事故。防护棚材质一般采用 50 mm 厚木板，防护棚尺寸应视架体高度、宽度而定(即按坠落半径确定)。高架提升机的地面进料口，应搭设双层防护棚，最上层防护棚应高于底层防护棚 0.5 ~ 1 m，两侧边应装立网防护，防止坠物从两侧边坠落伤人。

(5)吊篮的进、出口处都应设置内外安全门，待吊篮降落地面时外门自动打开，吊篮起升时外门自动关闭。当吊篮运行到楼层卸料通道时，内门自动打开，卸料完毕时，内门自动关闭。吊篮安全门应定型化、自动化、构造简单、安全可靠。物料提升机是简易垂直运输设备，在任何情况下都不准许任何人员乘吊篮、吊笼上下。

7.3.3　架体稳定

提升机架体稳定的措施一般有两种，当建筑主体尚未建造时，采用缆风绳与地锚的方法；当建筑物主体已形成时，可采用连墙杆与建筑结构连接的方法来保证架体的稳定。

7.3.3.1　缆风绳

高度在 20 m 以下时可设一组不少于 4 ~ 8 根缆风绳，安装到 20 m 之前应设临时缆风绳。高度在 30 m 以下时不少于两组缆风绳，超过 30 m 时不应采取缆风绳方法，应采用连墙杆的刚性措施。提升机的缆风绳应根据工况进行计算，确定其钢丝绳规格，安全系数 n 取 3.5，最小不小于 9.3 mm。绝不允许用钢筋、多股铅丝等其他材料替代。

缆风绳与地面夹角不大于 60°，与地锚拴牢，地锚应采取埋入地下的水平地锚，露出地面的索口必须采用钢丝绳。当提升机低于 20 m，土质坚硬的情况下，也可采取脚手钢管等型钢材料打入地下 1.5 ~ 1.7 m 的锚桩，并排两根，间距为 0.5 ~ 1 m。顶部用横杆及扣件固定，用两根钢管同时受力，同步工作。

7.3.3.2　与建筑物连接

连墙杆材料应与提升机等架体材料相适，连墙点紧固合理，与建筑结构连接处应在施工方案中专设预埋（预留）件措施。连墙杆竖向间距不大于9 m设一组，在建筑屋顶层必须单设一组。提升机体顶部自由高度不得大于6 m。在任何情况下，连墙杆都不得与脚手架相连接。

7.3.3.3　架体垂直度

物料提升机架体安装后的垂直偏差，最大不能超过架体高度的1.5/1 000，多次使用重新安装时，其垂直偏差不应超过3/1 000，并不得超过200 mm。

架体与吊篮的间距，即吊篮导靴与导轨间的间隙，控制在5～10 mm以内。

7.3.4　垂直运输安全技术知识

（1）施工现场常用的垂直运输设备有物料提升机（井字架、龙门架），外用电梯（人、货两用电梯）和塔吊。物料提升机供施工中提升建筑材料、小型设备、门窗、灯具及混凝土预制构件等使用。严禁任何施工人员乘提升机吊篮上下。

（2）运送散料应装箱或装在笼内运送，不准将散料放在吊篮上提升，防止材料坠落伤人。

（3）运送到吊篮内的物料，必须摆放均匀，防止提升时重心偏移，增大阻力，造成坠篮事故。

（4）运送长料，不得超过吊篮，在吊篮内立放好之后，应捆绑牢固，防止坠落或损坏提升机。

（5）物料提升机的缆风绳必须拴在专用的地锚上，不准拴在树上、电柱上或不符合拉力要求的物体上。物料提升机的缆风绳，不经项目分管负责人批准，任何人不准拆动。

（6）物料提升机地面进料口设置自动安全门，吊篮落在地面，门自动开启，可以向吊篮内运料，装料完毕，离开提升机，指挥人员方准发出指挥信号，卷扬机开动，吊篮上升，安全门关闭，防止人员进入。提升机进料口方向外侧，要搭设安全防护棚，防落物伤人。

（7）物料提升机各楼层卸料通道两侧必须设置双层防护栏杆，上挂密目网封闭。通道端处（靠近物料提升机处）必须设置安全防护门。当吊篮升到该楼层时，方可打开安全防护门。打开安全防护门后，首先观察安全停靠装置是否停靠到位。如果停靠得不好，不准上吊篮作业，必须重新停靠安全后，方可上吊篮卸料。卸料进料应按顺序进行，不准几个人同时进入吊篮作业。卸完料，把通道安全门关好后，再发出启动信号。卸料人员不得在通道上休息。

7.3.5　物料提升机的安全检查

建筑工程物料提升机的安全检查，应以《建筑施工安全检查标准》（JGJ 59—2011）中表B.15为依据（见表7-1）。

表 7-1　物料提升机检查评分表

序号	检查项目		扣分标准	应得分数	扣减分数	实得分数
1	保证项目	安全装置	未安装起重量限制器、防坠安全器,扣 15 分 起重量限制器、防坠安全器不灵敏,扣 15 分 安全停层装置不符合规范要求或未达到定型化,扣 5 ~ 10 分 未安装上行程限位,扣 15 分 上行程限位不灵敏,安全越程不符合规范要求,扣 10 分 物料提升机安装高度超过 30 m,未安装渐进式防坠安全器、自动停层、语音及影像信号监控装置,每项扣 5 分	15		
2		防护设施	未设置防护围栏或设置不符合规范要求,扣 5 ~ 15 分 未设置进料口防护棚或设置不符合规范要求,扣 5 ~ 15 分 停层平台两侧未设置防护栏杆、挡脚板,每处扣 2 分 停层平台脚手板铺设不严、不牢,每处扣 2 分 未安装平台门或平台门不起作用,扣 5 ~ 15 分 平台门未达到定型化,每处扣 2 分 吊笼门不符合规范要求,扣 10 分	15		
3		附墙架与缆风绳	附墙架结构、材质、间距不符合产品说明书要求,扣 10 分 附墙架未与建筑结构可靠连接,扣 10 分 缆风绳设置数量、位置不符合规范要求,扣 5 分 缆风绳未使用钢丝绳或未与地锚连接,扣 10 分 钢丝绳直径小于 8 mm 或角度不符合 45° ~60°要求,扣 5 ~ 10 分 安装高度超过 30 m 的物料提升机使用缆风绳,扣 10 分 地锚设置不符合规范要求,每处扣 5 分	10		
4		钢丝绳	钢丝绳磨损、变形、锈蚀达到报废标准,扣 10 分 钢丝绳绳夹设置不符合规范要求,每处扣 2 分 吊笼处于最低位置,卷筒上钢丝绳少于 3 圈,扣 10 分 未设置钢丝绳过路保护措施或钢丝绳拖地,扣 5 分	10		
5		安拆、验收与使用	安装、拆卸单位未取得专业承包资质和安全生产许可证,扣 10 分 未制订专项施工方案或未经审核、审批,扣 10 分 未履行验收程序或验收表未经责任人签字,扣 5 ~ 10 分 安装、拆除人员及司机未持证上岗,扣 10 分 物料提升机作业前未按规定进行例行检查或未填写检查记录,扣 4 分 实行多班作业未按规定填写交接班记录,扣 3 分	10		
		小计		60		

续表 7-1

序号	检查项目		扣分标准	应得分数	扣减分数	实得分数
6	一般项目	基础与导轨架	基础的承载力、平整度不符合规范要求,扣5~10分 基础周边未设排水设施,扣5分 导轨架垂直度偏差大于导轨架高度0.15%,扣5分 井架停层平台通道处的结构未采取加强措施,扣8分	10		
7		动力与传动	卷扬机、曳引机安装不牢固,扣10分 卷筒与导轨架底部导向轮的距离小于20倍卷筒宽度未设置排绳器,扣5分 钢丝绳在卷筒上排列不整齐,扣5分 滑轮与导轨架、吊笼未采用刚性连接,扣10分 滑轮与钢丝绳不匹配,扣10分 卷筒、滑轮未设置防止钢丝绳脱出装置,扣5分 曳引钢丝绳为2根及以上时,未设置曳引力平衡装置,扣5分	10		
8		通信装置	未按规范要求设置通信装置,扣5分 通信装置信号显示不清晰,扣3分	5		
9		卷扬机操作棚	未设置卷扬机操作棚,扣10分 操作棚搭设不符合规范要求,扣5~10分	10		
10		避雷装置	物料提升机在其他防雷保护范围以外未设置避雷装置,扣5分 避雷装置不符合规范要求,扣3分	5		
		小计		40		
检查项目合计				100		

7.4　施工升降机安全技术

7.4.1　施工升降机安拆使用管理规定

为加强对施工升降机安拆、使用、维护保养的安全生产管理,规范施工升降机租赁、安拆、使用、维护保养,防止和杜绝施工升降机生产安全事故,保障生命及财产安全,必须贯彻执行《建筑施工升降机安装、使用、拆卸安全技术规程》(JGJ 215—2010)的规定。

起重机械设备首次安装前,不论是租赁的还是自购的,都必须按有关规定进行备案,办理初始登记证,取得"一机一牌"注册统一编号后方可安装投入使用。未进行备案,办理初始登记证,未取得"一机一牌"注册统一编号及租赁的未签订租赁合同明确双方安全责任的,不论新、旧起重机一律不准安装投入使用。

起重机械设备的安拆各工程项目部必须委托由有相关安拆资质的单位承担,并签订合同明确双方安全责任,在起重机械安拆前10天要求安拆单位提交起重机械安拆登记表及有关证件、资料,会同租赁、安拆、监理(业主方)共同确认,符合要求后签字盖章,由安拆单位报区安监站登记备案。未经登记备案一律不准安拆。

起重机械安拆作业现场必须有专人负责现场检查监督管理,严格按专项施工方案持证上岗作业,设置警戒线。安装完毕,安装单位进行自检,出具自检合格证明。项目部委

托具有相应资质的检验检测机构进行监督检验检测合格，并组织租赁、安装、监理（业主方）等有关单位进行验收，共同确认符合要求后签字盖章。验收通过后的15天内项目部将安装验收证件资料等报公司，质安科审核后报区安监站登记备案。未经验收或验收不合格、逾期未办理登记的起重机械不准使用。

起重机械操作工必须持证上岗，严格按安全操作技术规程作业，项目部应组织对使用中的起重机械及其安全保护装置、吊具、索具等进行经常性和定期的检查、维护和保养，并做好书面记录。使用结束后应将定期检查、维护和保养记录移交给公司或出租单位。

7.4.2　施工升降机相关人员的职责

(1)"安全生产、人人有责"。所有起重机械相关人员、部门必须加强法制观念，认真执行党和国家有关安全生产、劳动保护政策、法令、规定，严格遵守安全技术操作规程和各项安全生产规章制度。施工升降机作业人员应经特殊工种专业培训和考试合格，取得上岗证后持证操作。

(2)凡不符合安全生产要求，存在事故隐患的，作业人员有责任向上级报告，直到消除事故隐患。领导者对存在的事故隐患应十分重视并及时解决。

(3)高空作业必须扎好安全带，戴好安全帽，不准穿硬底鞋，严禁投掷工具、材料物件。各种消防器材、工具应按消防规范设置齐全，不准随便动用，安放地点周围不得堆放其他物品。

(4)工作前，必须按规定穿戴好防护用品，女工要把发辫放入帽内。检查设备和工作场地，排除故障和隐患；保证安全防护、保险装置齐全、灵敏、可靠；保持设备润滑及通风良好，不准带小孩进入工作场所，不准穿拖鞋、赤脚赤膊、敞衣，不准酒后上班作业。

(5)工作中，应集中精力，坚守岗位，不准擅自把自己的工作交给他人。

(6)检查修理施工升降机、电气时必须切断电源，挂禁止合闸警示牌，设专人监护。禁止合闸牌必须谁挂谁取，非工作人员严禁合闸。开关在合闸前要仔细检查确认开关、操作手柄处于零位，无人检修时方准合闸。

(7)各种安全防护装置、照明、信号、警戒标记不准随意拆除或非法占用。一切电气、机械设备的金属外壳行车轨道等必须有可靠的接地或重复接地防雷电等安全措施，非电气员工不准装拆电气设备和线路。

(8)严格执行交接班制度，下班前开关、操作手柄扳回零位切断电源上锁，清理场地，做好记录。

(9)发生重大事故或未遂事故时，要及时抢救、保护现场并立即报告领导和上级管理单位。

7.4.3　施工升降机安全操作规程

施工升降机安装完毕投入使用前必须经有相应资质的检验检测机构监督检验合格后，并经使用、出租、安装、监理（业主方）等有关责任主体单位联合验收，验收通过后，向行政主管部门登记备案后方可投入使用，否则不准投入使用。设备操作人员必须经有关部门专业培训、考试合格，取得上岗证持证操作。

(1)升降机每班首次运行时，应分别做空载及满载试运行，检查电动机的制动效果，确认正常后,方可投入使用。

(2)升降机在每班首次载重运行时,必须从最底层上升,严禁自上而下。

(3)梯笼乘人、载物时,应使载荷均匀分布,防止偏重,严禁超载使用。

(4)升降机运行至最上层和最下层时,严禁以行程限位开关自动停车来代替正常操纵按钮的使用。

(5)多层施工、交叉作业使用施工升降机时,要明确联络信号。

(6)升降机在大雨雪、大雾和六级及六级以上大风时,应停止使用,并将梯笼降至底层,切断电源。暴风雨雪后,应对升降机各有关安全装置进行一次全面检查。

(7)升降机工作时,严禁任何人进入围栏内,严禁攀登升降机井架。

(8)在升降机未切断总电源开关前,司机不得离开操作岗位。作业结束后,应将梯笼降至底层,各控制开关恢复到零位,切断电源,锁好闸门和梯门。

(9)加强施工升降机的使用管理,无论设计额定乘员为多少,一律不得超过9人;严禁人货混运,当运送物料器具时,除接送材料人员外,其他人员一律不得搭乘,同时随机人员不得超过2人。须在轿厢内外设置严禁超员和限乘9人警告标志。

(10)使用中应经常检查钢丝绳、滑轮的工作情况,以及附墙架或缆风钢丝绳的稳固情况。当发现钢丝绳磨损严重或钢丝绳上10倍直径长度范围内断丝根数超过总数的5%时,应及时更换。

(11)发现安全装置、监控装置、通信等失灵时,应立即停机修复。

(12)安装、拆卸、维修工作应在白天进行。

(13)操作人员必须听从施工人员的正确指挥,精心操作。对于施工人员违反使用安全技术规程和可能引起危险事故的指挥,操作人员有权拒绝执行。

(14)新进和重新安装的机械,在投入使用前,都应进行技术试验和安全装置的检验,合格后投入生产。失修、安全装置失灵的施工设备严禁投入使用。结合机械设备的定期检查,做好设备定期、不定期的检查维护,委派专人对设备的安全保护装置和指示装置进行检查,以确保安全装置齐全、灵敏、可靠。重点对以下部件进行检查:

①防坠安全器。工地上使用中的升降机必须每三个月进行一次坠落试验。对出厂两年的防坠安全器,还必须送到法定的检验单位进行检测试验,以后每年检测一次。

②安全开关。如围栏门限位开关、吊笼门限位开关、顶门限位开关、极限位开关、上下限位开关、对重防断绳保护开关等。

③齿轮、齿条的磨损更换。

④缓冲器。

⑤楼层停靠安全防护门。在设置停靠安全防护门时,应保证安全防护门的高度不小于1.8 m,且层门应有联锁装置,在吊笼未到停层位置,防护门无法打开,保证作业人员安全。

⑥基础围栏。基础围栏应装有机械联锁或电气联锁,机械联锁应使吊笼只有位于底部所规定的位置时,基础围栏门才能开启;电气联锁应使防护围栏开启后吊笼停车且不能起动。

⑦钢丝绳。各部位的钢丝绳绳头应采用可靠连接方式,绳卡数量和绳卡间距与钢丝绳直径有关。

⑧吊笼顶部控制盒。吊笼顶部应设有检修或拆装时使用的控制盒,并限定只允许以不高于0.65 m/s的速度运行。在使用吊笼顶部控制盒时,其他操作装置均起不到作用,

此时吊笼的安全装置仍起保护作用。吊笼顶部控制应采用恒定压力按钮或双稳态开关进行操作，吊笼顶部应安装非自行复位急停开关，任何时候均可切断电路，停止吊笼的动作。

建筑工程施工升降机的安全检查，应以《建筑施工安全检查标准》(JGJ 59—2011)中表 B.16 为依据(见表 7-2)。

表 7-2　施工升降机检查评分表

序号	检查项目		扣分标准	应得分数	扣减分数	实得分数
1	保证项目	安全装置	未安装起重量限制器或起重量限制器不灵敏，扣 10 分 未安装渐进式防坠安全器或防坠安全器不灵敏，扣 10 分 防坠安全器超过有效标定期限，扣 10 分 对重钢丝绳未安装防松绳装置或防松绳装置不灵敏，扣 5 分 未安装急停开关或急停开关不符合规范要求，扣 5 分 未安装吊笼和对重缓冲器或缓冲器不符合规范要求，扣 5 分 SC 型施工升降机未安装安全钩，扣 10 分	10		
2		限位装置	未安装极限开关或极限开关不灵敏，扣 10 分 未安装上限位开关或上限位开关不灵敏，扣 10 分 未安装下限位开关或下限位开关不灵敏，扣 5 分 极限开关与上限位开关安全越程不符合规范要求，扣 5 分 极限开关与上、下限位开关共用一个触发元件，扣 5 分 未安装吊笼门机电连锁装置或不灵敏，扣 10 分 未安装吊笼顶窗电气安全开关或不灵敏，扣 5 分	10		
3		防护设施	未设置地面防护围栏或设置不符合规范要求，扣 5～10 分 未安装地面防护围栏门联锁保护装置或联锁保护装置不灵敏，扣 5～8 分 未设置出入口防护棚或设置不符合规范要求，扣 5～10 分 停层平台搭设不符合规范要求，扣 5～8 分 未安装层门或层门不起作用，扣 5～10 分 层门不符合规范要求、未达到定型化，每处扣 2 分	10		
4		附墙架	附墙架采用非配套标准产品未进行设计计算，扣 10 分 附墙架与建筑结构连接方式、角度不符合产品说明书要求，扣 5～10 分 附墙架间距、最高附着点以上导轨架的自由高度超过产品说明书要求，扣 10 分	10		
5		钢丝绳、滑轮与对重	对重钢丝绳绳数少于 2 根或未相对独立，扣 5 分 钢丝绳磨损、变形、锈蚀达到报废标准，扣 10 分 钢丝绳的规格、固定不符合产品说明书及规范要求，扣 10 分 滑轮未安装钢丝绳防脱装置或不符合规范要求，扣 4 分 对重重量、固定不符合产品说明书及规范要求，扣 10 分 对重未安装防脱轨保护装置，扣 5 分	10		
6		安拆、验收与使用	安装、拆卸单位未取得专业承包资质和安全生产许可证，扣 10 分 未编制安装、拆卸专项方案或专项方案未经审核、审批，扣 10 分 未履行验收程序或验收表未经责任人签字，扣 5～10 分 安装、拆除人员及司机未持证上岗，扣 10 分 施工升降机作业前未按规定进行例行检查，未填写检查记录，扣 4 分 实行多班作业未按规定填写交接班记录，扣 3 分	10		
		小计		60		

续表7-2

序号	检查项目		扣分标准	应得分数	扣减分数	实得分数
7	一般项目	导轨架	导轨架垂直度不符合规范要求,扣10分 标准节质量不符合产品说明书及规范要求,扣10分 对重导轨不符合规范要求,扣5分 标准节连接螺栓使用不符合产品说明书及规范要求,扣5~8分	10		
8		基础	基础制作、验收不符合产品说明书及规范要求,扣5~10分 基础设置在地下室顶板或楼面结构上,未对其支承结构进行承载力验算,扣10分 基础未设置排水设施,扣4分	10		
9		电气安全	施工升降机与架空线路距离不符合规范要求,未采取防护措施,扣10分 防护措施不符合规范要求,扣5分 未设置电缆导向架或设置不符合规范要求,扣5分 施工升降机在防雷保护范围以外未设置避雷装置,扣10分 避雷装置不符合规范要求,扣5分	10		
10		通信装置	未安装楼层信号联络装置,扣10分 楼层联络信号不清晰,扣5分	10		
		小计		40		
检查项目合计				100		

7.5　塔式起重机安全技术

7.5.1　塔式起重机的一般规定

塔式起重机安装单位必须具备建设行政主管部门颁发的起重设备安装工程专业承包资质和建筑施工企业安全生产许可证。塔式起重机安装单位必须在资质许可范围内从事塔式起重机的安装业务。起重设备安装工程专业承包企业资质分为一级、二级、三级。

一级企业:可承担各类起重设备的安装与拆卸。

二级企业:可承担单项合同额不超过企业注册资本金5倍的1 000 kN·m及以下塔式起重机等起重设备、120 t及以下起重机和龙门吊的安装与拆卸。

三级企业:可承担单项合同额不超过企业注册资本金5倍的800 kN·m及以下塔式起重机等起重设备、60 t及以下起重机和龙门吊的安装与拆卸。

顶升、加节、降节等工作均属于安装、拆卸范畴。

塔式起重机安装单位除应具有资质等级标准规定的专业技术人员外,还应有与承担工程相适应的专业作业人员。主要负责人、项目经理、专职安全生产管理人员应持有安全生产考核合格证书。塔式起重机安装工、电工、司机、信号司索工等应具有建筑施工特种作业操作资格证书。

塔式起重机安装实施前,安装单位应编制塔式起重机安装专项施工方案,指导作业人员实施安装作业。专项施工方案应经企业技术负责人审批同意后,交施工(总承包)单位和监理单位审核。塔式起重机安装专项方案的内容应包括:

(1)工程概况。

(2)安装位置平面图和立面图。

(3)基础和附着装置的设置、安装顺序和质量要求。

(4)主要安装部件的重量和吊点位置。

(5)安装辅助设备的型号、性能及位置安排。

(6)电源的设置。

(7)施工人员配置。

(8)吊索具和专用工具的配备。

(9)重大危险源和安全技术措施。

(10)应急预案等。

塔式起重机安装前,必须经维修保养,并进行全面的安全检查。结构件有可见裂纹的、严重锈蚀的、整体或局部变形的、连接轴(销)或孔有严重磨损变形的,应修复或更换,符合规定后方可进行安装。塔式起重机基础应符合使用说明书要求,地基承载能力必须满足塔式起重机设计要求,塔式起重机基础的设计制作应优先采用塔式起重机使用说明书推荐的方法。地基的承载能力应由施工(总承包)单位确认。

7.5.2　安装作业的安全技术要求

塔式起重机的安装应根据安装方案和使用说明书的要求,对装拆作业人员进行施工和安全技术交底。做到使每个装拆人员清楚自己所从事的作业项目、部位、内容及要求,以及重大危险源和相应的安全技术措施等,并在交底书上签字。专职安全监督员应监督整个交底过程。

(1)施工(总承包)单位和监理单位应履行以下职责:

①审核塔式起重机的特种设备制造许可证、产品合格证、制造监督检验证明、备案登记证明等文件。

②审核特种作业人员的特种作业操作资格证书。

③审核专项方案及交底记录。

④对安装作业实施监督检查,发现隐患及时要求整改。

(2)辅助设备就位后、实施作业前,应对其机械性能和安全性能进行验收。合格后才能投入作业。

(3)应对所使用的钢丝绳、卡环、吊钩和辅助支架等起重用具按方案和有关规程进行检查,合格后方可使用。

(4)进入现场的作业人员必须佩戴安全帽、穿防滑鞋、系安全带等防护用品。无关人员严禁进入作业区域内。

(5)安装拆卸作业中应统一指挥,明确指挥信号。当视线阻隔和距离过远等致使指挥信号传递困难时,应采用对讲机或多级指挥等有效措施进行指挥。

(6)吊装物的下方不得站人。

(7)连接件和其保险防松防脱件必须符合使用说明书的规定,严禁代用。对有预紧力要求的连接螺栓,必须使用扭力扳手或专用工具,按说明书规定的拧紧次序将螺栓准确地紧固到规定的扭矩值。

(8)自升式塔式起重机每次加节(爬升)或下降前,应检查顶升系统,确认完好才能使用。附着加节时应确认附着装置的位置和支撑点的强度并遵循先装附着装置后顶升加节,塔式起重机的自由高度应符合使用说明书的要求。

(9)安装作业时,应根据专项方案要求实施,不得擅自改动。

(10)雨雪、浓雾天和风速超过13 m/s时应停止安装作业。

(11)在安装作业过程中,当遇意外情况,不能继续作业时,必须使已安装的部位达到稳定状态并固定牢靠,经检查确认无隐患后,方可停止作业。

(12)塔式起重机的安全装置必须设置齐全、可靠。

(13)安装电器设备应按生产厂提供的电气原理图、配线图的规定进行,安装所用的电源线路应符合《施工现场临时用电安全技术规范》(JGJ 46—2005)的要求。

(14)安装完毕后应拆除为塔式起重机安装作业需要而设置的所有临时设施,清理施工场地上作业时所用的吊索具、工具、辅助用具等各种零配件和杂物。

(15)起重机安装完毕后,安装单位应对安装质量进行自检,并填写自检报告。安装单位自检合格后,应委托有相应资质的检验检测单位进行检测。检验检测单位应遵照相关规程和标准对安装质量进行检测和评判,检测结束后应出具检测报告。安装自检和检测报告应记入设备档案。经自检、检测合格后,由施工(总承包)单位组织安装单位、使用单位、监理单位进行验收,合格后方能使用。

7.5.3 塔式起重机使用安全要求

(1)塔式起重机使用前,机械管理人员应对司机、司索信号工等特种操作人员进行安全技术交底,安全技术交底应有针对性。

(2)多台塔式起重机交错作业时应编制专项施工方案。专项施工方案应包含各台塔式起重机初始安装高度、每次升节高度和升节次序,并有防碰撞安全措施,以免发生干涉现象。

(3)塔式起重机司机、司索信号工等特种操作人员的相关条件应符合要求,严禁无证上岗。

(4)塔式起重机使用时应配备司索信号工,严禁无信号指挥操作。对远距离起吊物件或无法直视吊物的起重操作,应设多级指挥,并配有效通信。

(5)塔式起重机操作使用应严格执行以下规定:①斜吊不吊;②超载不吊;③散装物装得太满或捆扎不牢不吊;④指挥信号不明不吊;⑤吊物边缘锋利无防护措施不吊;⑥吊物上站人不吊;⑦埋在地下的构件不吊;⑧安全装置失灵不吊;⑨光线阴暗看不清吊物不吊;⑩六级以上强风不吊。

(6)塔式起重机的力矩限制器、起重量限制器、变幅限位器、行走限位器、吊钩高度限位器等安全保护装置,必须齐全完整、灵敏可靠,不得随意调整和拆除。严禁用限位装置

代替操纵机构。

(7)塔式起重机使用时,起重臂和吊物下方严禁有人停留。操作人员在操作回转、变幅、行走、起吊动作前应鸣笛示意。重物吊运时,严禁从人上方通过。严禁用塔吊载运人员。

(8)严禁起吊重物长时间悬挂在空中,作业中遇突发故障,应采取措施将重物降落到安全地方。

(9)多台塔式起重机交错作业时应严格按专项施工方案执行,保证安全作业距离,吊钩上悬挂重物之间的安全距离不得小于5 m,高位起重机的吊钩、平衡杆等部件与低位起重机的塔帽、拉杆、起重臂等部件之间在任何情况下,其垂直距离不得小于2 m。

(10)塔式起重机在雨雪过后或雨雪中作业时,应先经过试吊,确认制动器灵敏可靠后方可进行作业。遇有六级以上大风或大雨、大雪、大雾等恶劣天气时,应停止作业。夜间施工应有足够照明,照明应满足《施工现场临时用电安全技术规范》(JGJ 46—2005)的要求。

(11)在起吊载荷达到塔吊额定起重量的90%及以上时,应先将重物吊离地面20~50 cm后停止提升,并对机械状况、制动性能、物件绑扎情况进行检查,确认无误后才可起吊。对有可能晃动的重物,必须拴拉溜绳使之稳固。

(12)起吊重物时应绑扎平稳、牢固,不得在重物上堆放或悬挂零星物件。零星材料和物件,必须用吊笼或钢丝绳绑扎牢固后,方可起吊。标有绑扎位置或记号的物件,应按标明位置绑扎。绑扎钢丝绳与物件的夹角不得小于30°。

(13)作业完毕后,应松开回转制动器,各部件应置于非工作状态,控制开关置于零位,并切断总电源。

(14)行走式塔式起重机停止作业时,应锁紧夹轨器。

(15)塔式起重机与架空输电导线的安全距离应符合表7-3的规定。

表7-3　塔式起重机与架空输电导线的安全距离

安全距离	电压(kV)				
	<1	1~15	20~40	60~110	>220
沿垂直方向(m)	1.5	3.0	4.0	5.0	6.0
沿水平方向(m)	1.0	1.5	2.0	4.0	6.0

(16)塔式起重机应在班前做好例行保养,并做好记录。主要内容包括:结构件外观、安全装置、传动机构、连接件、制动器、液位、油位、油压、索具、夹具、吊钩、滑轮、钢丝绳、电源、电压。

(17)实行多班作业的设备,应执行交接班制度,认真填写交接班记录,接班司机经检查确认无误后,方可开机作业。

(18)应对塔式起重机的主要部件和安全装置等进行经常性检查,每月不得少于一次。当塔式起重机使用周期超过一年时,应进行一次全面检查。

建筑工程塔式起重机的安全检查,应以《建筑施工安全检查标准》(JGJ 59—2011)中表 B. 17 为依据(见表 7-4)。

表 7-4　塔式起重机检查评分表

序号	检查项目		扣分标准	应得分数	扣减分数	实得分数
1	保证项目	载荷限制装置	未安装起重量限制器或不灵敏,扣 10 分 未安装力矩限制器或不灵敏,扣 10 分	10		
2		行程限位装置	未安装起升高度限位器或不灵敏,扣 10 分 起升高度限位器的安全越程不符合规范要求,扣 6 分 未安装幅度限位器或不灵敏,扣 10 分 回转不设集电器的塔式起重机未安装回转限位器或不灵敏,扣 6 分 行走式塔式起重机未安装行走限位器或不灵敏,扣 10 分	10		
3		保护装置	小车变幅的塔式起重机未安装断绳保护及断轴保护装置,扣 8 分 行走及小车变幅的轨道行程末端未安装缓冲器及止挡装置或不符合规范要求,扣 4 ~ 8 分 起重臂根部绞点高度大于 50 m 的塔式起重机未安装风速仪或不灵敏,扣 4 分 塔式起重机顶部高度大于 30 m 且高于周围建筑物未安装障碍指示灯,扣 4 分	10		
4		吊钩、滑轮、卷筒与钢丝绳	吊钩未安装钢丝绳防脱钩装置或不符合规范要求,扣 10 分 吊钩磨损、变形达到报废标准,扣 10 分 滑轮、卷筒未安装钢丝绳防脱装置或不符合规范要求,扣 4 分 滑轮及卷筒磨损达到报废标准,扣 10 分 钢丝绳磨损、变形、锈蚀达到报废标准,扣 10 分 钢丝绳的规格、固定、缠绕不符合产品说明书及规范要求,扣 5 ~ 10 分	10		
5		多塔作业	多塔作业未制订专项施工方案或施工方案未经审批,扣 10 分 任意两台塔式起重机之间的最小架设距离不符合规范要求,扣 10 分	10		
6		安拆、验收与使用	安装、拆卸单位未取得专业承包资质和安全生产许可证,扣 10 分 未制订安装、拆卸专项方案,扣 10 分 方案未经审核、审批,扣 10 分 未履行验收程序或验收表未经责任人签字,扣 5 ~ 10 分 安装、拆除人员及司机、指挥未持证上岗,扣 10 分 塔式起重机作业前未按规定进行例行检查,未填写检查记录,扣 4 分 实行多班作业未按规定填写交接班记录,扣 3 分	10		
		小计		60		

续表 7-4

序号	检查项目		扣分标准	应得分数	扣减分数	实得分数
7	一般项目	附着	塔式起重机高度超过规定未安装附着装置,扣10分 附着装置水平距离不满足产品说明书要求,未进行设计计算和审批,扣8分 安装内爬式塔式起重机的建筑承载结构未进行承载力验算,扣8分 附着装置安装不符合产品说明书及规范要求,扣5~10分 附着前和附着后塔身垂直度不符合规范要求,扣10分	10		
8		基础与轨道	塔式起重机基础未按产品说明书及有关规定设计、检测、验收,扣5~10分 基础未设置排水措施,扣4分 路基箱或枕木铺设不符合产品说明书及规范要求,扣6分 轨道铺设不符合产品说明书及规范要求,扣6分	10		
9		结构设施	主要结构件的变形、锈蚀不符合规范要求,扣10分 平台、走道、梯子、护栏的设置不符合规范要求,扣4~8分 高强螺栓、销轴、紧固件的紧固、连接不符合规范要求,扣5~10分	10		
10		电气安全	未采用TN-S接零保护系统供电,扣10分 塔式起重机与架空线路安全距离不符合规范要求,未采取防护措施,扣10分 防护措施不符合规范要求,扣5分 未安装避雷接地装置,扣10分 避雷接地装置不符合规范要求,扣5分 电缆使用及固定不符合规范要求,扣5分	10		
		小计		40		
检查项目合计				100		

7.5.4 吊索具的使用

7.5.4.1 一般要求

塔式起重机安装、使用、拆卸时,所使用的起重机具应符合相关规定。起重吊具、索具应符合下列要求:

(1)吊具与索具产品应符合《起重机械吊具与索具安全规程》(LD 48—1993)的规定。

(2)吊具与索具应与吊重种类、吊运具体要求以及环境条件相适应。

(3)作业前应对吊具与索具进行检查,当确认完好时方可投入使用。

(4)吊具承载时不得超过额定起重量,吊索(含各分肢)不得超过安全工作载荷。

(5)塔式起重机吊钩的吊点,应与吊重重心在同一条铅垂线上,使吊重处于稳定平衡状态。

(6)新购置或修复的吊具、索具,应进行检查,确认合格后,方可使用。

(7)吊具、索具在每次使用前应进行检查,经检查确认符合要求的,方可继续使用。当发现有缺陷时,应停止使用。

(8)吊具与索具每半年应进行定期检查,并应做好记录。检验记录应作为继续使用、维修或报废的依据。

7.5.4.2　**钢丝绳吊索**

(1)钢丝绳作吊索时,其安全系数不得小于6。

(2)钢丝绳的报废应符合《起重机械用钢丝绳检验和报废实用规范》(GB/T 5972—2006)的规定。

(3)当钢丝绳的端部采用编结固接时,编结部分的长度不得小于钢丝绳直径的20倍,并不应小于300 mm,插接绳股应拉紧,凸出部分应光滑平整,且应在插接末尾留出适当长度,用金属丝扎牢。用其他方法插接的,应保证其插接连接强度不小于采用绳夹固接的强度。钢丝绳吊索固接应满足表7-5的要求。

表7-5　不同钢丝绳直径的绳夹最少数量

钢丝绳直径(mm)	≤19	19~32	32~38	38~44	44~60
绳卡数	3	4	5	6	7

注:钢丝绳绳卡座应在钢丝绳长头一边;钢丝绳绳卡的间距不应小于钢丝绳直径的6倍。

(4)绳夹压板应在钢丝绳受力绳一边,绳夹间距 A 不应小于钢丝绳直径的6倍(见图7-1)。

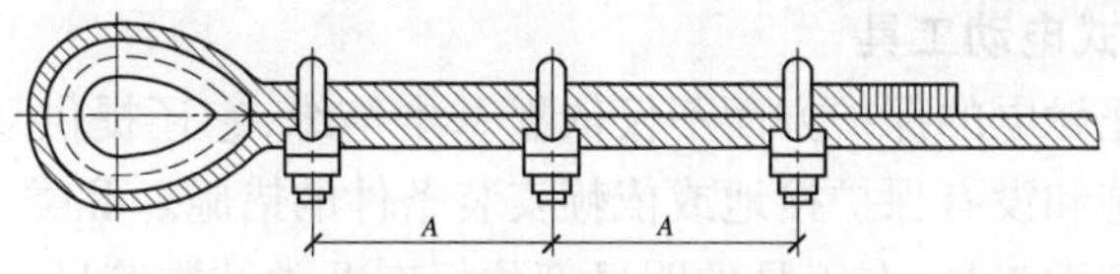

图7-1　钢丝绳夹的正确布置方法

(5)吊索必须由整根钢丝绳制成,中间不得有接头。环形吊索只允许有一处接头。

(6)采用二点吊或多点吊时,吊索数宜与吊点数相符,且各根吊索的材质、结构尺寸、索眼端部固定连接、端部配件等性能应相同。

(7)钢丝绳严禁采用打结方式系结吊物。当吊索弯折曲率半径小于钢丝绳公称直径的2倍时,应采用卸扣将吊索与吊点拴接。

(8)卸扣应无明显变形、可见裂纹和弧焊痕迹。销轴螺纹应无损伤现象。

7.5.4.3　**吊钩与滑轮**

1. 吊钩

吊钩应符合现行行业标准《起重机械吊具与索具安全规程》(LD 48—1993)中的相关规定。吊钩禁止补焊,有下列情况之一的应予以报废:

(1)表面有裂纹。

(2)挂绳处截面磨损量超过原高度的10%。

(3)钩尾和螺纹部分等危险截面及钩筋有永久性变形。

(4)开口度比原尺寸增加15%。

(5)钩身的扭转角超过10°。

2. 滑轮

滑轮的最小绕卷直径,应符合现行国家标准《塔式起重机设计规范》(GB/T 13752—2017)的相关规定。滑轮有下列情况之一的应予以报废:

(1)裂纹或轮缘破损。

(2)轮槽不均匀磨损达3 mm。

(3)滑轮绳槽壁厚磨损量达原壁厚的20%。

(4)铸造滑轮槽底磨损达钢丝绳原直径的30%,焊接滑轮槽底磨损达钢丝绳原直径的15%。

7.6 手持电动工具安全技术

7.6.1 手持电动工具的分类及选用

手持电动工具按触电保护分为Ⅰ类、Ⅱ类、Ⅲ类手持式电动工具。

7.6.1.1 Ⅰ类手持式电动工具

Ⅰ类工具在防止触电的保护方面不仅依靠基本绝缘,而且包含一个附加的安全预防措施。其方法是将可触及的可导电零件与已安装的固定线路中的保护(接地)导线连接起来使可触及的可导电零件在基本绝缘损坏的事故中不成为带电体。

7.6.1.2 Ⅱ类手持式电动工具

Ⅱ类工具在防止触电的保护方面不仅依靠基本绝缘,它还提供双重绝缘或加强绝缘的附加安全预防措施和没有保护接地或依赖安装条件的措施。Ⅱ类工具分为绝缘外壳Ⅱ类工具和金属外壳Ⅱ类工具,在工具的明显部位标有Ⅱ类结构符号。

7.6.1.3 Ⅲ类手持式电动工具

Ⅲ类工具在防止触电的保护方面依靠由安全特低电压供电和在工具内部不会产生比安全特低电压高的电压。

在一般场所,为保证使用的安全,应选用Ⅱ类工具。如果使用Ⅰ类工具,必须采用其他安全措施,如漏电保护电器、安全隔离变压器等。否则,使用者必须戴绝缘手套、穿绝缘鞋或站在绝缘垫上。

在潮湿的场所或金属构架上等导电性能良好的作业场所,必须使用Ⅱ类或Ⅲ类工具。如果使用Ⅰ类工具,必须装设额定漏电动作电流不大于30 mA、动作时间不大于0.1 s的漏电保护电器。

在狭窄场所如锅炉、金属容器、管道内等,应使用Ⅲ类工具。如果使用Ⅱ类工具,必须装设额定漏电动作电流不大于15 mA,动作时间不大于0.1 s的漏电保护器。Ⅲ类工具的安全隔离变压器,Ⅱ类工具的漏电保护电器及Ⅱ、Ⅲ类工具的控制开关箱和电源连接器等必须放在外面,同时应有人在外监护。

在特殊环境如湿热、雨雪以及存在爆炸性或腐蚀性气体的场所,使用的工具必须符合相应的防护等级的安全技术要求。

7.6.2　手持电动工具的安全使用

7.6.2.1　安全检查

手持式电动工具在使用过程中检查的主要内容有:

(1)检查软电缆或软线。Ⅰ类工具的电源线必须采用三芯(单相工具)或四芯(三相工具),多股铜芯橡皮护套软电缆或护套软线。其中,绿/黄双色线在任何情况下只能作保护接地或接零线。工具的软电缆或软线不得任意接长或拆换。

(2)检查插头、插座。

①工具所有的插头、插座必须符合相应的国家标准。带有接地插脚的插头、插座在插合时应符合规定的接触顺序,防止误插入。

②工具软电缆或软线上的插头不得任意拆除或调换。

③三级插座的接地插孔应单独用导线接至接地线(采用保护接地的)或单独用导线接至接零线(采用保护接零的),不得在插座内用导线直接将接零线与接地线连接起来。

(3)检查机械防护装置。工具中活动的危险零件,必须按有关的标准装设机械防护装置(如防护罩、保护盖等),不得任意拆除。

(4)工具在发出或收回时,必须由保管人员进行日常检查。

(5)专职人员应按以下规定对工具进行定期检查:

①每季度至少全面检查一次。在湿热和温差变化大的地区还应相应缩短检查周期。

②在梅雨季节前应及时进行检查。

③工具的定期检查,还必须测量工具的绝缘电阻。绝缘电阻应不小于表7-6规定的数值。

表7-6　手持电动工具的绝缘阻值

测量部位	绝缘电阻(MΩ)
Ⅰ类工具带电零件与外壳之间	2
Ⅱ类工具带电零件与外壳之间	7
Ⅲ类工具带电零件与外壳之间	1

注:绝缘电阻用500 V兆欧表测量。

(6)工具的日常检查至少包括以下项目:①外壳、手柄是否有裂缝和破损。②保护接地或接零线连接是否正确、牢固可靠。③软电缆或软线是否完好无损。④插头是否完整无损。⑤开关动作是否正常、灵活,有无缺陷、破裂。⑥电气保护装置是否良好。⑦机械防护装置是否完好。⑧工具转动部分是否转动灵活无障碍。

(7)长期搁置不用的工具,在使用前必须测量绝缘电阻。如果绝缘电阻小于表7-6规定的数值,必须进行干燥处理和维修,经检查合格后,方可使用。

(8)工具如有绝缘损坏、软电缆或软线护套破裂、保护接地或接零线脱落、插头插座裂开或有损于安全的机械损伤等故障,应立即进行修理。在未修复前,不得继续使用。

手持式电动工具安全检查可按表 7-7 进行。

表 7-7　手持式电动工具安全检查

序号	检查项目	检查内容	检查结果
1	电源线	绝缘良好,不得有接头,长度不大于 6 m	
		采用三芯或四芯多股铜芯橡胶(或塑料)护套软电缆	
2	开关	电动工具的开关应灵敏、可靠无破损,规格与负载匹配	
3	电源电阻	绝缘电阻符合要求:Ⅰ类工具大于 2 MΩ,Ⅱ类工具大于 7 MΩ,Ⅲ类工具大于 1 MΩ	
		每年测量一次,并做记录	
4	防护罩	防护罩、盖或手柄无破裂、变形或松动	
5	漏电保护器	必须按作业环境的要求,选用手持电动工具。使用Ⅰ类工具必须配备漏电保护器,Ⅰ类工具必须有可靠的接地(或接零)措施	
		潮湿场所使用Ⅱ类工具必须配备漏电保护器	
6	其他	使用的工具必须有安全认证标志	
		在正常运输中,必须保证工具的安全技术性能不受震动、潮湿等影响	
		工具必须存放在干燥、无有害气体或腐蚀性物质的场所	
		监督、检查工具的使用和维修	
		对工具的使用、保管和维修人员进行安全技术培训和教育	
		在湿热、雨雪等作业环境,应使用具有相应防护等级的工具	
		工具的电源线不得任意接长或拆换。当电源离工具操作点距离较远而电源线不够长时,应采用耦合器进行连接	
		工具电源线上的插头不得任意拆除或调换	
		插头、插座中的接地极在任何情况下只能单独连接保护线,严禁在插头、插座内用导线直接将接地极与中性线连接起来	
		工具的危险零部件的防护装置(如防滑罩、盖等)不得任意拆卸	
		工具在发出或回收时,保管人员必须进行一次日常检查;在使用前,使用者必须进行日常检查	
		工具如有绝缘损坏、电源线护套破裂、保护线脱落、插头插座裂开或有损于安全的机械损伤等故障,应立即进行修理,在未修复前,不得继续使用	
		工具如不能修复或修复后仍达不到应有的安全技术要求,必须办理报废手续	

7.6.2.2　安全操作规程

(1)使用非双重绝缘或加强绝缘的电动机、电器时,应安装漏电保护继电器、安全隔离变压器等保护装置。不具备上述条件时,应有牢固可靠的接地(接零)保护装置,操作人员必须戴绝缘手套、穿绝缘胶鞋或站在绝缘垫上。

(2)在潮湿区域或在金属构架、压力容器、管道等导电良好的场所作业,必须使用有双重绝缘或加强绝缘的电动工具,否则必须装设漏电保护装置。

(3)非金属壳体的电动机、电器,在存放和使用时应避免受压、受潮,且不得和汽油等溶剂接触。

(4)刃具应刃磨锋利,完好无缺,安装正确、牢固。

(5)受潮、变形、裂纹、破碎、磕边缺口或接触过油类、碱类的砂轮不得使用。受潮的砂轮片不得自行烘干使用;砂轮与接盘间软垫应安装稳妥,螺帽不得过紧。

(6)作业前必须检查:

①外壳、手柄应无裂缝、破损。

②保护接地(接零)连接正确、牢固可靠,电缆软线及插头等应完好无损,开关动作应正常,并注意开关的操作方法。

③电气保护装置良好、可靠,机械防护装置齐全。

(7)启动后,空载运转并检查工具联动应灵活无阻。

(8)手持砂轮机、角向磨光机,必须装防护罩,操作时,加力要平稳,不得用力过猛。

(9)严禁超载荷使用,随时注意音响、温升,发现异常应立即停机检查。作业时间过长、温度过高时,应停机待自然冷却后再进行作业。

(10)作业中,不得用手触摸刃具、模具、砂轮,发现有磨钝、破损情况时应立即停机修整或更换后再进行作业。

(11)机具运转时不得撒手。

(12)使用冲击电钻注意事项:

①钻头应顶在工件上再打钻,不得空打和顶死。

②钻孔时应避开混凝土中的钢筋。

③必须垂直地顶在工件上,不得在钻孔中晃动。

④使用直径在25 mm以上的冲击电钻时,作业场地周围应设护栏。在地面以上操作应有稳固的平台。

(13)使用角向磨光机应注意砂轮的安全线速度为80 m/min,做磨削时应使砂轮与工作面保持15°~30°的倾斜位置。做切割时砂轮不得倾斜。

7.6.2.3　维修

(1)非专职人员不得擅自拆卸和修理工具。

(2)当机务组无能力维修时,必须到专业厂家维修或厂家的特约维修点进行维修。

(3)维修时应注意以下事项:

①使用单位和维修部门不得任意改变工具的原设计参数,不得采用低于原用材料性能的代用材料和与原有规格不符的零件。

②在维修时,工具内的绝缘衬垫、套管等不得任意拆除、调换或漏装。

③工具的电气绝缘部分经修理后,必须进行下列测量和试验。

绝缘电阻测量按表7-6进行,绝缘耐电压试验按表7-8进行。

表7-8 电气绝缘耐电压值

试验电压的施加部位	试验电压(V)		
	Ⅲ类工具	Ⅱ类工具	Ⅰ类工具
带电零件与壳体零件之间	—	—	—
仅由基本绝缘与带电零件隔离	380	—	950
由加强绝缘与带电零件隔离	—	2 800	—

注:绝缘耐电压试验的时间应维持1 min。

7.7 钢筋加工机械安全技术

7.7.1 钢筋弯曲机安全操作规程

(1)检查机械性能是否良好、工作台和弯曲机台面保持水平,并准备好各种芯轴及工具。

(2)按加工钢筋的直径和弯曲机的要求装好芯轴、成型轴、挡铁轴或可变挡架,芯轴直径应为钢筋直径的2.5倍。

(3)检查芯轴、挡块、转盘应无损坏和裂纹,防护罩紧固可靠,经空机运转确认正常方可作业。

(4)作业时,将钢筋需弯的一头插在转盘固定备有的间隙内,另一端紧靠机身固定并用手压紧,检查机身固定,确保安在挡住钢筋的一侧方可开动。

(5)作业中严禁更换芯轴和变换角度以及调速等,亦不得加油或清除。

(6)弯曲钢筋时,严禁加工超过机械规定的钢筋直径、根数及机械转速。

(7)弯曲高硬度或低合金钢筋时,应按机械铭牌规定换标最大限制直径,并调换相应的芯轴。

(8)严禁在弯曲钢筋的作业半径内和机身不设固定的一侧站人。弯曲好的半成品应堆放整齐,弯钩不得朝上。

(9)转盘换向时,必须在停稳后进行。

(10)作业完毕须清理现场、保养机械、断电锁箱。

7.7.2 钢筋切断机安全操作规程

(1)钢筋切断机应安装平整牢固,周围须有足够的场地堆放钢筋。

(2)启动前,必须检查切刀应无裂纹,刀架螺栓紧固,防护罩牢靠。然后用手转动皮带轮,检查齿轮啮合间隙,调整切刀间隙。启动后,应先空运转,检查各传动部分及轴承运转正常,方可操作。机械未达到正常转速时不得切料。切断时必须使用切刀的中、下部位，握紧钢筋对准刀口迅速送入，操作者应站在固定刀片一侧用力压住钢筋，应防止钢筋末端弹出伤人。严禁用两手分别在刀片两边握住钢筋俯身送料。

(3)禁止切断超过规定尺寸的钢筋，多根钢筋一次切断时，必须换算钢筋截面。一次切断多根钢筋时，其总截面面积应在规定范围内。

(4)不准切断硬度较大或烧红的钢筋，刀片不得受各种锤子、钢筋及其他重物的敲击。

(5)切断短料时，必须用套管或钳子夹料，不得用手直接送料。靠近刀片的手和刀片之间的距离应保持150 mm以上，如手握端小于400 mm，应用套管或夹具将钢筋短头压住或夹牢。

(6)切断较长钢筋时，应有专人帮扶；扶持钢筋的人员应与操作人员行动一致，并听其指挥，不得任意拖拉。

(7)机械运转时严禁用手直接清理刀口附近的断头、铁屑和杂物，非操作人员不准在机器周围停留。

(8)当出现机械运转不正常或有异声、有异常响声或切刀歪斜，以及两个刀片密合不好等现象时，应立即停机，切断电源后方可进行检修。

(9)液压传动式切断机作业前，应检查并确认液压油位及电动机旋转方向符合要求。启动后，应空载运转，松开放油阀，排净液压缸体内的空气，方可进行切筋。手动液压式切断机使用前，应将放油阀按顺时针方向旋紧，切割完毕后，应立即按逆时针方向旋松。作业中，手应持稳切断机，并戴好绝缘手套。

(10)作业后应切断电源，用钢刷消除切刀间的杂物，进行整机清洁润滑。

7.7.3 钢筋调直机安全操作规程

(1)料架、料槽应安装平直，并应对准导向筒、调直筒和下切刀孔的中心线。

(2)应按调直钢筋的直径选用适当的调直块及传动速度。调直块的孔径应比钢筋直径大2~5 mm，传动速度应根据钢筋直径选用，直径大的宜选用慢速，经调试合格，方可送料。

(3)用手转动飞轮，检查传动机械和工作装置，调整间隙，紧固螺栓，确认正常后，起动空运转，并检查轴承应无异响，齿轮啮合良好，运转正常后，方可作业。

(4)当钢筋送入后，手与转轮应保持一定的距离，不得接近。

(5)在调直块未固定、防护罩未盖好前不得送料。作业中严禁打开各部防护罩及调整间隙。

(6)经过调直后的钢筋如仍有慢弯，可逐渐加大调直块的偏移量，直到调直。

(7)送料前，应将不直的钢筋端头切除。导向筒前应安装一根1 m长的钢管，钢筋应先穿过钢管再送入调直前端的导孔内。

(8)切断3~4根钢筋后，应停机检查其长度，当超过允许偏差时，应调整限位开关或定尺板。

7.7.4 钢筋冷拉机安全操作规程

(1)根据冷拉钢筋的直径,合理选用卷扬机,卷扬钢丝绳应经封闭式导向滑轮并和被拉钢筋方向成直角。卷扬机的位置必须使操作人员能看见全部冷拉场地,距离冷拉中线不少于5 m。

(2)冷拉场地在两端地锚外侧设置警戒区,装设防护栏杆及警告标志。严禁无关人员在此停留。操作人员在作业时必须离开钢筋至少2 m以外。

(3)用配重控制的设备必须与滑轮匹配,并有指示起落的记号,没有指示记号时应有专人指挥。配重框提起时高度应限制在离地面300 mm以内,配重架四周应有栏杆及警告标志。

(4)作业前,应检查冷拉夹具,夹齿必须完好,滑轮、拖拉小车润滑灵活,拉钩、地锚及防护装置均应齐全牢固,确认良好后,方可作业。

(5)卷扬机操作人员必须看到指挥人员发出信号,并待所有人员离开危险区后方可作业。冷拉应缓慢、均匀地进行,随时注意停车信号或见到有人进入危险区时,应立即停拉,并稍稍放松卷扬钢丝绳。

(6)用延伸率控制的装置,必须装明显的限位标志,并要有专人负责指挥。

(7)夜间工作照明设施,应装设在张拉危险区外,如必须装设在场地上空,其高度应超过5 m,灯泡应加防护罩,导线不得用裸线。

(8)作业后,应放松卷扬钢丝绳,落下配重,切断电源,锁好电闸箱。

7.8 电焊机安全技术

7.8.1 电焊机的安全检查及试验

电焊机应定期检查、试验。定期检查分为使用前的检查、长时间不用的电焊机的月度检查,以及每半年的维修保养。月度检查和每半年维修保养情况要及时填写检查记录,对于检查中发现的设备缺陷,应按缺陷处理规定及时处理,并及时填入电焊机缺陷处理记录中。

7.8.1.1 电焊机使用前检查项目及标准

(1)对一个月及以上不使用的电焊机,在使用前应测试绝缘合格。

(2)检查电焊机各部件完整、带电体的屏护和接线端子护罩齐全、电焊机的机壳必须有可靠的保护性接地或接零。

(3)检查电源刀闸和接线符合安全要求。

(4)检查焊接电缆绝缘良好,无破损;接头采取了防触电措施,不裸露;焊接电缆的走向、设置符合安全用电的规定。

7.8.1.2 月度检查和标准

(1)检查确认电焊机绝缘合格,绝缘测试没有超期。

(2)检查电焊机各部件完整,带电体的屏护和接线端子护罩齐全,电焊机的机壳必须有可靠的保护性接地或接零。

(3)对电焊机进行清扫擦拭,清除灰尘和油污。

7.8.1.3 半年检查和标准

每半年维修保养工作可结合春季、秋季安全检查工作进行,主要是全面检查电焊机各项技术性能,消除存在的缺陷。检查接线端子接线是否牢固可靠,清除电焊机内部的灰尘。

7.8.1.4 电焊机绝缘测试工作

电焊机绝缘测试工作每年进行两次,分别为春季4~5月、秋季10~11月。对绝缘检验合格的电焊机,应在焊机的显著位置(不易损毁)贴"检验合格证",其内容包括设备编号、检验日期、有效日期和检验人。对于绝缘测试不合格的电焊机,应停用。无论检验结果如何,使用单位都应做好检验记录。

7.8.2 电焊机的安全使用规定

(1)从事电力设备焊接工作的焊接人员,必须经过国家认可的专业技术培训机构的培训考试合格,并取得相应焊接资格证,按规定每三年通过复试。无证人员禁止从事焊接工作。

(2)敷设电焊机工作电源前,必须按照电焊机安全使用规定对电焊机进行全面检查,符合安全使用条件后方可敷设工作电源。

(3)电焊机必须装有独立的专用电源开关,其容量应符合要求,禁止多台焊机共用一个电源开关。

(4)电焊机应安装在干燥、通风良好、远离高温和灰尘少的地方,露天使用电焊机时,应有防雨雪、防灰尘的措施。

(5)电源控制装置应装在电焊机附近便于操作的地方,周围留有安全通道。焊机的一次电源线,长度一般不宜超过2~3 m。当因工作需要必须加长时,电源线应架空布置,室内高2 m,室外高4 m,通过道路时架空高度不低于6 m。

(6)各种交、直流电焊机和硅整流焊机等设备外壳、电气控制箱、焊机组架等,都应按《电力设备接地设计技术规程》(SD J8—79)的要求接地,做好防止触电事故等措施。

(7)电焊机外露的带电部分应有完好的防护(隔离)装置。电焊机裸露接线柱必须设有保护罩。

(8)旋转直流电焊机在接入三相电源前,必须确定电动机的电源电压和相应的接法。在接入电源后的第一次起动,必须检查焊机的转动方向。

(9)电焊机的二次接线应由两根导线构成焊接回路,一根作为焊接地线连到被焊构件或设备上,另一根连接焊把施焊用,禁止将焊接地线连接在建筑物金属构架、接地网和其他设备等部位作为焊接电源回路,防止损坏设备和造成人员触电事故。

(10)在连接焊接二次线、调整焊机位置和布线时,要切断电焊机电源。

(11)在潮湿处、金属容器及槽箱内、高处作业时应设监护人,焊钳及电缆应绝缘良好,使用绝缘垫板,监护人可随时切断焊接电源。

(12)焊工应配备合适的防护用品,包括工作服、绝缘手套、绝缘鞋和防烫伤的鞋护盖等。

(13)应避免雨雪天在室外作业,因工作需要时,必须做好防雨雪的遮盖措施,防止触电事故。

(14)焊机启动时,焊钳和焊件不能接触,以防短路。

(15)焊机应在额定电流下使用,以免过热造成绝缘击穿,导致设备损坏和引发触电事故。

(16)保持焊接电缆与焊机接线柱接触良好;直流电焊机的电刷和整流片损坏时,要及时更换;在使用中发现停电,应立即切断焊机电源;工作结束后,必须切断电源。

(17)焊机与焊钳和焊件连接导线长度,一般为20~30 m,因工作需要接长使用时,必须使用连接器连接。焊工在作业时,应经常检查二次线绝缘情况,发现绝缘破损时,应及时采取措施恢复绝缘,禁止使用接头裸露的焊接线。

(18)无论是使用中或者是定期检查中发现电焊机存在缺陷,均应及时处理,禁止电焊机"带病"使用。电焊机缺陷暂时处理不了的,应单独存放,指定专人负责保管,便于缺陷处理,防止流入生产工作中引发事故。

(19)登高焊接、切割,应根据作业高度和环境条件定出危险区范围,禁止在作业下方及危险区内存放可燃、易燃物品和停留人员。

(20)焊工在高处作业,应备有梯子、带有栏杆的工作平台、安全带、安全绳、工具袋及完好的工具和防护用品。

7.9 混凝土机械安全技术

7.9.1 一般规定

(1)严格执行持证上岗制度,服从管理、听从指挥、令行禁止。

(2)液压系统的溢流阀、安全阀齐全有效,调定压力应符合说明书要求。系统无泄漏,工作平稳无异响。

(3)机械设备的工作机构、制动及离合装置,各种仪表及安全装置齐全完好。

(4)电气设备作业应符合《施工现场临时用电安全技术规范》(JGJ 46—2005)的有关规定。插入式、平板式振捣器的漏电保护器应采用防溅型产品,其额定漏电动作电流不应大于15 mA,额定漏电动作时间不应大于0.1 s。

(5)冬季施工,机械设备的管道、水泵及水冷却装置应采取防冻保温措施。

(6)混凝土泵在开始或停止泵送混凝土前,作业人员应与出料软管保持安全距离。严禁作业人员在出料口下方停留。严禁出料软管埋在混凝土中。

(7)泵送混凝土的排量、浇筑顺序应符合混凝土浇筑专项方案要求。集中荷载最大值应在允许范围内。

(8)混凝土泵工作时,料斗中混凝土应保持在搅拌轴线以上,不应吸空或无料泵送。

(9)混凝土泵工作时严禁进行维修作业。

(10)混凝土泵作业中,应对泵送设备和管路进行观察,发现隐患应及时处理。对磨损超过规定的管子、卡箍、密封圈等,应及时更换。

(11)混凝土泵作业后应将料斗和管道内的混凝土全部排出,并对泵、料斗、管道进行清洗。清洗作业应按说明书要求进行,不宜采用压缩空气进行清洗。

7.9.2 混凝土搅拌机安全操作规程

(1)搅拌机安装应平稳牢固,并应搭设定型化、装配式操作棚,且具有防风、防雨功能。操作棚应有足够的操作空间,顶部在任意0.1 m×0.1 m区域内应能承受1.5 kN的力而无永久变形。

(2)作业区应设置排水沟渠、沉淀池及除尘设施。

(3)搅拌机操作台处应视线良好,操作人员应能观察到各部工作情况。操作台应铺垫橡胶绝缘垫。

(4)作业前应重点检查以下项目,并符合下列规定:

①料斗上、下限位装置灵敏有效,保险销、保险链齐全完好。钢丝绳断丝、断股、磨损未超标准。

②制动器、离合器灵敏可靠。

③各传动机构、工作装置无异常。开式齿轮、皮带轮等传动装置的安全防护罩齐全可靠。齿轮箱、液压油箱内的油质和油量符合要求。

④搅拌筒与托轮接触良好,不窜动、不跑偏。

⑤搅拌筒内叶片紧固不松动,与衬板间隙应符合说明书规定。

(5)作业前应先进行空载运转,确认搅拌筒或叶片运转方向正确。反转出料的搅拌机应进行正、反转运转。空载运转无冲击和异常噪声。

(6)供水系统的仪表计量准确,水泵、管道等部件连接无误,正常供水无泄漏。

(7)搅拌机应达到正常转速后进行上料,不应带负荷启动。上料量及上料程序应符合说明书要求。

(8)料斗提升时,严禁作业人员在料斗下停留或通过;当需要在料斗下方进行清理或检修时,应将料斗提升至上止点并用保险销锁牢。

(9)搅拌机运转时,严禁进行维修、清理工作。当作业人员需进入搅拌筒内作业时,必须先切断电源,锁好开关箱,悬挂"禁止合闸"的警示牌,并派专人监护。

(10)作业完毕,应将料斗降到最低位置,并切断电源。冬季应将冷却水放净。

(11)搅拌机在场内移动或远距离运输时,应将料斗提升至上止点,并用保险销锁牢。

7.9.3 混凝土输送泵安全操作规程

(1)混凝土输送泵应安放在平整、坚实的地面上,周围不得有障碍物,在放下支腿并调整后应使机身保持水平和稳定,轮胎应揳紧。

(2)混凝土输送管道的敷设应符合下列规定:

①管道敷设前检查管壁的磨损减薄量应在说明书允许范围内,并不得有裂纹、砂眼等缺陷。新管或磨损量较小的管应敷设在泵出口附近。

②管道应使用支架与建筑结构固定牢固。底部弯管应依据泵送高度、混凝土排量等

设置独立的基础,并能承受最大荷载。

③敷设垂直向上的管道时,垂直管不得直接与泵的输出口连接,应在泵与垂直管之间敷设长度不小于 15 m 的水平管,并加装逆止阀。

④敷设向下倾斜的管道时,应在泵与斜管之间敷设长度不小于 5 倍落差的水平管。当倾斜度大于 7°时应加装排气阀。

(3)作业前应检查确认管道各连接处管卡扣牢不泄漏。防护装置齐全可靠,各部位操纵开关、手柄等位置正确,搅拌斗防护网完好牢固。

(4)砂石粒径、水泥强度等级及配合比应按出厂规定,满足泵机可泵性的要求。

(5)启动后,应空载运转,观察各仪表的指示值,检查泵和搅拌装置的运转情况,确认一切正常后,方可作业。泵送前应向料斗加入 10 L 清水和 0.3 m^3 水泥砂浆润滑泵及管道。

7.9.4 混凝土泵车安全操作规程

(1)混凝土泵车应停放在平整坚实的地方,与沟槽和基坑的安全距离应符合说明书的要求。臂架回转范围内不得有障碍物,与输电线路的安全距离应符合《施工现场临时用电安全技术规范》(JGJ 46—2005)的有关规定。

(2)混凝土泵车作业前,应将支腿打开,用垫木垫平,车身的倾斜度不应大于 3°。

(3)作业前应重点检查以下项目,并符合下列规定:

①安全装置齐全有效,仪表指示正常。

②液压系统、工作机构运转正常。

③料斗网格完好牢固。

④软管安全链与臂架连接牢固。

(4)伸展布料杆应按出厂说明书的顺序进行。布料杆升离支架后方可回转。严禁用布料杆起吊或拖拉物件。

(5)当布料杆处于全伸状态时,不得移动车身。作业中需要移动车身时,应将上段布料杆折叠固定,移动速度不得超过 10 km/h。

(6)严禁延长布料配管和布料软管。

7.9.5 插入式振捣器安全操作规程

(1)作业前应检查电动机、软管、电缆线、控制开关等完好无破损。电缆线连接正确。

(2)操作人员作业时必须穿戴符合要求的绝缘鞋和绝缘手套。

(3)电缆线应采用耐气候型橡皮护套铜芯软电缆,并不得有接头。

(4)电缆线长度不应大于 30 m。不得缠绕、扭结和挤压,并不得承受任何外力。

(5)振捣器软管的弯曲半径不得小于 500 mm,操作时应将振动器垂直插入混凝土,深度不宜超过振动器长度的 3/4,应避免触及钢筋及预埋件。

(6)振动器不得在初凝的混凝土、脚手板和干硬的地面上进行试振。在检修或作业间断时应切断电源。

(7)作业完毕,应切断电源并将电动机、软管及振动棒清理干净。

7.9.6 附着式、平板式振捣器安全操作规程

(1)作业前应检查电动机、电源线、控制开关等完好无破损,附着式振捣器的安装位置正确,连接牢固并应安装减震装置。

(2)平板式振捣器操作人员必须穿戴符合要求的绝缘胶鞋和绝缘手套。

(3)平板式振捣器应采用耐气候型橡皮护套铜芯软电缆,并不得有接头和承受任何外力,其长度不应超过30 m。

(4)附着式、平板式振捣器的轴承不应承受轴向力,使用时应保持电动机轴线在水平状态。

(5)振捣器不得在初凝的混凝土和干硬的地面上进行试振。在检修或作业间断时应切断电源。

(6)平板式振捣器作业时应使用牵引绳控制移动速度,不得牵拉电缆。

(7)在同一个混凝土模板或料仓上同时使用多台附着式振捣器时,各振动器的振频应一致,安装位置宜交错设置。

(8)安装在混凝土模板上的附着式振捣器,每次振动作业时间应根据方案执行。

(9)作业完毕,应切断电源并将振动器清理干净。

7.9.7 混凝土喷射机安全操作规程

(1)喷射机风源应是符合要求的稳压源,电源、水源、加料设备等均应配套。

(2)管道安装应正确,连接处应紧固密封。当管道通过道路时,应设置在地槽内并加盖保护。

(3)喷射机内部应保持干燥和清洁,应按出厂说明书规定的配合比配料,不得使用结块的水泥和未经筛选的砂石。

(4)作业前应重点检查以下项目,并应符合下列要求:①安全阀灵敏可靠;②电源线无破裂现象,接线牢靠;③各部密封件密封良好,对橡胶结合板和旋转板出现的明显沟槽及时修复;④压力表指针在上、下限之间,根据输送距离,调整上限压力的极限值;⑤喷枪水环(包括双水环)的孔眼畅通。

(5)启动前,应先接通风、水、电,开启进气阀逐步达到额定压力,再启动电动机空载运转,确认一切正常后,方可投料作业。

(6)机械操作和喷射操作人员应有联系信号,送风、加料、停料、停风以及发生堵塞时,应及时联系,密切配合。

(7)在喷嘴前方严禁站人,操作人员应始终站在已喷射过的混凝土支护面以内。

(8)作业中,当暂停时间超过1 h时,应将仓内及输料管内的混合料全部喷出。

(9)发生堵管时,应先停止喂料,对堵塞部位进行敲击,迫使物料松散,然后用压缩空气吹通。此时,操作人员应紧握喷嘴,严禁甩动管道伤人。当管道中有压力时,不得拆卸管接头。

(10)转移作业面时,供风、供水系统随之移动,输送软管不得随地拖拉和折弯。

(11)停机时,应先停止加料,再关闭电动机,然后停止供水,最后停送压缩空气。

(12)作业后,应将仓内和输料软管内的混合料全部喷出,并应将喷嘴拆下清洗干净,清除机身内外黏附的混凝土料及杂物。同时应清理输料管,并应使密封件处于放松状态。

7.9.8　混凝土布料机安全操作规程

(1)设置混凝土布料机前应确认现场有足够的作业空间,混凝土布料机任一部位与其他设备及构筑物的安全距离不应小于0.6 m。

(2)固定式混凝土布料机的工作面应平整坚实。当设置在楼板上时,其支撑强度必须符合说明书的要求。

(3)混凝土布料机作业前应重点检查以下项目,并符合下列规定:

①各支腿打开垫实并锁紧。

②塔架的垂直度符合说明书要求。

③配重块应与臂架安装长度匹配。

④臂架回转机构润滑充足,转动灵活。

⑤机动混凝土布料机的动力装置、传动装置、安全及制动装置符合要求。

⑥混凝土输送管道连接牢固。

(4)手动混凝土布料机,臂架回转速度应缓慢均匀,牵引绳长度应满足安全距离的要求。严禁作业人员在臂架下停留。

(5)输送管出料口与混凝土浇筑面保持1 m左右的距离,不得被混凝土堆埋。

(6)严禁作业人员在臂架下方停留。

(7)当风速达到10.8 m/s以上或大雨、大雾等恶劣天气时应停止作业。

7.10　木工机械安全技术

7.10.1　木工机械设备的工作原理

木工圆锯机是木加工企业最简单、最常用的设备,如图7-2所示。木工圆锯机机型很多,性能作用有差异,要按加工工艺要求选择不同的圆锯机,如纵向开料机与横向断料机机型差别很大,两种加工工艺不宜用相同机型的圆锯。

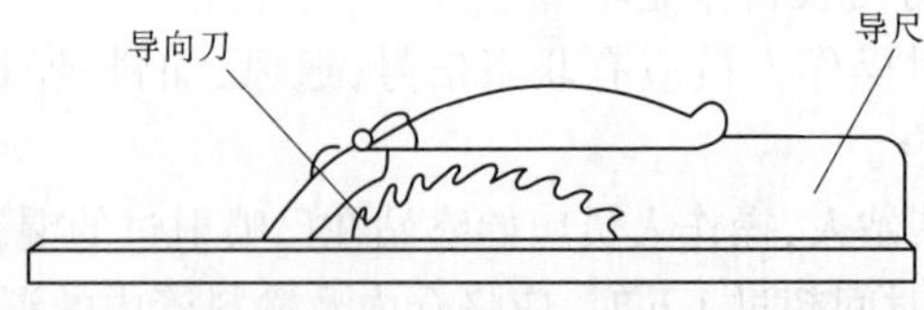

图7-2　木工圆锯机

木工铣床主轴转速高,刃口容纳量大,一旦卷入后果不堪设想。由于木工铣床的加工特点,防护措施较难实施。所以木加工企业应特别重视木工铣床的安全措施。目前,家具多进行个性化、小批量的生产,木工铣床应用更加广泛。木工铣床的加工质量对提高产品的档次、减少后续工序的工作量影响很大。

铣削直线型工件时,首先考虑是否能使用自动进料装置。自动进料具有送料速度均匀、工件效率高、安全性好等优点,在条件允许的情况下应充分发挥自动进料的优势。手动铣削直线型工件,可根据所铣的型面设计防护措施。设计防护措施的指导思想是尽可能不让刃口暴露,使铣削在一个全封闭的状态下进行。

铣削曲线型工件时,整个铣刀轴全部暴露,是木工铣床加工中比较不安全的方式。铣削曲线型工件一般都是手动进给,所以铣削曲线型工件的削余量不宜过多,过多的切削量会造成比较大的切削力和进给力,不利于安全操作。铣削曲线型工件时,尽管铣刀全部暴露,但也巧妙地设计防护措施(见图7-3),使防护罩、工件、模具、夹具组成一个封闭的整体,使操作者不会接触到铣刀,以保证操作者安全。

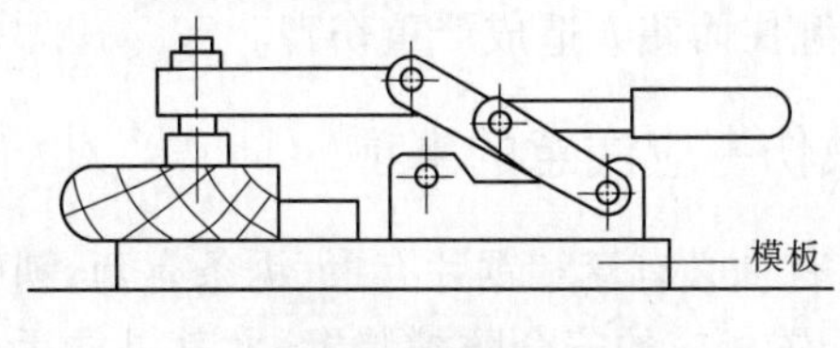

图7-3　铣刀

7.10.2　木工机械设备常见的机械事故伤害

7.10.2.1　咬人

典型的咬人点(也称为挤压点)是啮合的明齿轮、皮带与皮带轮、链与链轮,两个相反方向转动的轧辊。一般是两个运动部件直接接触,将人的四肢卷进运转中的咬人点。

7.10.2.2　碰撞和撞击

这种伤害有两种主要形式,一种是比较重的往复运动部件撞人,伤害程度与运动部件的质量和运动速度的乘积即部件的动量有关。另一种是飞来物及落下物的撞击造成的伤害。飞来物主要指高速旋转的零部件、工具、工件、紧固件固定不牢或松脱时,会以高速甩出。这些物体质量很大,转速很高,而动能与速度的平方成正比,即动能很大。飞来物撞击人体,能给人造成严重的伤害。高速飞出的切屑也能使人受到伤害。

7.10.2.3　接触

当人体接触机械的运动部件或运动部件直接接触人体时都可能造成机械伤害。运动部件一般指具有锐边、尖角、利棱的刀具,有凸出物的表面和摩擦表面;也包括过热、过冷表面和电绝缘不良而导电的静止物体的表面。后者不属于机械伤害。接触伤害有以下四类。

1. 夹断

当人体伸入两个接触部件中间时,人的肢体可能被夹断。夹断与挤压不同,夹断发生在两个部件的直接接触,挤压不一定完全接触;两个部件不一定是刀刃,其中一个是运动部件或两个都是运动部件都能造成夹断伤害。

2. 剪切

两个具有锐利边刃的部件,在一个或两个部件运动时,能产生剪刀作用。当两者靠近而人的四肢伸入时,刀刃能将四肢切断。

3. 割伤和擦伤

这种伤害可以发生在运动机械和静止设备上。当静止设备上有尖角和锐边,而人体与该设备做相对运动时,能被尖角和锐边割伤。当然有尖角、锐边的部件转动时,对人造成的伤害更大,如人体接触旋转刀具、锯片,都会造成严重的割伤。高速旋转的粗糙面如砂轮能使人擦伤。

4. 卡住或缠住

具有卡住作用的部位是指静止设备表面或运动部件上的尖角或凸出物。这些凸出物能绊住、缠住人宽松的衣服,甚至皮肤。当卡住后,有可能引发另一种危险,特别是运动部件上的凸出物、皮带接头、车床的转轴、加工件都能将人的手套、衣袖、头发、辫子甚至工作服口袋中擦机器用的棉纱缠住而使人造成严重伤害。

7.10.3 预防木工机械伤害应注意的事项

(1)按照有轮必有罩、有轴必有套和锯片有罩、锯条有套、刨(剪)切有挡、安全器送料的要求,对各种木工机械配置相应的安全防护装置,尤其是徒手操作接触危险部位的,一定要有安全防护措施。

(2)对生产噪声、木粉尘或挥发性有害气体的机械设备,要配置与其机械运转相连接的消声、吸尘或通风装置,以消除或减轻职业危害,维护职工的安全和健康。

(3)木工机械的刀轴与电气应有安全联控装置,在装卸或更换刀具及维修时,能切断电源并保持断开位置,以防误触电源开关或突然供电启动机械而造成人身伤害事故。

(4)针对木材加工作业中的木料反弹危险,应采用安全送料装置或设置分离刀、防反弹安全屏护装置,以保障人身安全。

(5)在装设正常启动和停机操纵装置的同时,还应专门设置事故紧急停机的安全控制装置。按此要求,对各种木工机械应制定与其配套的安全装置技术标准。国产定型的木工机械,在供货的同时,必须带有完备的安全装置,并供应维修时所需的安全配件,以便在安全防护装置失效后予以更新。对早期进口或自制、非定型、缺少安全装置的木工机械,使用单位应组织力量研制和配置相应的安全装置,特别是对操作者有伤害危险的木工机械。对缺少安全装置或安全装置失效的木工机械,应禁止或限制使用。

7.10.4 木工机械设备安全操作规程

7.10.4.1 木工机械

使用木工机械应遵守以下要求:

(1)操作人员应经过培训,了解机械设备的构造、性能和用途,掌握有关使用、维修、保养的安全技术知识。电路故障必须由专业电工排除。

(2)作业前试机,各部件运转正常后方可作业。开机前必须将机械周围及脚下作业区的杂物清理干净,必要时应在作业区铺垫板。

(3)作业时必须扎紧袖口、理好衣角、扣好衣扣,不得戴手套。作业人员长发不得外露。女工应戴工作帽。

(4)机械运转过程中出现故障时,必须立即停机、切断电源。

(5)链条、齿轮和皮带等传动部分,必须安装防护罩或防护板。

(6)必须使用单向开关,严禁使用倒顺开关。

(7)工作场所严禁烟火,必须按规定配备消防器材。

(8)应及时清理机器台面上的刨花、木屑。严禁直接用手清理。刨花、木屑应存放到指定地点。

(9)作业后必须切断电源,闸箱门锁好。

7.10.4.2　平刨机

木工使用平刨机作业应按照以下要求操作:

(1)平刨机上必须设置可靠的安全防护装置,应使用圆柱形刀轴,绝对禁止使用方轴。

(2)开机后不能立即送料刨削,一定要等刀轴运转平稳后方可进行刨削。刨料时应保持身体平衡,双手操作。刨大面时,手应按在木料上面;刨小面时,手指应不低于料高的一半,并不得小于3 cm。

(3)刨刀刃口量不得超过外径1.1 mm,每次刨削量不得超过1.5 mm。进料速度应均匀。严禁在刨刃上方回料。

(4)每台木工刨上除必须装有安全防护装置(护手装置及传动部位防护罩)外,还应配有刨小薄料的压板和压棍。被刨木料的厚度小于3 cm,长度小于40 cm时,应用压板或压棍推进。厚度小于1.5 cm、长度小于25 cm的木料不得在平刨上加工。

(5)刨旧料时必须先将铁钉、泥沙等清除干净。遇节疤、戗茬时应减慢送料速度,严禁手按节疤送料。

(6)二人操作时,进料速度应一致,当木料前端越过刀口30 cm后,下手操作人员方可接料,木料刨至尾端时,上手操作人员应注意早松手,下手操作人员不得猛拉。

(7)刨削过程如果感觉木料震动太大,送料推力较重时,说明刨刀刃口已经磨损,必须停机更换新磨锋利的刨刀。

(8)同一台刨机的刀片重量、厚度必须一致,刀架与刀必须匹配,严禁使用不合格的刀具。紧固刀片的螺钉应嵌入槽内,且距离刀背不得小于10 mm。

(9)机械运转时,不得进行维修,更不得移动或拆除护手装置进行刨削。换刀片前必须拉闸断电,并挂"有人操作,严禁合闸"的警示标牌,施工用电必须有保护接零和漏电保护器。

(10)平刨在施工现场应置于木工作业区内,并搭设防护棚,位于塔吊作业范围内的,应搭设双层防坠棚,在木工防护棚内落实消防措施、安全操作规程及其责任人。

7.10.4.3　压刨机

木工使用压刨机作业应按照以下要求操作:

(1)送料和接料应站在机械一侧,操作时不得戴手套;二人操作必须配合一致。

(2)进料必须平直,发现木料走偏或卡住,应先停机降低台面,再调整木料。遇节疤时应减慢送料速度。送料时手指必须与滚筒保持20 cm以上距离。接料时,必须待料走出台面后方可上手。

(3)刨料长度小于前后滚中心距的木料,禁止在压刨机上加工。

(4)厚度小于1 cm的木料,必须垫压板。每次刨削量不得超过3 mm,木料厚度差2 mm的不得同时进料。

(5)清理台面杂物时必须停机(停稳)、断电,用木棒进行清理。

7.10.4.4 **裁口机**

木工使用裁口机作业应按照以下要求操作:

(1)应根据材料规格调整盖板。作业时应一手按压、一手推进。刨或锯到头时,应将手移到刨刀或锯片的前面。

(2)送料速度应缓慢、均匀,不得猛拉猛推,遇硬节应慢推。必须待出料超过刨口15 cm方可接料。

(3)裁硬木口时,每次深度不得超过1.5 cm,高度不得超过5 cm;裁松木口,每次深度不得超过2 cm,高度不得超过6 cm。严禁在中间插刀。

(4)裁刨圆木料必须用圆形靠山,用手压牢,慢速送料。

(5)机器运转时,严禁在防护罩和台面上放置任何物品。

7.10.4.5 **开榫机**

木工使用开榫机作业应按照以下要求操作:

(1)必须侧身操作,严禁面对刀具。进料速度应均匀。

(2)短料开榫必须使用垫板夹牢,严禁用手握料。长度大于1.5 m的木料开榫必须2人操作。

(3)刨渣或木片堵塞时,应用木棍清除,严禁手掏。

7.10.4.6 **打眼机**

使用打眼机作业时必须使用夹料具,不得直接用手扶料。大于1.5 m的长料打眼时必须使用托架。当凿芯被木渣挤塞时,应立即抬起手把。深度超过凿渣出口,应勤拔钻头。应用刷子或吹风机清理木渣,严禁手掏。

7.10.4.7 **圆盘锯(包括吊截锯)**

木工使用圆盘锯(包括吊截锯)作业应按照以下要求操作:

(1)圆盘锯必须装设分料器,锯片上方应有防护罩、挡板和滴水设备。开料锯和截料锯不得混用。作业前应检查锯片不得有裂口,螺丝必须拧紧。锯片不得连续断齿两个,裂纹长度不得超过2 cm,有裂纹则应在其末端冲上裂孔(阻止裂纹进一步发展)。

(2)操作人员必须戴防护眼镜。作业时应站在锯片一侧,不得与锯片站在同一直线上,以防木料弹出伤人。手臂不得跨越锯片。

(3)必须紧贴靠山送料,不得用力过猛,必须待出料超过锯片15 cm方可用手接料,不得用手硬拉。木料锯到接近端头时,应由下手拉料接锯,上手不得用手直接送料,应用木板推送。锯料时不得将木料左右搬动或高抬,送料不宜用力过猛,遇硬节疤应慢推,防止木节弹出伤人。

(4)短窄料应用推棍,接料使用刨钩。严禁锯短于50 cm的短料。

(5)木料走偏时,应立即逐渐纠正或切断电源,停车调整后再锯,不得猛力推进或拉出。锯片必须平整,锯口要适当,锯片与主动轴匹配、紧牢。

(6)锯片运转时间过长应用水冷却,直径60 cm以上的锯片工作时应喷水冷却。

(7)必须随时清除锯台面上的遗料,保持锯台整洁。清除遗料时,严禁直接用手清除。清除锯末及调整部件,必须先切断电源,待机械停止运转后方可进行。

(8)木料卡住锯片时,应立即切断电源,待机械停止运转后方可进行处理。严禁使用木棒或木块制动锯片的方法停止机械运转。

(9)施工用电必须有保护接零和漏电保护器。操作必须采用单向按钮开关,不得安装倒顺开关,无人操作时断开电源。

(10)用电采用三级配电二级保护,三相五线保护接零系统。定期进行检查,注意熔丝的选用,严禁采用其他金属丝作为代替用品。

7.10.4.8 刮边机

使用刮边机作业时,材料应按压在推车上,后端必须顶牢。应慢速送料,且每次进刀量不得超过4 mm。不得用手送料至刨口,刀部必须设置坚固严密的防护罩,装刀时必须拧紧螺丝。

7.11 建筑施工机械安全事故警示

案例一 福建省宁德市“10·30”起重伤害事故

一、事故简介

事故简介详见“案例引入”。

二、原因分析

1. 直接原因

施工现场设备管理严重缺失,施工升降机安装、检测、日常检查、维护保养未到位。当东侧吊笼行至第44、45标准节时,由于施工升降机第42、43标准节间西侧两根连接螺栓紧固螺母已脱落,倾覆力矩大于稳定力矩,致使第42节以上四节标准节倾倒,吊笼滚轮和安全钩滑脱标准节,对重钢丝绳脱离顶部滑轮,吊笼坠落。

2. 间接原因

(1)现场安全管理混乱,建设单位严重违反工程建设质量和安全生产的法律法规,集开发、施工和设备安装于一体,签订“阴阳合同”,私招乱雇,把分项工程发包给无相应施工资质的农民工组织施工。

(2)项目部安全管理缺失,现场管理混乱。项目部未成立安全生产管理机构,未配备专职安全管理人员,现场安全管理人员未经专门安全培训,无证上岗。项目经理长期不到位,施工人员岗前三级安全教育制度不落实。

(3)施工单位把资质提供给建设单位使用,从中收取管理费。允许他人以本单位的名义进行建筑施工,且未履行《建设工程施工合同》的约定,未派出项目经理进驻施工现场,严重违反了工程建设质量和安全生产的法律法规。

(4)劳务分包、脚手架专业分包单位把各自的模板作业劳务分包、脚手架劳务分包资质提供给建设单位使用,从中收取管理费,允许他人以本单位的名义进行模板工程、脚手架安装工程施工,且均未履行《建设工程施工劳务分包合同》上的约定,未派出项目经理

进驻施工现场管理,严重违反工程建设质量和安全生产的法律法规。

(5)监理单位违反《建设工程监理规范》,监理人员未按投标承诺到位,未认真履行监理职责,总监长期不到位,现场管理力量弱化。一是未认真履行《建设工程委托监理合同》,违规协助、配合建设单位降低工程监理收费标准,降低监理标准;二是协助施工单位造假;三是未能依法履行工程监理职责;四是监理人员安全意识淡薄。

(6)工程质量监督检测机构不重视施工升降机检测前置条件相关资料项目的检查,未按施工升降机检测技术标准和规范要求认真组织检测,凭经验编写检测数据,不负责任地出具检测合格报告,为非法安装的施工升降机顺利通过检测提供方便。

三、事故教训

(1)建设单位无视法律法规,一味追求经济利益。建设单位置国家相关法律法规于不顾,借资质自己搞施工,签订“阴阳合同”,集开发、施工和设备安装于一体,现场安全管理混乱。

(2)个别施工单位提供资质,收取管理费。协助建设单位签订“阴阳合同”,属于明显的卖牌子行为;而签订《公司内部经济责任承包合同》,是典型的项目经理大包干现象,为建设单位弄虚作假提供了途径。

(3)工程监理形同虚设。建筑工程咨询监理事务所置法律法规于不顾,同建设单位签订《委托监理补充协议》明确监理费一次包干,低成本必然造成管理粗放,一名监理管多个项目,人员不到岗,形成经营、管理上的恶性循环。

(4)检测单位安全管理存在漏洞。作为特种设备检测单位,某省建筑工程质量监督检测中心不重视前置条件检查,未按要求组织检测,凭经验编写数据,不负责任地出具检测合格报告,在安全管理上存在死角,为非法安装的施工升降机顺利通过检测提供方便。

(5)在工程施工过程中,从建设单位开始,分部工程被层层转包,最终由没有任何资质的包工队完成。

(6)执法管理存在漏洞。有关主管部门执法不严、日常监管不力,对建设单位利用施工单位资质自行组织施工,层层转包、私招乱雇等情况,未能及时发现并制止,对发现的重大安全隐患,对多次重复出现同类安全隐患的施工单位未采取任何措施,也未依法进行行政处罚。

四、事故预防措施

这是一起由于施工现场机械管理失控引发的生产安全责任事故。事故的发生暴露出建设单位违法发包、施工单位安全管理缺失、监理单位不认真履行职责等一系列问题。我们应认真吸取教训,做好以下几项工作:

(1)切实加强建设工程安全生产监督管理。各级政府安全生产监督管理部门应认真执行《中华人民共和国安全生产法》《中华人民共和国建筑法》《中华人民共和国合同法》《建筑企业资质管理规定》等法律法规,从源头上严把房地产开发等企业的项目招标投标、施工许可关。

(2)严格执法,严厉查处项目开发、设计、施工、监理、安装、检测等各环节中存在的弄虚作假行为,严格查处违法分包、转包和挂靠等行为。这起事故中,建设单位为追求利益最大化,置国家法律于不顾,串通有资质单位签订“阴阳合同”,自行组织施工,同时管理力量薄弱，层层转包，私招乱雇，只追求效益和进度，不要质量和安全。个别施工单位内部管理混乱，出卖职业资质的行为为其弄虚作假提供了便利。

(3)严格建筑市场准入管理，完善建筑市场清出机制。加强企业资质审批后监管，加大对建设工程违法发包行为的查处力度。施工升降机的安装和拆除作业专业性强、危险性大，必须由具备相应资质的专业队伍完成。安装前要编制方案，安装后经技术试验确认合格后方可投入运行。

(4)依法监理，严格自律，认真履行监理职责。工程监理虽是受业主委托和授权，但它是作为独立的市场主体为维护业主的正当权益服务的，在维护业主正当权益的同时，监理也应维护承包商的正当权益，按现行监理制度规定的监理依据、程序、方法规范化地履行职责。

(5)切实落实建筑施工企业的安全生产主体责任。建立建筑市场信用体系，督促建筑施工单位建立健全本单位安全生产管理规章制度，严厉打击建筑施工企业卖牌子的行为，同时加大安全隐患排查整治力度。

案例二　陕西省宝鸡市“7·14”塔吊倒塌事故

一、事故简介

2008年7月14日，陕西省宝鸡市某商住楼工程施工现场，发生一起塔式起重机在顶升过程中倒塌的事故，造成3人死亡、3人受伤，直接经济损失155万元。

该工程共30层，1、2层为商场，3层以上为住宅，建筑面积45 000 m^2，合同造价4 409.8万元。2007年11月，在尚未取得审批手续和施工许可证的情况下，工程擅自开工建设，截至2008年7月14日事发时，已施工至12层。

事故发生时，塔式起重机高度约60 m，已经安装两道附着，第一道附着高度23.5 m，第二道附着高度41.5 m。2008年7月14日12时左右，施工单位临时招来无特种作业资格证书的6名施工人员，对工程西侧的塔式起重机进行顶升作业。16时左右，正在顶升第2节标准节，当油缸顶升高度700 mm时，塔帽晃动，连接平衡臂与塔帽的拉杆在塔帽顶端连接处销轴脱落，平衡臂失稳，塔吊产生晃动，两块配重断裂，砸向平衡臂下约16 m处，平衡臂整体砸向臂下约13 m处，第2道附着拉断，塔吊失稳，塔身扭转倒塌，塔上作业人员坠落。

根据事故调查和责任认定，对有关责任方做出以下处理：建设单位法人代表、施工单位项目经理2人移交司法机关依法追究刑事责任；施工单位副经理、项目经理、监理单位项目总监等8名责任人分别受到撤职、暂停执业资格、吊销岗位证书等行政处罚；建设、施工、监理等单位分别受到罚款、暂扣安全生产许可证90天且两年内不得在该市参与工程施工投标、暂扣监理资质证书等行政处罚。

二、事故原因

1.直接原因

塔式起重机塔帽与平衡臂拉杆连接处销轴脱落。由于在“5·12”地震时平衡臂晃动，销轴、销孔严重变形，销轴末端开口销被切断、脱落，未进行修复或更换。顶升作业产生晃动，使已变形松动的销轴在南耳板拉杆处滑脱，平衡臂失稳，塔式起重机倒塌。

2. 间接原因

(1)建设单位在未取得建设工程规划许可证和施工许可证的情况下擅自开工,未按规定程序自行选定施工单位、监理单位,未委托质量安全监督机构对该工程进行监督,未将保证安全施工的措施报送建设主管行政部门备案。

(2)施工单位作为塔式起重机的产权、安装和使用单位,无特种设备安装、拆除资质,塔吊安装前,未制订塔吊安装方案;安装后,无设备验收、自检等资料。

(3)施工单位在塔式起重机使用前未按要求委托具有相应资质的检测机构进行特种设备检测,未做自检和日常维护保养,致使塔吊销轴、公差配合超差等隐患长期存在,未得到整改。

(4)施工单位在塔式起重机顶升作业前,未对作业人员进行安全技术交底,未对作业人员进行相关业务培训,作业过程中无具体的安全措施,也无专人现场负责。

(5)施工单位项目部无特种设备管理制度,无操作人员岗位职责,无特种设备日常维修、保养记录,项目部虽建立了安全生产责任制和相关制度,但未落到实处,对现场疏于管理,安全跟踪不到位。

(6)监理单位未按规定程序进场监理,对未办理施工许可证、未办理质量安全监督手续的违法行为监理措施不力。在工程监理过程中,监理人员更换频繁,总监代表不在现场办公,未能履行工程监理的职责。

三、事故教训

(1)安全意识淡薄。施工单位在无特种设备安装、拆除资质的情况下,擅自组织塔式起重机安装、顶升,严重违反了《建筑起重机械安全监督管理规定》。

(2)缺乏特种设备安全管理常识。施工单位在塔式起重机使用前未按要求委托具有相应资质的检测机构进行特种设备检测,未按操作规程要求组织自检和日常维护保养,在“5 · 12”地震后,没有及时进行全面检查和验收,致使隐患长期存在,发生事故。

(3)安全管理制度不健全。该项目部无特种设备管理制度,无操作人员岗位职责,无日常维修、保养记录,安全管理制度严重缺失。

(4)法律意识淡薄。建设单位无视国家有关法规要求,擅自组织施工,自行选定施工单位、监理单位。

(5)监理不到位。某工程技术质量咨询公司进场程序本身违法,所以对未办理施工许可证、未办理质量安全监督手续的违法行为视而不见。

(6)执法不到位。从工程开工到发生事故,8 个月间,违法建筑已建设 12 层,但有关部门监管不严,直至事故发生。

四、事故预防措施

这是一起由于违章顶升塔式起重机而引发的生产安全责任事故。事故的发生暴露出该工程参建各方安全法制意识淡薄、机械管理缺失等问题。我们应认真吸取事故教训,做好以下几方面工作:

(1)严格执行法规、部门规章及规范、标准。建筑起重机械应严格按照《建筑起重机械安全监督管理规定》办理备案手续,由具备相关资质的单位组织安装、拆除,并按规定组织检测,合格后方可使用。这起事故中,塔吊产权单位(也是使用单位)违反《建筑起重机械安全监督管理规定》,擅自招募临时无证人员对塔式起重机进行顶升作业。

(2)进一步明确和强化建设单位主体责任。建设单位违反《中华人民共和国城市规划法》《中华人民共和国建筑法》,在未取得审批手续和施工许可证的情况下擅自组织施工,使工程长期脱离监管,未能及时发现并处理事故隐患。应加强城市规划执法检查,认真组织建筑施工安全检查,并及时发现违法行为,及时制止和处理。

(3)建立健全安全管理规章制度。施工单位应根据《建筑起重机械安全监督管理规定》,建立特种设备管理制度,明确相关人员岗位职责,做好日常维修、保养记录。加强特种设备安全培训。塔式起重机使用过程中,应严格按照操作规程要求,进行自检和日常维护保养,特殊情况下,应组织全面检查和验收。

(4)依法监理,认真履行监理职责。根据我国工程建设法律法规,工程监理受业主委托和授权,但它是作为独立的市场主体为维护业主的正当权益服务的,应严格执行有关法律法规。

案例三　北京市朝阳区“2·27”起重机料斗坠落事故

一、事故简介

2006年2月27日,北京市朝阳区某地铁工程施工现场发生一起电动单梁起重机料斗坠落事故,造成3人死亡。

事发当日,5名施工人员在竖井下施工,其中3人在竖井底部进行清运土方作业。3时左右,使用的电动单梁(悬挂)起重机在提升过程中冲顶,吊钩滑轮与电动葫芦的护板发生严重撞击,导致电动葫芦钢丝绳断裂,致使料斗从井口处坠落至井底(落差约18 m),将3名在井底进行清土作业的人员砸伤致死。

根据事故调查和责任认定,对有关责任方做出以下处理:施工单位项目设备负责人、劳务队长、电动单梁起重机司机3名责任人移交司法机关依法追究刑事责任;施工单位经理、项目经理、监理单位项目总监等8名责任人分别受到罚款、吊销执业资格、记过等行政处罚;施工、监理、劳务等单位分别受到了降低施工资质、停止在北京市建筑市场投标资格12个月或3个月的行政处罚。

二、原因分析

1. 直接原因

吊钩滑轮组未设置有效的钢丝绳防脱槽装置。钢丝绳脱槽后被挤进滑轮缺口处受剪切,并在吊钩滑轮组冲顶联合作用下,导致钢丝绳断裂,料斗坠落,造成人员死亡。

2. 间接原因

(1)施工单位安排电动单梁(悬挂)起重机吊装作业,现场未设置专职信号指挥人员。对劳务分包单位缺乏有效管理,以包代管。在施工过程中,对作业现场缺乏监督和检查。

(2)施工单位对电动单梁(悬挂)起重机缺乏管理,对电动单梁(悬挂)起重机运行、安全状况的检查不到位,在电动单梁(悬挂)起重机上限位装置和导绳器被拆除、滑轮存在较大的径向缺口等安全隐患下,仍安排进行吊装作业,致使设备带病运行。

(3)电动单梁(悬挂)起重机操作人员不具备特种作业操作资格。作业人员违章在起吊料斗下方作业,作业面交叉严重,违反了基本的施工要求。

(4)分包单位对劳务人员的安全生产教育和培训不到位,对特种作业人员从业资格审查管理不严,作业人员不能掌握相关安全知识,操作不熟练。

(5)监理单位未认真履行安全生产监理职责,对施工现场长期没有专职信号工指挥起重机作业、电动单梁(悬挂)起重机带病运行未予以纠正。

三、事故教训

(1)在设备安全管理方面,对设备上存在的隐患要彻底加以整改(按照规范要求对吊钩滑轮组设置防脱槽装置,安装好上限位装置和导绳器),并定期检查起重机运行状况。

(2)在强化安全措施方面,要进一步落实安全生产责任,做到警钟长鸣。一是起重作业是特殊工种,作业人员必须经过专业培训,考核合格后才可进行上岗作业;二是管理者对起重作业的安全操作规程要严格执行,对司机的习惯性违章作业行为必须坚决予以制止;三是项目部要提高安全意识,安全管理工作是人命关天的大事,杜绝"三违"是减少安全事故的最有效措施之一,应立足防范,加强管理,排查隐患,及时查处违章指挥行为,以保证作业场所安全;四是要规范施工现场管理,尤其是要加强劳务分包队伍的管理,坚决杜绝以包代管或包而不管的行为;五是加强对施工现场作业人员的安全教育培训,提高其安全知识水平和安全防护意识;六是项目总监应认真履行监理的安全生产职责。

四、事故预防措施

这是一起由于单梁起重机滑轮组未设防脱槽装置,导致钢丝绳脱槽受剪断裂而引发的生产安全责任事故。事故的发生暴露出该工程设备管理工作存在严重缺陷、施工人员安全教育不到位、日常检查缺失等问题。我们应认真吸取教训,做好以下几方面工作。

1. 加强机械设备的管理

(1)机械设备管理工作在建设工程项目日常管理中是弱项,由于专业性强,往往会疏于管理。为此,应适当配备机械设备专业人员协助项目进行管理,这些专业管理人员应熟悉相关标准规范、赋予相关权利和责任。

(2)应针对不同设备特点加强机械设备管理,使各种机械设备得以合理使用。提高机械设备完好率。加强机械的保养,逐台建立设备档案,从使用年限到设备现状,从每次现场检验结果到每次定期的大修检验结果都应列入档案,由设备主管部门每年提出管理意见。

(3)对起重机械,除按照大修后进行结构检验外,还应定期进行全面检查,加强对作业现场设备的日常检查,对维修的设备必须组织验收合格后方可投入使用,坚决杜绝设备、设施带病运行。

2. 加强对特种设备作业人员的管理和培训

(1)严格审查特种作业人员的从业资格,杜绝不具备特种作业资格人员从事特种作业操作。

(2)起重设备操作人员必须经培训考核合格后持证上岗,必须具备使用保养知识,具备对起重设备使用规定的正确理解,具备对违章行为制止的素质,具备发生意外情况时紧急处理的能力。

3. 加强施工现场管理

(1)建立健全施工现场特种设备管理制度,施工现场的各种安全设备必须定期进行检查和维护,及时消除隐患。

(2)严格遵守安全操作规程,在施工过程中严格遵守国家有关安全生产规范、规程,严禁违章指挥和违章作业。

(3)加强对劳务队伍的管理,配备足够数量的安全管理人员,加强对劳务人员施工过程的管理。

案例四 江苏省无锡市"1·11"塔机倒塌事故

一、事故简介

2006年1月11日,无锡市某商住公寓工程施工现场发生一起塔式起重机倒塌事故,造成4人死亡、4人受伤。

该工程为框架混凝土结构,建筑面积7.3万m^2,合同造价5 000万元。工程基础土方工程由建设单位直接发包给无施工资质的某基础工程有限公司。事故发生时,正在进行基础上方施工,深基坑挖土尚未完成。为了安装塔式起重机,在南段中部先行局部开挖一个9.0 m×9.0 m,深11.5 m的基坑,塔式起重机型号为QTZ-80G,采用独立固定式基础,基础5.6 m×5.6 m×1.35 m,塔身安装自由高度34.2 m,加塔顶6.3 m,起重臂臂长55 m,平衡重14.2 t。塔式起重机基坑南侧为小平台陡坡,西侧接近垂直,无支护措施。

塔式起重机安装完毕后,未经检测机构检测就开始使用。同时,在工程南段继续开挖土方,白天将土堆置于塔式起重机基坑西南面及基坑内,塔身下段西南侧用竹篱笆挡土,由塔式起重机基础起,堆土高7~8 m,晚间利用塔式起重机和挖土机进行运土,且坡顶存放桩机和挖土机。1月11日20时左右,边坡发生坍塌,土方量约有500 m^2,坍塌的上方对塔式起重机产生了巨大的冲击,使其向东北方向倒塌,压垮农民工宿舍,导致人员伤亡。

根据事故调查和责任认定,对有关责任方做出以下处理:土方分包单位现场负责人移交司法机关依法追究刑事责任;总包单位项目经理、塔吊班长、总监理工程师代表等15名责任人分别受到吊销执业资格、吊销岗位证书、暂停执业资格、罚款等行政处罚;总分包、建设、监理等单位分别受到罚款、1年内停止在该市承接工程等行政处罚。

二、原因分析

1. 直接原因

塔式起重机深基坑坍塌的上方对塔式起重机造成冲击。经计算,塔身柱脚段受到的水平侧压力约为180 t,而设计承载力为10 t,塔身柱脚弯矩约485 t·m,而设计承载力为210 t·m,远超过塔式起重机设计承载力,致使柱脚方钢管破坏,导致塔式起重机倾覆。

2. 间接原因

(1)建设单位违法分包,肢解工程,将土方施工违法指定分包给无资质的施工单位,将桩基础施工违规指定发包,造成总承包单位无法有效履行总承包管理职责,不能对现场施工安全开展有效协调管理。未组织3家施工单位签订安全生产协议。

(2)基础工程有限公司无资质承担工程,项目负责人无证上岗,违章指挥,坑边大量堆土;各项安全管理制度不健全,不落实,编制的施工组织设计未经监理审批,就开始组织进行施工,作业区域内塔式起重机未编制专项施工方案,未制定相应的安全技术措施。作业前未进行安全教育及安全技术交底;未能对安全工作实施有效管理;未设专职安全生产

管理人员。

(3)施工单位在塔式起重机基础施工过程中,未按规定放坡且在基坑西侧违规堆土。当两侧出现裂纹且有塌方的情况下未采取有效措施,而是继续进行挖掘作业。

(4)监理单位未能有效地履行监理职责,对放坡不到位和西南侧堆土过高、边坡裂缝存在塌方危险虽提出过意见但未督促施工单位整改。

(5)该市建设机械施工有限公司按建设单位要求,编造虚假资料,在申报的工程承接范围中包含了土方施工单位的土方工程,并缴纳了该土方施工部分的规费,致使无资质的公司能在工地实施挖土作业。另外,该塔式起重机未经检测机构检测就开始作业。

三、事故教训

(1)法律意识淡薄。建设单位无视《中华人民共和国合同法》《中华人民共和国建筑法》《建筑企业资质管理规定》等有关法律法规和规章,肢解工程,违法分包。

(2)安全管理存在死角。施工单位安全检查走过场,隐患整改浮于表面,在现场存在诸多重大隐患的情况下,未采取有效措施予以消除。

(3)侥幸心理严重。某基础工程有限公司无土方施工资质,违法承揽工程,项目负责人无证上岗,同时违章指挥,致使现场存在重大隐患。

(4)监理不到位。监理单位虽提出过意见,但未督促施工单位整改,未能有效地履行安全生产监理职责。

四、事故预防措施

这是一起由于土方坍塌导致塔式起重机倾覆的生产安全责任事故,事故的发生暴露出该工程土方施工管理失控,安全检查缺失、建设单位违法肢解发包工程等问题。我们应认真吸取教训,做好以下几方面工作:

(1)总包单位对施工现场的安全管理负总责。要建立健全安全生产管理规章制度,加强管理人员安全培训教育,同时应认真组织安全检查,及时消除事故隐患。

(2)必须加强建设单位违法行为的监管。这起事故中,建设单位本应认真执行国家有关法律法规和规章,增强法律意识,选择合格分包方,依法发包。由于肢解工程,非法发包,违法指定桩基础施工单位,致使施工总承包单位难以协调、管理。土方施工单位为承揽工程,协助建设单位,申报虚假资料,严重违反有关法律法规,结果得不偿失。总承包单位起重机械在未经检测的情况下,应拒绝塔式起重机的配合作业,在现场存在多处重大隐患时,应组织有关单位立即进行整改,并将违法行为上报。

(3)必须提高监理单位的监督效能。作为监理单位,应加强安全生产监督检查,及时发现、清退不具备相关资质的分包单位。为使工程项目按施工合同顺利建成,在维护业主正当权益的同时,监理人员也应维护承包商的正当权益,发现现场存在的安全隐患,要立即通知有关单位,进行彻底整改,拒不整改的,应立即上报,有效地履行安全生产监理职责。

案例五　某建筑场地搅拌机安全事故

一、事故简介

2002 年 4 月 24 日,在某中建局总包、广东某建筑公司清包的动力中心及主厂房工程

工地上,动力中心厂房正在进行抹灰施工,现场使用一台JGZ350型混凝土搅拌机用来拌制抹灰砂浆。9时30分左右,由于从搅拌机出料口到动力中心厂房西北侧现场抹灰施工点约有200 m的距离,两台翻斗车进行水平运输,加上抹灰工人较多,造成砂浆供应不上,工人在现场停工待料。身为抹灰工长的文某非常着急,到砂浆搅拌机边督促拌料。因文某本人安全意识不强,趁搅拌机操作工去备料而不在搅拌机旁的情况下,私自违章开启搅拌机,且在搅拌机运行过程中,将头伸进料口边查看搅拌机内的情况,被正在爬升的料斗夹到头部,人跌倒在料斗下,料斗下落又压到文某的胸部,造成大量出血。事故发生后,现场负责人立即将文某急送医院,后抢救无效,于当日上午10时左右死亡。

本起事故的直接经济损失约为22.25万元。两家事故单位根据事故联合调查小组的调查分析,对有关责任人做出以下处理:清包企业领导缺乏对职工的安全上岗教育,违反五大规程关于安全教育的规定,对本次事故负有领导责任,法人代表刘某,做书面检查;分管安全生产的副经理金某,给予罚款的处分;清包企业驻现场负责人顾某,对施工现场的安全管理不力,对本次事故负有重要责任,给予行政警告和罚款的处分;总包项目经理于某,对现场的安全检查监督不力,对本次事故负有一定的责任,给予罚款的处分;总包法人代表林某,对现场的安全管理不够,对本次事故负有领导责任,做书面检查;抹灰工长文某,在搅拌机操作工不在场的情况下,私自违章操作搅拌机,在本次事故中负有主要责任,鉴于文某已死亡,免于追究责任。

二、事故原因分析

1. 直接原因

身为抹灰工长的文某,安全意识不强,在搅拌机操作工不在场的情况下违章作业,擅自开启搅拌机,且在搅拌机运行过程中将头伸进料斗内,导致料斗夹到其头部,是造成本次事故的直接原因。

2. 间接原因

(1)总包单位项目部对施工现场的安全管理不严,施工过程中的安全检查督促不力。

(2)清包单位对职工的安全教育不到位,安全技术交底未落到实处,导致抹灰工擅自开启搅拌机。

(3)施工现场劳动组织不合理,大量抹灰作业仅安排三名工人和一台搅拌机进行砂浆搅拌,造成抹灰工在现场停工待料。

(4)搅拌机操作工为备料而不在搅拌机旁,给无操作证人员违章作业创造条件。

(5)施工作业人员安全意识淡薄,缺乏施工现场的安全知识和自我保护意识。抹灰工长文某违章作业,擅自操作搅拌机,是造成本次事故的主要原因。

三、事故教训和预防措施

(1)工程施工必须建立各级安全管理责任,施工现场各级管理人员和从业人员都应按照各自职责严格执行规章制度,杜绝违章作业的情况发生。

(2)施工现场的安全教育和安全技术交底不能仅仅放在口头,而应落到实处,要让每个施工从业人员都知道施工现场的安全生产纪律和各自工种的安全操作规程。

(3)现场管理人员必须强化现场的安全检查力度,加强对施工危险源作业的监控,完善有关的安全防护设施。

(4)施工现场应合理组织劳动力,根据现场实际工作量的情况配置和安排充足的人力与物力,保证施工正常进行。

(5)施工作业人员应进一步提高自我防范意识,明确自己的岗位和职责,不能擅自操作自己不熟悉或与自己工种无关的设备设施。

学习项目 8　施工现场临时用电安全生产技术

【知识目标】

1. 掌握施工现场临时用电三项基本原则。
2. 了解施工现场用电组织设计的基本内容。
3. 熟悉配电室的布置和基本保护系统的设置要点。
4. 掌握架空线路敷设的原则。
5. 掌握施工现场照明安全电压的选用。

【能力目标】

能保障施工现场临时供电用电安全,防止触电和电器火灾事故的发生。

【案例引入】

河北省石家庄市"5·31"触电事故

2005 年 5 月 31 日,河北省石家庄市电机科技园专特电机生产厂房工程在施工过程中,发生一起触电事故,造成 3 人死亡、3 人轻伤,直接经济损失约 25 万元。

事发当日,分包单位 10 名施工人员进行室内顶棚的粉刷作业,作业采用长、宽均为 5.7 m,高 11.25 m,底部设有刚性滚动轮的移动式方形操作平台。19 时左右,在未对操作平台底部地面上的塑料电缆线采取任何保护措施的情况下,施工人员移动操作平台,平台的刚性滚动轮与塑料电缆线斜向碾压,将塑料电缆绝缘层轧破造成平台整体带电,导致正在平台上作业的 6 名施工人员触电。

根据事故调查和责任认定,对有关责任方做出以下处理:项目经理、监理工程师、现场电工等 13 名责任人受到暂停执业资格、吊销上岗证书、罚款等行政处罚;总分包、监理等单位受到暂扣安全生产许可证、降低施工资质等级等行政处罚。

【案例思考】

针对上述案例,试分析事故发生的可能原因、事故的责任划分、可采取哪些预防措施。

8.1　施工临时用电基本原则

建筑施工现场临时用电工程采用的电源中性点直接接地的 220/380 V 三相四线制低压电力系统,必须符合下列规定:一是必须采用三级配电系统;二是必须采用 TN－S 接零保护系统;三是必须采用二级漏电保护系统和两道防线。

8.1.1 采用三级配电系统

三级配电系统指施工现场从电源进线开始至用电设备之间,经过三级配电装置配送电力,即由总配电箱(一级箱)或配电室的配电柜开始,依次经由分配电箱(二级箱)、开关箱(三级箱)到用电设备,如图8-1所示。这种分三个层次逐级配送电力的系统就称为三级配电系统。

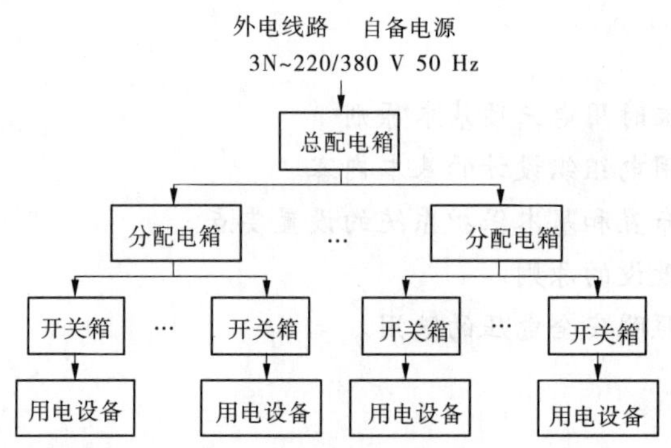

图8-1 三级配电系统示意图

为保证三级配电系统能够安全、可靠、有效地运行,在实际设置系统时应遵守以下四项规则。

8.1.1.1 分级分路规则

(1)从一级总配电箱(配电柜)向二级分配电箱配电可以分路。即一个总配电箱(配电柜)可以分若干分路向若干分配电箱配电。

(2)从二级分配电箱向三级开关箱配电同样可以分路。即一个分配电箱也可以分若干分路向若干开关箱配电。

(3)从三级开关箱向用电设备配电必须实行"一机一闸"制,不存在分路问题。即每一个开关箱只能连接控制一台与其相关的用电设备(含插座),包括一组不超过30 A负荷的照明器,或每一台用电设备必须有其独立专用的开关箱。

8.1.1.2 动力与照明分路设置规则

动力配电箱与照明配电箱宜分别设置:若动力与照明合置于同一配电箱内共箱配电,则动力与照明应分路配电。动力开关箱与照明开关箱必须分箱设置,不存在共箱分路设置问题。

8.1.1.3 压缩配电间距规则

压缩配电间距规则是指除总配电箱、配电室(配电柜)外,分配电箱与开关箱之间,开关箱与用电设备之间的空间间距应尽量缩短。按照规范的规定,压缩配电间距规则可用以下三个要点说明:

(1)分配电箱应设在用电设备或负荷相对集中的场所。

(2)分配电箱与开关箱的距离不得超过30 m。

(3)开关箱与由其供电的固定式用电设备的水平距离不宜超过3 m。

8.1.1.4　环境安全规则

环境安全规则是指配电系统对其设置和运行环境安全因素的要求。按照相关规范的规定，配电系统对其设置和运行环境安全因素的要求可用以下五个要点说明：

(1)环境保持干燥、通风、常温。

(2)周围无易燃易爆物及腐蚀介质。

(3)能避开外物撞击、强烈振动、液体浸溅和热源烘烤。

(4)周围无灌木、杂草丛生。

(5)周围不堆放器材、杂物。

8.1.2　采用 TN－S 接零保护系统

TN－S 接零保护系统是指在施工用电工程中采用具有专用保护零线(PE 线)、电源中性点直接接地的 220/380 V 三相四线制低压电力系统，或称三相五线系统。T 代表电源中性点直接接地，N 代表电气设备外露可导电部分通过零线接地，S 代表工作零线(N 线)与保护零线(PE 线)分开的系统，如图 8-2 所示。

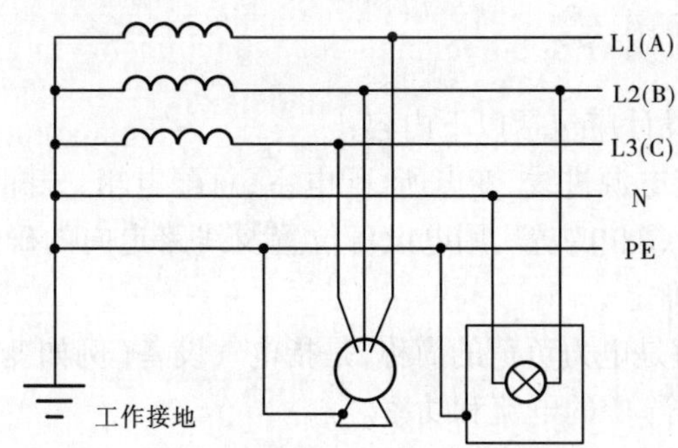

L1、L2、L3—相线；N—工作零线；PE—保护零线

图 8-2　TN－S 系统

该系统的主要技术特点是：

(1)电力变压器低压侧中性点直接接地，接地电阻值不大于 4 Ω。

(2)电力变压器低压侧共引出 5 条线，其中除引出三条分别为黄、绿、红的绝缘线相线(火线)L1、L2、L3(A、B、C)外，尚须于变压器二次侧中性点(N)接地处同时引出两条零线。一条称为工作零线(浅蓝色绝缘线)(N 线)，另一条称为保护零线(PE 线)。其中，工作零线(N 线)与相线(L1、L2、L3)一起作为三相四线制工作线路使用；保护零线(PE 线)只作电气设备接零保护使用，即只用于连接电气设备正常情况下不带电的金属外壳、基座等。两种零线(N 和 PE)不得混用，为防止无意识混用，保护零线(PE 线)应采用具有绿／黄双色绝缘标志的绝缘铜线，以与工作零线和相线相区别。同时，为保护接地、接零保护系统可靠，在整个施工现场的 PE 线上还应做不少于 3 处的重复接地，且每处接地电阻值不得大于 10 Ω。

8.1.3 采用二级漏电保护系统

采用二级漏电保护系统是指在施工现场供配电系统的总配电箱(配电柜)和开关箱首、末二级配电装置中设置漏电保护器。其中,总配电箱(配电柜)中的漏电保护器可以设置于总路,也可以设置于各分路,但不必重叠设置 。实行分级、分段漏电保护的具体体现是合理选择总配电箱(配电柜)、开关箱中漏电保护器的额定漏电动作参数。

8.2 临时用电组织设计

施工现场临时用电设备在 5 台及以上或设备总容量在 50 kW 及以上者,应编制用电组织设计。施工临时用电设备在 5 台以下和设备总容量在 50 kW 以下者,应制定安全用电技术措施和电气防火措施。临时用电组织设计及变更时,必须履行“编制、审核、批准”程序,由电气工程技术人员组织编制,经相关部门审核及具有法人资格企业的技术负责人批准后实施。变更用电组织设计时应补充有关图纸资料。

8.2.1 用电组织设计内容

施工现场用电组织设计应包括以下内容:

(1)现场勘测。确定电源进线、变电所、配电室、总配电箱、分配电箱等的位置及线路走向。电源进线、变电所、配电装置、用电设备位置及线路走向的确定要依据现场勘测资料提供的技术条件综合确定。

(2)负荷计算。负荷是电力负荷的简称,是指电气设备(例如变压器、发电机、配电装置、配电线路、用电设备等)中的电流和功率。

负荷在配电系统设计中是选择电器、导线、电缆,以及供电变压器和发电机的重要依据。

(3)选择变压器。施工现场电力变压器的选择主要是指为施工现场用电提供电力的 10/0.4 kV 级电力变压器的形式和容量的选择。

(4)设计配电系统。配电系统主要由配电线路、配电装置和接地装置三部分组成。其中配电装置是整个配电系统的枢纽,经过配电线路、接地装置的连接,形成一个分层次的配电网络。

(5)设计防雷装置。施工现场主要是防雷直击,对于施工现场专设的临时变压器,还要考虑防感应雷的问题。施工现场防雷装置设计的主要内容是选择和确定防雷装置设置的位置、防雷装置的形式、防雷接地的方式和防雷接地电阻值。所有防雷冲击接地电阻值均不得大于 30 Ω。

(6)确定防护措施。施工现场在电气领域里的防护主要是指施工现场外电线路和电气设备对易燃易爆物、腐蚀介质、机构损伤、电磁感应、静电等危险环境因素的防护。

(7)制定安全用电措施和电气防火措施。对于用电设备在 5 台以下和设备总容量在 50 kW 以下的小型施工现场,可以不系统编制用电组织设计,但仍应制定安全用电措施和电气防火措施,并且要履行与用电组织设计相同的“编、审、批”程序。

8.2.2 临时用电安全技术档案内容

施工现场临时用电必须建立安全技术档案,并应包括下列内容:

(1)用电组织设计的全部资料。

(2)修改用电组织设计的资料。

(3)用电技术交底资料。

(4)用电工程检查验收表。

(5)电气设备的试验、检验凭单和调试记录。

(6)接地电阻、绝缘电阻和漏电保护器漏电动作参数测定记录表。

(7)电工安装、巡检、维修、拆除工作记录。

8.3 供配电系统

8.3.1 配电室的布置

配电室的布置主要是指配电室内配电柜的空间排列。

(1)配电柜正面的操作通道宽度,单列布置或双列背对背布置时不小于1.5 m,双列面对面布置时不小于2 m。

(2)配电柜后面的维护通道宽度,单列布置或双列面对面布置时不小于0.8 m,双列背对背布置时不小于1.5 m;个别地点有建筑物结构突出的空地,则此点通道宽度可减少0.2 m。

(3)配电柜侧面的维护通道宽度不小于1 m。

(4)配电室内设置值班室或检修室时,该室边缘距配电柜的水平距离大于1 m,并采取屏障隔离。

(5)配电室内的裸母线与地面通道的垂直距离不小于2.5 m,小于2.5 m时应采用遮栏隔离,遮栏下面的通道高度不小于1.9 m。

(6)配电室围栏上端与其正上方带电部分的净距不小于75 mm。

(7)配电装置上端(含配电柜顶部与配电母线排)距天棚不小于0.5 m。

(8)配电室经常保持整洁,无杂物,门向外开,并配锁。

配电室的照明应包括两个彼此独立的照明系统。一是正常照明,二是事故照明。

8.3.2 临时用电基本保护系统

施工现场的用电系统,不论其供电方式如何,都属于电源中性点直接接地的220/380 V三相五线制低压电力系统。为了保证用电过程中系统能够安全、可靠地运行,并对系统本身在运行过程中可能出现的诸如接地、短路、过载、漏电等故障进行自我保护,在系统结构配置中必须设置一些与保护要求相适应的子系统,即接地保护系统、过载与短路保护系统、漏电保护系统,它们的组合就是用电系统的基本保护系统。

基本保护系统的设置不仅仅限于保护用电系统本身,而且更重要的是保护用电过程

中人的安全和财产安全,特别是防止人体触电和电气火灾事故。

在 TN 系统中,如果中性线或零线为两条线,其中一条零线用作工作零钱,用 N 表示;另一条零线用作接地保护线,用 PE 表示,即将工作零线与保护零线分开使用,这样的接零保护系统称为 TN－S 系统。

在施工现场用电工程专用的电源中性点直接接地的 220/380 V 三相五线制低压电力系统中,必须采用 TN－S 接零保护系统,严禁采用 TN－C 接零保护系统。

当施工现场与外电线路共用同一供电系统时,电气设备的接地、接零保护应与原系统保持一致。不得一部分设备作保护接零,另一部分设备作保护接地。

当采用 TN 系统作保护接零时,工作零线(N 线)必须通过总漏电保护器,保护零线(PE 线)必须由电源进线零线重复接地处或总漏电保护器电源侧零线处引出形成局部 TN－S 接零保护系统。

8.3.2.1　**PE 线的引出位置**

对于专用变压器供电时的 TN－S 接零保护系统,PE 线必须由工作接地线、配电室(总配电箱)电源侧零线或总漏电保护器(RCD)电源侧零线处引出;对于共用变压器三相五线供电时的局部 TN－S 接零保护系统,PE 线必须由电源进线零线重复接地处或总漏电保护器电源侧零线处引出。

8.3.2.2　**PE 线与 N 线的连接关系**

经过总漏电保护器 PE 线和 N 线分开,其后不得再作电气连接。

8.3.2.3　**PE 线与 N 线的应用区别**

PE 线是保护零线,只用于连接电气设备外漏可导电部分,在正常工作情况下无电流通过,且与大地保持等电位;N 线是工作零线,作为电源线用于连接单相设备或三相四线设备,在正常工作情况下会有电流通过,被视为带电部分,且对地呈现电压。所以,在实用中不得混用或代用。

8.3.2.4　**PE 线的重复接地**

PE 线的重复接地不应少于三处,应分别设置于供配电系统的首端、中间、末端,每处重复接地电阻值(指工频接地电阻值)不应大于 10 Ω。重复接地必须与 PE 线相连接,严禁与 N 线相连接,否则 N 线中的电流将会分流经大地和电源中性点工作接地处形成回路,使 PE 线对地电位升高而带电。

PE 线重复接地的目的,一是降低 PE 线的接地电阻,二是防止 PE 线断线而导致接地保护失效。

8.3.2.5　**PE 线的绝缘色**

为了明显区分 PE 线和 N 线以及相线,按照国际统一标准,PE 线一律采用绿／黄双色绝缘线。

顺便指出,在施工现场用电工程的用电系统中,作为电源的电力变压器和发电机中性点直接接地的工作接地电阻值,在一般情况下都不大于 4 Ω。

8.3.3　漏电保护系统设置要点

8.3.3.1　采用二级漏电保护系统

二级漏电保护系统是指在施工现场基本供配电系统的总配电箱(配电柜)和开关箱首、末二级配电装置设置漏电保护器。其中,总配电箱(配电柜)中的漏电保护器可以设置于总路,也可以设置于各分路,但不必重复设置。漏电保护器的接线方法见图8-3。

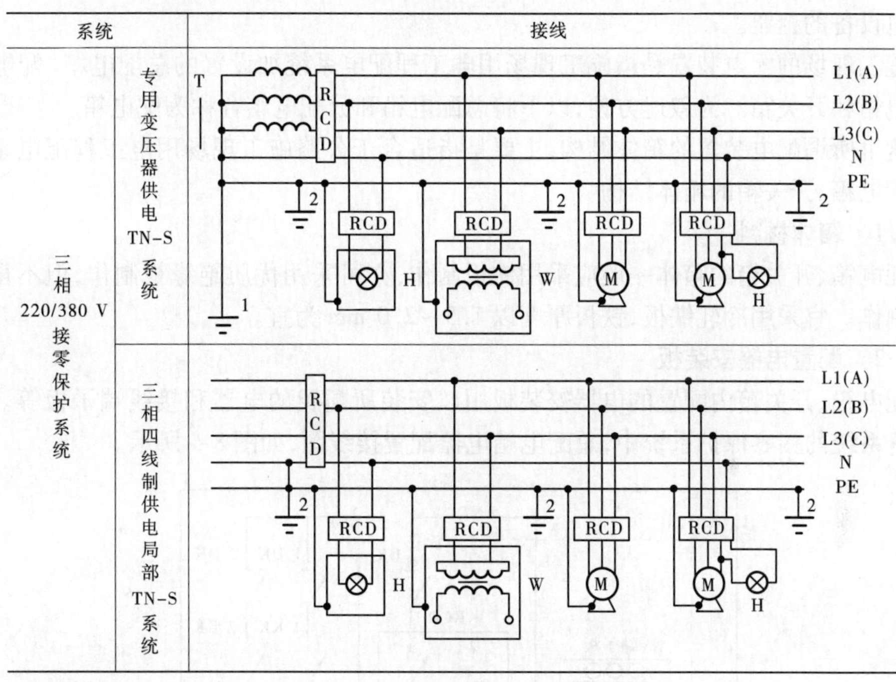

1—工作接地;2—重复接地;T—变压器;M—电动机;W—电焊机;H—照明器;RCD—漏电保护器

图8-3　漏电保护器的接线方法

8.3.3.2　实行分级、分段漏电保护原则

实行分级、分段漏电保护的具体体现是合理选择总配电箱(配电柜)、开关箱中漏电保护器的额定漏电动作参数。动作参数规定如下:

(1)开关箱。一般场所漏电动作电流不大于30 mA,漏电动作时间不大于0.1 s;潮湿与腐蚀介质场所漏电动作电流不大于15 mA,如潜水泵、夯土机械、Ⅰ类或Ⅱ类(塑料外壳除外)手持式电动工具、地下室等所用开关箱。

(2)总配电箱漏电动作电流应大于30 mA,漏电动作时间应大于0.1 s,但漏电动作电流与漏电动作时间的乘积不应大于30 mA·s。

(3)漏电保护器极数和线数必须与负荷的相数和线数保持一致。

(4)漏电保护器的电源进线类别(相线或零线)必须与其进线端标记一一对应,不允许交叉混接。更不允许将PE线当N线接入漏电保护器。

(5)漏电保护器在结构选型时,宜选用无辅助电源型(电磁式)产品,或选用辅助电源故障时能自动断开的辅助电源型(电子式)产品。若选用辅助电源故障时不能断开的辅

助电源型(电子式)产品,应同时设置缺相保护。

(6)漏电保护器必须与用电工程合理的接地系统配合使用,才能形成完备、可靠的防触电保护系统。

8.3.4 配电装置

配电装置是配电系统中电源与用电设备之间传输、分配电力的电气装置,是联系电源和用电设备的枢纽。

施工现场的配电装置是指施工现场用电工程配电系统加设置的总配电箱(配电柜)、分配电箱和开关箱。为叙述方便,以下将总配电箱和分配电箱合称为配电箱。

这里所谓配电装置的箱体结构,主要是指适合于公路施工现场用电工程配电系统使用的配电箱、开关箱的箱体结构。

8.3.4.1 箱体材料

配电箱、开关箱的箱体一般应采用铁板制作,亦可采用优质绝缘板制作,但不得采用木板制作。宜采用冷轧铁板,铁板厚度以1.5~2.0 mm为宜。

8.3.4.2 配置电器安装板

配电箱、开关箱内配置的电器安装板用以安装所配置的电器和接线端子板等。采用TN-S系统的接零保护系统中,总配电箱电器配置接线图,如图8-4所示。

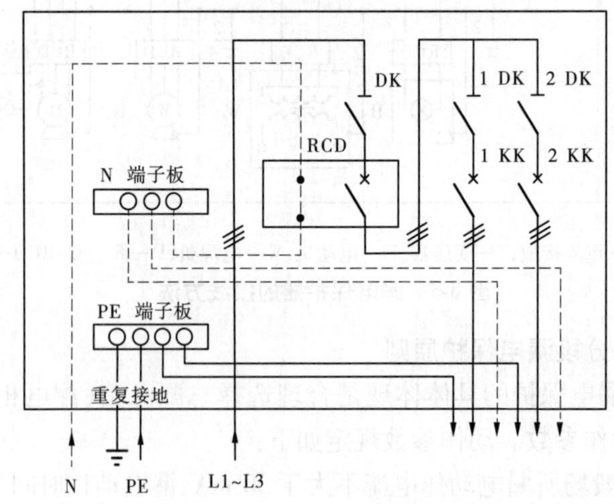

DK、1DK、2DK—电源隔离开关;RCD—漏电保护器;1KK、2KK—断路器

图8-4 总配电箱电器配置接线图

当铁质电器安装板与铁质箱体之间采用折页作活动连接时,必须在二者之间跨接编织软铜线。

8.3.4.3 加装N、PE接线端子板

配电箱、开关箱应设置N线和PE线端子板,以防止N线和PE线混接、混用。

(1)N、PE端子板必须分别设置,固定安装在电器安装板上,并作符号标记,严禁合设在一起。其中N端子板与铁质电器安装板之间必须保持绝缘;而PE端子板与铁质电器

安装板之间必须保持电气连接。当采用铁箱配装绝缘电器安装板时,PE 端子板应与铁质箱体作电气连接。

(2)PE 端子板的接线端子板数应与箱体内的进线和出线的总路数保持一致。

(3)PE 端子板应采用紫铜板制作。

8.3.4.4 配电装置的电器配置与接线

在施工现场用电工程配电系统中,配电装置的电器配置与接线为与基本供配电系统和基本保护系统相适应,必须具备三种基本功能:

(1)电源隔离功能。

(2)正常接通与分断电路功能。

(3)过载、短路、漏电保护功能(对于分配电箱,漏电保护功能可不要求)。

1. 总配电箱的电器配置

(1)当总路设置总漏电保护器时,还应装设总隔离开关、分路隔离开关以及总断路器、分路断路器或总熔断器、分路熔断器(或总自动开关和分路自动开关)。

(2)当各分路设置分路漏电保护器时,还应装设总隔离开关、分路隔离开关以及总断路器、分断路器或总熔断器、分路熔断器。

(3)隔离开关应设置于电源进线端,应采用具有可见分断点并能同时断开电源所有极或彼此靠近的单极隔离电器,不得采用不具有可见分断点的电器。

2. 分配电箱的电器配置

在采用二级漏电保护的配电系统中,分配电箱中不要求设置漏电保护器,此时分配电箱的电器配置应符合下述原则:

(1)总路设置总隔离开关,以及总断路器或总熔断器。

(2)分路设置分路隔离开关,以及分路断路器或分路熔断器。

(3)隔离开关设置于电源进线端。

根据这些原则,分配电箱应装设两类电器,即隔离电器和短路与过载保护电器,其配置次序依次是隔离电器、短路与过载保护电器,不可颠倒。

3. 开关箱的电器配置

开关箱的电器配置与接线要与用电设备负荷类别相适应。

8.3.4.5 配电装置的使用与维护

配电装置的使用:

(1)配电装置的箱(柜)门处均应有名称、用途、分路标记,以及内部电气系统接线图,以防误操作。

(2)配电装置均应配锁,并由专人负责开启和关闭上锁。

(3)电工和用电人员工作时,必须按规定穿戴绝缘、防护用品,使用绝缘工具。

(4)配电装置送电和停电时,必须严格遵循下列操作顺序:

送电操作顺序为:总配电箱(配电柜)—分配电箱—开关箱。

停电操作顺序为:开关箱—分配电箱—总配电箱(配电柜)。

(5)如发生人员触电或电气火灾的紧急情况,则允许就地、就近迅速切断电源。

(6)施工现场下班停止工作时,必须将下班后不用的配电装置分闸断电并上锁。班

中停止作业 1 h 及以上时，相关动力开关箱应断电上锁。暂时不用的配电装置也应断电上锁。

(7)配电装置必须按其正常工作位置安装牢固、稳定、端正。固定式配电箱、开关箱的中心点与地面的垂直距离应为 1.4 m、1.6 m；移动式配电箱、开关箱的中心点与地面的垂直距离宜为 0.8 ~ 1.6 m。

(8)配电箱、开关箱内的电气配置和接线严禁随意改动，且不得随意挂接其他用电设备。

(9)配电装置的漏电保护器应于每次使用时用试验按钮试跳一次，只有试跳正常才可继续使用。

8.4　配电线路

在供配电系统中，除了有配电装置作为配电枢纽，还必须有联结配电装置和用电设备、传输、分配电能的电力线路，这就是配电线路。施工现场的配电线路，按其敷设方式和场所不同，主要有架空线路、电缆线路、室内配线三种。设有配电室时，还应包括配电母线。

8.4.1　配电线的选择

配电线的选择，实际上就是架空线路导线，电缆线路电缆，室内线路导线、电缆，以及配电母线的选择。

8.4.1.1　架空线的选择

架空线的选择主要是选择架空线路导线的种类和导线的截面，其选择依据主要是线路敷设的要求和线路负荷计算的电流。

架空线中各导线截面与线路工作制的关系为：三相五线制工作时，N 线和 PE 线截面不小于相线(L 线)截面的 50%；单相线路的零线截面与相线截面相同。

架空线的绝缘色应符合下述统一规定：当考虑架空线相序排列时，L1(A 相)为黄色，L2(B 相)为绿色，L3(C 相)为红色。另外，N 线为淡蓝色，PE 线为绿 / 黄双色。

8.4.1.2　电缆的选择

电缆的选择主要是选择电缆的类型、截面和芯线配置，其选择依据主要是线路敷设的要求和线路负荷计算的计算电流。

根据基本供电系统的要求，电缆中必须包含线路工作制所需要的全部工作芯线和 PE 线。特别需要指出，需要三相五线制配电的电缆线路必须采用五芯电缆，而采用四芯电缆外加一条绝缘线等配置方法都是不规范的。

五芯电缆中，除包含三条相线外，还必须包含用作 N 线的淡蓝色芯线和用作 PE 线的绿 / 黄双色芯线。其中，N 线和 PE 线的绝缘色规定，同样适用于四芯、三芯等电缆。而五芯电缆中相线的绝缘色则一般由黑、棕、白三色中的两种搭配。

8.4.1.3　室内配线的选择

室内配线必须采用绝缘导线或电缆。

除以上三种配线方式外，在配电室里还有一个配电母线问题。由于施工现场配电母线常常采用裸扁铜板或裸扁铝板制作成裸母线，因此安装时，必须用绝缘子支撑固定在配电柜上，以保持对地绝缘和电磁（力）稳定性。

8.4.2　架空线路的敷设

架空线路一般包括四部分，即电杆、横担、绝缘子和绝缘导线。如采用绝缘横担，则架空线路可由电杆、绝缘横担、绝缘线三部分组成。

8.4.2.1　架空线相序排列顺序

动力、照明线在同一横担上架设时，导线相序排列顺序是：面向负荷从左侧起依次为L1、N、L2、L3、PE。

动力、照明线在二层横担上分别架设时，导线相序排列顺序是：上层横担面向负荷从左侧起依次为L1、L2、L3；下层横担面向负荷从左侧起依次为L（L1、L2、L3）、N、PE。

8.4.2.2　架空线路的安全距离

外电线路的安全距离是带电导体与其附近接地的物体以及人体之间必须保持的最小空间距离或最小空气间隙。在施工现场中，安全距离问题主要是指在建工程（含脚手架）的外侧边缘与外电架空线路的边线之间的最小安全操作距离（见表8-1）、施工现场的机动车道与外电架空线路交叉时的最小安全垂直距离（见表8-2）和在外电架空线路附近吊装时，起重机的任何部位或被吊物边缘在最大偏斜时与架空线路边线的最小安全距离（见表8-3）。

表8-1　在建工程的外侧边缘与外电架空线路的边线之间的最小安全操作距离

外电线路电压等级（kV）	<1	1～10	35～110	220	330～500
最小安全操作距离（m）	4.0	6.0	8.0	10	15

表8-2　施工现场的机动车道与外电架空线路交叉时的最小安全垂直距离

外电线路电压等级（kV）	<1	1～10	35
最小垂直距离（m）	6.0	7.0	7.0

表8-3　起重机与架空线路边线的最小安全距离

安全距离（m）	电压（kV）						
	<1	10	35	110	220	330	500
沿垂直方向	1.5	3.0	4.0	5.0	6.0	7.0	8.5
沿水平方向	1.5	2.0	3.5	4.0	6.0	7.0	8.5

8.4.2.3　电缆线路的敷设

电缆敷设应采用埋地或架空两种方式，严禁沿地面明设，以防机械损伤和介质腐蚀。直埋电缆在穿越建筑物、构筑物、道路、易受机械损伤、介质腐蚀场所及引出地面从2 m高到地下0.2 m处必须加设防护套管，防护套管内径不应小于电缆外径的1.5倍，电缆接线

盒应能防水、防尘、防机械损伤,并远离易燃、易爆、易腐蚀场所。

8.4.2.4 **室内配线的敷设**

安装在现场办公室、生活用房、加工棚等暂设建筑内的配电线路,通称为室内配电线路,简称室内配线。

室内配线分为明敷设和暗敷设两种。

明敷设可采用瓷瓶、瓷(塑料)夹配线,嵌绝缘槽配线和钢索配线三种方式。不得悬空乱拉。明敷主干线的距地高度不得小于2.5 m。

暗敷设可采用绝缘导线穿管埋墙或埋地方式和电缆直埋墙或直埋地方式。暗敷设线路部分不得有接头。暗敷设金属穿管应作等电位连接,并与PE线相连接。潮湿场所或埋地非电缆(绝缘导线)配线必须穿管敷设,管口和管接头应密封。严禁将绝缘导线直埋地下。

8.5 施工现场照明

8.5.1 照明设置的一般规定

(1)在坑洞内作业、夜间施工或作业工棚、料具堆放场、道路、仓库、办公室、食堂、宿舍等自然采光差的场所,应设一般照明、局部照明或混合照明。在一个工作场所内,不得只设局部照明。

(2)停电后作业人员需要及时撤离现场的特殊工程,例如夜间高处作业工程及自然采光很差的深坑洞工程等场所,还必须装设由独立自备电源供电的应急照明。

(3)对于夜间影响行人和车辆安全通行的在建工程,如开挖的沟、槽、孔洞等,应在其邻边设置醒目的红色警戒照明。

对于夜间可能影响飞机及其他飞行器安全通行的主塔及高大机械设备或设施,如塔式起重机、外用电梯等,应在其顶端设置醒目的红色警戒照明。

8.5.2 照明器的选择

照明器的选择要考虑使用的环境条件:

(1)正常湿度(相对湿度≤75%)的一般场所,可选用普通开启式照明器。

(2)潮湿或特别潮湿(相对湿度>75%)场所,属于触电危险场所,必须选用密闭型防水照明器或配有防水灯头的开启式照明器。

(3)含有大量尘埃但无爆炸和火灾危险的场所,属于触电一般场所,必须选用防尘型照明器,以防尘埃影响照明器安全发光。

(4)有爆炸和火灾危险的场所,亦属于触电危险场所,应按危险场所等级选用防爆型照明器,详见现行国家标准《爆炸危险环境电力装置设计规范》(GB 50058—2014)。

(5)存在较强振动的场所,必须选用防振型照明器。

(6)有酸碱等强腐蚀介质的场所,必须选用耐酸碱型照明器。

8.5.3 照明供电电压的选择

一般场所,照明供电电压宜为220 V,即可选用额定电压为220 V的照明器;对于特殊场所,照明器应选择使用安全电压:

(1)隧道、人防工程、高温、有导电灰尘、比较潮湿或灯具离地面高度低于规定2.4 m等较易触电的场所,照明电源电压不应大于36 V。

(2)潮湿和易于触及带电体的触电危险场所,照明电源电压不得大于24 V。

(3)特别潮湿、导电良好的地面、锅炉或金属容器等触电高度危险场所,照明电源电压不得大于12 V。

(4)行灯电压不得大于36 V。

(5)照明电压偏移值最高为额定电压的-10%~5%。

8.5.4 照明装置的设置

8.5.4.1 安装

(1)安装高度:一般220 V灯具室外不低于3 m,室内不低于2.4 m;碘钨灯及其他金属卤化物灯安装高度宜在3 m以上。

(2)安装接线:螺口灯头的中心触头应与相线连接,螺口应与零线(N)连接;碘钨灯及其他金属卤化物灯的灯线应固定在专用接线柱上;灯具的内接线必须牢固,外接线必须做可靠的防水绝缘包扎。

(3)对易燃易爆物的防护距离:普通灯具不宜小于300 mm;聚光灯及碘钨灯等高热灯具不宜小于500 mm,且不得直接照射易燃物。达不到防护距离时,应采取隔热措施。

8.5.4.2 控制与保护

(1)任何灯具必须经照明开关箱配电与控制,配置完整的电源隔离、过载与短路保护及漏电保护电器。

(2)路灯还应逐灯另设熔断器保护。

(3)灯具的相线必须经开关控制,不得直接引入灯具。

(4)暂设工程的照明灯具宜采用拉线开关控制。其安装高度为距地2~3 m。宿舍区禁止设置床头开关。

8.6 防雷与电器防火

8.6.1 防雷

雷电是一种破坏力、危害性极大的自然现象,要想消除它是不可能的,但消除其危害却是可能的。即可通过设置一种装置,人为控制和限制雷电发生的位置,并使其不致危害到需要保护的人、设备或设施。这种装置称作防雷装置或避雷装置。

参照现行国家标准《建筑物防雷设计规范》(GB 50057—2010),施工现场需要考虑防直击雷的部位主要是塔式起重机、拌和楼、物料提升机、外用电梯等高大机械设备及钢脚手架、在建工程金属结构等高架设施,并且其防雷等级可按三类防雷对待。防感应雷的部位则是设置现场变电所时的进、出线处。

首先应考虑邻近建筑物或设施是否有防直击雷装置,如果有,它们是在其保护范围以内,还是在其保护范围以外。如果施工现场的起重机、物料提升机、外用电梯等机械设备,以及钢脚手架和正在施工的在建工程等的金属结构,在相邻建筑物、构筑物等设施的防雷装置保护范围以外,则应按规定安装防雷装置。

防雷保护范围是指接闪器对直击雷的保护范围。接闪器防直击雷的保护范围是按“滚球法”确定的。所谓滚球法,是指选择一个半径 h_r,由防雷类别确定一个可以滚动的球体,沿需要防直击雷的部位滚动,当球体只触及接闪器(包括被利用作为接闪器的金属物),或只触及接闪器和地面(包括与大地接触并能承受雷击的金属物),而不触及需要保护的部位时,则该未被触及部分就得到接闪器的保护。

8.6.2 电气防火措施

8.6.2.1 电气防火技术措施要点

(1)合理配置用电系统的短路、过载、漏电保护电器。

(2)确保 PE 线连接点的电气连接可靠。

(3)在电气设备和线路周围不堆放并清除易燃易爆物和腐蚀介质或作阻燃隔离防护。

(4)不在电气设备周围使用火源,特别是在变压器、发电机等场所严禁烟火。

(5)在电气设备相对集中场所,如变电所、配电室、发电机室等场所配置可扑灭电气火灾的灭火器材。

8.6.2.2 电气防火组织措施要点

(1)建立易燃易爆物和腐蚀介质管理制度。

(2)建立电气防火责任制,加强电气防火重点场所烟火管制,并设置禁止烟火标志。

(3)建立电气防火教育制度,定期进行电气防火知识宣传教育,提高各类人员电气防火意识和电气防火知识水平。

(4)建立电气防火检查制度,发现问题,及时处理,不留任何隐患。

(5)建立电气火警预报制,做到防患于未然。

(6)建立电气防火领导体系及电气防火队伍,并学会和掌握扑灭电气火灾的方法。

(7)电气防火措施可与一般防火措施一并编制。

8.7 用电安全事故警示

案例一 河北省石家庄市“5·31”触电事故

一、事故简介

事故简介详见“案例引入”。

二、原因分析

1.直接原因

(1)施工人员在移动操作平台时,既未将电缆线电源开关切断,也没有采取任何防止轧坏电缆的保护措施,强行推动操作平台,致使轮子轧破电缆,造成触电事故。

(2)移动式操作平台3个滚动轮,包括东北角碾压塑料电缆的刚性滚动轮防护胶套均已脱落,没有及时进行更换修理。

(3)发生事故时结构内混凝土地面已浇筑完毕,正处于浇水养护阶段,地面上的积水加重了触电事故的后果。

(4)塑料电缆线未经漏电保护器就直接接在总隔离开关上,漏电保护缺失,不能自动切断电源。

(5)在主体工程完工之后,对重新敷设的临时用电线路没有按照《施工现场临时用电安全技术规范》(JGJ 46—2005)的要求规范设置,而是在地面上随意敷设。

2.间接原因

(1)施工单位对于安全生产的认识淡薄,安全生产管理存在重大漏洞,对各项规章制度执行情况监督管理不力,尤其是对施工现场存在事故隐患、职工冒险、违章作业等行为不能及时发现并消除。安全技术措施针对性差,安全技术交底未能有效落实,对分包单位的安全生产工作统一协调和管理不到位。

(2)安全教育不到位,对职工未进行有效的"三级安全教育",导致其缺乏必要的安全和技术基本素质。施工人员对作业场所和工作岗位存在的危险因素缺乏足够的认识和了解,思想麻痹,心存侥幸,冒险违章作业,忽视防范措施,不能正确应对、判断并处理施工过程中的各种问题。

(3)监理不到位,现场监督检查缺失。事发前两天,现场安全监理人员虽然提出了部分事故隐患要求,但是没有进一步予以落实。总包单位也没有对不按要求施工作业的行为进行纠正,对监理单位下达的隐患整改通知书没有引起高度重视,制止违章不力。

三、事故教训

这是一起由于安全管理措施落实不到位,施工人员缺乏必要的安全知识尤其是施工用电知识而导致的事故。相关人员对于施工过程中可能存在的安全隐患都没有充分的认识,在电源的使用、电线的保护、人员的防电等方面缺乏必要的保护和防范措施,这在很大程度上表现出施工人员没有接受过系统的安全教育,客观上不具备进行实际操作和施工的资格。这起事故反映出劳务分包、总包、建设和监理等单位对于安全生产工作的重视程度亟待提高。

四、事故预防措施

这是一起由于临时用电线路缺乏保护,遭碾压后漏电而引发的生产安全责任事故。事故的发生暴露出该工程违反施工现场临时用电安全技术规范的相关要求、安全检查不到位、隐患排查整改不力等问题。我们应认真吸取教训,做好以下几方面工作:

(1)严格执行规范,加强监督检查。一般来说,在建设工程触电事故中,造成3人以上死亡的事故发生概率是相对较小的,但是这不能说明触电事故的预防不重要。施工现场临时用电安全管理工作一直以来都是现场工作的重点之一。因此,需要切实加强对施

工现场的监督检查,认真执行检查制度,对每一个作业程序进行全面的检查;做到人员职能到位,技术措施落实,确保施工用电安全。

(2)加强安全教育,提高安全意识。建设工程中的用电安全在目前的标准规范中其预防和应对措施已经相对完善,只要施工人员能够掌握这些措施的相关内容,并在实际的施工过程中进行应用,施工过程中的用电安全是可以得到保证的。在这起事故中,施工人员违反了用电安全的基本原则才最终导致事故的发生。

(3)完善安全措施,提升管理水平。完善施工用电安全技术措施,对用电设备及配电线路按照规定进行布置,从根本上消除事故隐患。

(4)强化监理工作,认真履行职责。监理单位及人员要严格履行法律法规赋予的责任,加大对施工现场安全生产工作的监督管理力度,把事故消灭在萌芽状态。

案例二　某工地电气线路架设混乱触电事故

一、事故简介

某高速公路某项目部的匝道由某建筑公司承包。该工程发生事故之前正在进行匝道的混凝土地面施工,匝道总长度为90 m,宽7 m,匝道地面分为南北两段施工,南段已施工完毕。2004年8月11日晚开始北段施工,到夜间零点左右时,地面作业需用滚筒进行碾压抹平,但施工区域内有一活动操作台(用钢管扣件组装)影响碾压作业,于是由3名作业人员推开操作台。但由于工地的电气线路架设混乱,再加上夜间施工只采用了局部照明,推动中挂住电线推不动,因光线暗未发现原因,便用钢管撬动操作台,从而将电线绝缘损坏,导致操作台带电,3人当场触电死亡。

二、原因分析

1. 技术方面

(1)按《施工现场临时用电安全技术规范》(JGJ 46—2005)规定,线路应按规定架设,否则会带来触电危险。

(2)按照规范,夜间作业应设一般照明及局部照明。该匝道全长90 m,现场只安排局部照明,线路敷设不规范的隐患操作人员很难发现。

(3)《施工现场临时用电安全技术规范》(JGJ 46—2005)规定,电气安装应同时采用保护接零和漏电保护装置,当发生意外触电时可自动切断电源进行保护。而该工地电气混乱,工人触电后死亡。

2. 管理方面

(1)该工地电气混乱,未按规定编制施工用电组织设计,因此隐患多而发生触电事故。

(2)电工缺乏日常检查维修,现场管理人员视而不见,因此隐患未能及时解决。

(3)夜间施工既没有电工跟班,也未预先组织对现场环境的检查,未及时发现隐患致夜间施工的工人触电后死亡。

三、事故结论与教训

1. 事故主要原因

本次事故是因施工现场管理混乱,临时用电工程未按规定编制专项施工方案,现场电气安装后未经验收,施工中又无人检查提出整改要求,在线路架设、电源电压等不符合要求的情况下施工,保护接零及漏电保护装置未安装或安装不合格导致失误,再加上夜间施工照明面积不够,施工人员推操作平台误挂电线造成触电事故。

2. 事故性质

本次事故属责任事故。施工现场用电违章操作,现场指挥人员违章指挥,管理混乱,隐患未能及时解决。

3. 建设各方责任

(1)项目工程生产负责人不按规定组织编制用电方案,对电工安装电气线路不符合要求又没提出整改意见,夜间施工环境混乱导致发生触电事故,应负违章指挥责任。

(2)建筑公司主要负责人对施工现场不编制方案,随意安装电气和现场管理失控,应负全面管理不到位的责任。

(3)监理单位未严格审查施工用电组织设计、专项施工方案、电气安装后未督促参加验收,应负监督不到位的责任。

四、事故的预防对策

(1)应该对企业资质等级进行全面清理。该施工单位对临时用电不编制方案、电气安装错误、保护措施不符合要求、漏电装置失灵、夜间施工条件不具备、触电事故发生后不懂急救知识等表现,都说明该项目经理及电工不懂电气使用规范,上级管理部门来现场也未提出整改要求。如此资质的企业如何能承包建筑工程,如何保障作业人员的安全?

(2)主管部门应组织对企业管理人员和作业人员的定期培训。临时用电规范为1988年颁发,时至2004年已有16年之久仍不了解、不执行,却在承包工程施工,本身就是管理上的失误,应该定期学习法规、规范,针对企业的实际及施工技术的进步,提高管理水平和队伍素质。

(3)施工用电是施工安全管理的弱项,现场管理人员多为土建专业,缺乏用电管理知识,而施工用电又属临时设施,多被忽视而由电工自己管理,当现场电工素质较低,不懂规范,责任心不强时,会给电气安装带来隐患。必须加强专业电工的学习和对项目经理电气专业知识的培训,掌握基本规定以加强用电管理。

案例三 爬梯触电事故

一、事故简介

1998年8月12日上午8时,某公司两台钻机已安装就位,急需接通电源试钻。工地值班电工李某到指定的配电箱处勘查,发现距钻机较近的21号配电箱周围有0.5~0.8 m深的水坑,配电箱距水面高度约2.5 m,难以接通电缆,即向施工队长魏某、副队长杜某汇报,后魏、杜、李三人又向项目部副经理庄某和安装处工程师童某反映,庄和童让施工队自行解决。

16时,电工李某将90 mm^2的输电电缆拖到21号配电箱去接电。因现场找不到木梯,李某和唐某找来一块床板做梯子,李某用感应电笔测了水中无电,用床板试了一下,高度不够,两人又去宿舍附近找来活动板房铁栏杆(长约3 m)作为登高梯子,又叫上马某、刘某共4人来到配电箱处,但仍够不着拉闸接电,就把90 mm^2电缆吊在配电箱下面,后李某

让马某和刘某找到2根长约2 m的脚手管,将脚手管用铁丝绑在梯子下方(共长4.5 m)。16时45分,马某、唐某、李某、刘某四人把梯子竖起来,马某爬上梯子试稳不稳,这时,某局某公司的汪某过来和李某说话,等李某转过来看梯子时,梯子上端已压在原打井队从21号箱引出的一根剥去一段护套的电缆线上,李某边打手势边喊"别动,别动",此时,马某等四人触电倒在水中。李某、唐某、刘某等三人住院观察,医生认为没有伤害,于第二天重返工作岗位。而马某因伤势过重,抢救无效于当日17时45分死亡。这起事故直接损失6万元。

二、事故原因分析

(1)马某爬上靠在有积水的电杆旁的铁梯子试稳不稳时,梯子上端磨破打井队从21号箱引下的一根剥去护套的电缆绝缘层,电流经铁梯造成马某触电,是事故发生的直接原因。

(2)该工程项目部在制度落实、人员配备、机构建立没有及时到位的情况下,匆忙组织人员进场,忽视"管生产必须管安全"的原则,对施工现场用电不及时认真检查,设备不及时检测,积水不及时排除,以致隐患存在,没有为施工队提供安全生产条件。施工队安全教育不够,管理混乱,队长魏某不积极排除隐患,而是依赖、等待,是事故发生的间接原因。

(3)电工李某擅自用活动板房栏杆和钢管脚手接长的铁梯接电,本人违章又使他人违章作业,也是这起事故发生的又一原因。

(4)监理单位巡视施工工人用电防护方面不到位。

三、事故教训

公司部分领导放松安全管理,对该工程项目部安全监督不到位,特别是在施工准备阶段未能认真组织和督促有关人员到现场安全检查,发现事故隐患不能及时排除,操作人员安全意识淡薄,违章作业、违章指挥,机械设备不及时检测,积水不及时排除等,导致了这起事故的发生。

四、事故预防措施与对策

(1)企业要加强自身建设,建立和健全安全管理网络,完善各项安全生产制度,组织全体职工学习安全知识和规章制度,提高职工的安全意识,杜绝违章作业、违章指挥现象。

(2)加强对特殊工种的培训,做到持证上岗,现场所有钻机进行检测,确保机械设备完好。

(3)按照现场临时用电施工组织设计,对现场临时用电重新进行布局,所有线路进行架空,填平积水坑,加固周围防护栏杆。

(4)对新开工程,必须根据规范要求进行操作,在设施方面,采用国家电工委员会认可生产的漏电保护装置,设置三级配电保护,减少触电伤亡事故的发生。在个人防护方面,按规定穿戴绝缘手套、绝缘鞋,带电作业应有人监护。在电器设施使用中,经常检查,发现有事故隐患要及时纠正,避免发生事故。

学习项目 9　建筑施工现场防火安全生产技术

【知识目标】

1. 了解火灾隐患及其常发生部位。
2. 掌握施工现场及仓库防火安全管理办法。
3. 掌握消防设施的类型及使用方法。

【能力目标】

1. 会正确选择和使用灭火器材、能够扑救初期火灾。
2. 能制订正确的防火应急预案,加强施工现场消防安全管理,消除潜在的火灾隐患。

【案例引入】

央视大楼火灾事故

2009 年 2 月 9 日 20 时 27 分,北京市朝阳区东三环中央电视台新址园区在建的附属文化中心大楼工地发生火灾,熊熊大火在三个半小时之后得到有效控制,在救援过程中造成 1 名消防员牺牲,6 名消防员和 2 名施工人员受伤。建筑物过火、过烟面积 21 333 m^2,其中过火面积 8 490 m^2,楼内十几层的中庭已经坍塌,位于楼内南侧演播大厅的数字机房被烧毁,见图 9-1、图 9-2。事故造成直接经济损失 16 383 万元。

央视新台址工程位于北京市朝阳区中央商务区 CBD 核心地带,由荷兰大都会 OMA 建筑事务所设计,于 2005 年 5 月正式动工。整个工程预算达到 50 亿元人民币。发生火灾的大楼是中央电视台新台址工程的重要组成部分——电视文化中心,高 159 m,被称为北配楼,邻近地标性建筑央视新大楼。

根据北京市政府规定,当天是当年春节期间五环区域内可以燃放烟花爆竹的最后一天。此前,北京已连续 106 天没有有效降水,空气干燥。当时央视新址大楼所在区域的地面风速为 0.9 m/s,属于微风,基本上不会形成风助火势的严重状况。由于风力的影响,大大减小了本次事故的损失。

【案例思考】

针对上述案例,试分析事故发生的可能原因、事故的责任划分、可采取哪些预防措施。

图 9-1　事故现场熊熊燃烧的大火

图 9-2　事故后被烧毁的大楼

9.1　施工现场火灾隐患和易发生部位

9.1.1　施工现场的火灾隐患

近年来,随着经济发展和城市建设的不断加快,建筑工程项目不断增多,加之新材料、新结构、新技术不断出现并被广泛应用,建筑施工现场出现了大量的火灾隐患,如不及时加以监督整改,不仅会烧毁未建成建筑物及其周边建筑,也会给社会公共安全和人民生命财产安全带来极大危害。近期建筑施工工地火灾事故呈高发态势,强化建筑施工现场的消防安全管理,健全防火安全管理制度,消除潜在的火灾隐患,降低工地火灾发生率,已经是一项迫在眉睫的任务。目前,施工现场主要存在以下安全隐患。

9.1.1.1　施工现场临时建筑物布局不合理

建筑物密集且耐火等级低。由于施工现场局限性强,人员多,现场内的办公室、员工休息室、职工宿舍、仓库等建筑相互毗邻或者呈"一"字形排列,这些建筑大都为临时建筑,而且都是三、四级耐火等级的简易结构建筑物;还有一些职工宿舍与重要仓库和危险品库房相毗连，甚至临时建筑物相互间是用三合板等材料简易隔开；也有的职工宿舍只有一个安全出口，一旦失火，势必造成严重后果。

9.1.1.2　**易燃、可燃材料多，火灾蔓延速度快**

一些建筑企业雇用外来民工，吃住在工地，生活中使用的物品多数为可燃的，无形中大幅度增加了施工现场的火灾荷载，尤其是因施工需要，有的施工现场仍然采用木制等可燃性的脚手架和易燃材料的安全防护物，特别是装修现场既堆放有大量的可燃性装修材料，又存放有油漆等易燃易爆危险物品，一旦发生火灾，势必造成猛烈燃烧，迅速蔓延。

9.1.1.3　**建筑施工现场的消防安全条件较差**

一些建筑工地没有配备必要的消防器材，随意堆放建筑材料，堵塞了消防车道；还有的在明火作业区堆放易燃、可燃材料，以及危险物品库房混用。

9.1.1.4　**建筑物未经消防部门审批，擅自施工**

有的虽然经过消防审批但施工单位按建设单位的意图擅自改变局部的平面设计，还有一些单位装修时遮挡消防设施，减少安全出口、疏散出口和疏散走道的净宽度和数量，从而留下了先天性火灾隐患。

9.1.1.5　**施工现场职工消防安全意识谈薄**

部分施工单位负责人的消防安全意识淡薄，消防安全素质较差，不知道自身的消防安全职责。在进行施工现场检查时，大部分施工负责人认为一切都是建设单位的事，与自己无关，消防部门不应该管，主观上舍不得投入资金，购置必备的消防器材。同时，施工单位雇用临时民工流动性大，没有经过严格的管理和消防安全知识培训，消防安全意识淡薄，不了解、不掌握基本的消防知识，不会利用灭火器扑救初期火灾，不会报警、不会组织人员疏散，尤其是施工时间短、作业分散的民工，很难落实消防安全管理工作。

9.1.1.6　**施工现场消防安全管理不到位**

虽然大部分施工工地消防安全管理制度健全，但也只是挂在墙上，没有真正落到实处，而个别的工地连消防安全制度也没有，更谈不上消防安全管理了，施工负责人只重视施工进度和施工质量，忽视消防安全管理，突出表现在：

(1)用电量大、电气线路敷设不规范。随着机械化水平的提高，施工现场机械化操作和用电量大幅度增加，违章安装电气设备、私拉乱接电气线路现象较为严重，甚至直接将配电装置安装在可燃木制构件上。

(2)普遍存在违章使用明火的现象。施工期间，经常使用电焊、气焊和用明火来熬沥青，进行电焊、气焊的工作人员无证上岗，操作时不采取必要的安全措施，甚至在火灾危险场地没有事先办理动用明火审批手续。特别是一些改扩建以及建筑内部装饰装修工程，没有严格的消防安全管理，甚至边营业边施工，不计后果。

(3)施工单位忽略烟头等点火源管理。施工现场办公室、民工宿舍、建筑材料堆场可燃、易燃物较多，并且雇用的临时民工、外来人员吸烟的随意性强，一旦将烟头丢弃在火灾危险的地方，时间一长，极易造成火灾。

(4)忽视易燃易爆化学物品的管理。施工单位经常使用氧气、乙炔；同时民工食堂大部分临时采用液化石油气作燃料，一旦使用管理方法不当，造成易燃易爆化学物品泄漏，遇到明火，极易造成群死群伤火灾事故。

(5)忽视意外火灾。这种火灾是由于不能预见或忽视管理引起的,主要是管理不到位,发生民工私仇、泄愤等放火案件火灾。

9.1.2 建筑工地易发生火灾的主要部位

9.1.2.1 堆场

建筑工地现场一般都存放着大量的可燃材料,如木材、油毡纸、沥青、汽油、松香水等。这些材料除部分存放在条件较差的简易仓库内,绝大多数都露天堆放在施工现场,一旦遇到飞火很容易被引燃,进而蔓延成灾。

9.1.2.2 外墙夹缝

目前,大型工程中保温、隔音及空调系统等工程使用保温材料的地方越来越多,保温材料的种类繁多,在隔音保温效果较好的聚氨酯泡沫材料成为火灾事故元凶后,工程上转而寻找其耐火替代产品,如橡塑板、玻璃棉、岩棉、复合硅酸盐等。目前,市场上最具代表性的是橡塑保温材料,它以丁腈橡胶、聚氯乙烯为主要原料,虽然具有一定的耐火性,但是"难燃"终究不可避免地在一定条件下"可燃"。2009 年的央视大楼火灾就是因为燃放烟花引燃屋顶的可燃材料引发的。

9.1.2.3 冷却塔

冷却塔主要用于一些大型建筑工程,工厂中的空调、制冷、漂染等水冷却系统中,其主要材料为聚酯玻璃钢。聚酯玻璃钢属燃烧体,因此冷却塔安装、维修、拆卸时不得动用明火,如动用明火则必须采取相应安全措施。然而,就全国范围来讲,因冷却塔施工引发的火灾比比皆是。

9.1.2.4 临时办公区域、宿舍

活动板房由于搭建便捷,成本较低,隔音保温效果较好,80% ~90% 的建筑工地在办公、生活区采用活动板房,尤其是大型工地。在"5 · 12"地震后,简易安置房也多采用活动板房。活动板房的主要结构为由外层彩色涂层钢板和芯材组成的彩钢夹芯板,其芯主要由 EPS 或聚氨酯组成,外层一般为烘烤涂装型的镀锌钢板。芯材 EPS 是一种闭孔结构的硬质泡沫塑料,正常情况下,EPS 被钢板保护时,小火源不易引燃它。但彩钢板结构传热系数大,耐火性能差,当遇到高温或 EPS 裸露接触一般火源时,EPS 就很容易被点燃。劣质的彩钢夹芯板芯材直接使用聚氨酯泡沫,其防火性能更差。

9.1.2.5 厨房和电、气焊等动用明火的作业点

大多数工地都存在大型设备的安装甚至是临时制造,涉及大量的气焊、气割、电焊等作业,这种作业产生的飞火、火星极易成为着火源,引发火灾事故。许多建筑工地由于场地限制,食堂与人员住宿、建材堆场无明显分隔,甚至一些工地存在"三合一"现象,这就给火灾的发生提供了条件。此外,部分民工乱设炉灶煮饭、烧水,都容易导致火灾事故的发生。

9.2　施工现场防火措施

9.2.1　施工现场平面布置的防火要求

9.2.1.1　防火间距

施工现场要明确划分出禁火作业区(易燃、可燃材料的堆放场地)、仓库区(易燃废料的堆放区)和现场的生活区。各区域之间一定要有可靠的防火间距。禁火作业区距离生活区不小于16 m,距离其他区域不小于26 m。易燃、可燃材料堆料场及仓库距离修建的建筑物和其他区不小于25 m。易燃的废品集中场地距离修建的建筑物和其他区不小于35 m。防火间距内,不应堆放易燃和可燃材料。

施工现场主要临时用房、临时设施的防火间距不应小于表9-1的规定。

表9-1　施工现场主要临时设施相互间的最小防火间距

设施名称	办公用房、宿舍	发电机房、变配电房	可燃材料库房	厨房操作间、锅炉房	可燃材料堆放及其加工场	固定动火作业场	易燃易爆危险品库房
办公用房、宿舍	4	4	5	5	7	7	10
发电机房、变配电房	4	4	5	5	7	7	10
可燃材料库房	5	5	5	5	7	7	10
厨房操作间、锅炉房	5	5	5	5	7	7	10
可燃材料堆放及其加工场	7	7	7	7	7	10	10
固定动火作业场	7	7	7	7	10	10	12
易燃易爆危险品库房	10	10	10	10	10	12	12

注:1. 临时用房、临时设施的防火间距应按临时用房外墙外边线或堆场、作业场、作业棚边线间的最小距离计算,如临时用房外墙有突出可燃构件时,应从其突出可燃构件的外缘算起。

2. 两座临时用房相邻较高一面的外墙为防火墙时,其防火间距不限。

3. 本表未规定的,可按同等或危险性的临时用房、临时设施的防火间距确定。

9.2.1.2　消防车道

施工现场内应设置临时消防车道,临时消防车道与在建工程、临时用房、可燃材料堆场及其加工厂距离不宜小于5 m,且不宜大于40 m;施工现场周边道路满足消防车通行及灭火救援要求时,施工现场内可不设置临时消防车道。

1. 临时消防车道的设置要求

临时消防车道的设置应符合下列规定：

（1）临时消防车道宜为环形，如设置环形车道确有困难，应在施工现场设置尺寸不小于 12 m×12 m 的回车场。

（2）临时消防车道的净宽度和净空高度均不应小于 4 m。

（3）临时消防车道的右侧应设置消防车行进路线指示标识。

（4）临时消防车道路基、路面及其下部设施应能承受消防车通行压力及工作荷载。

2. 应设置环形临时消防车道的情况

下列建筑应设置环形临时消防车道，设置环形临时消防车道确有困难时，除应设置回转场外，尚应设置临时消防救援场地：

（1）建筑高度大于 24 m 的在建工程。

（2）建筑工程单体占地面积大于 3 000 m^2的在建工程。

（3）超过 10 栋，且成组布置的临时用房。

3. 临时消防救援场地的设置要求

临时消防救援场地的设置应符合下列规定：

（1）临时消防救援场地应在在建工程装饰装修阶段设置。

（2）临时消防救援场地应设置在在建工程或成组布置的临时用房的长边一侧。

（3）临时消防救援场地的宽度应满足消防车正常操作要求且不小于 6 m，与在建工程外脚手架的净距不宜小于 2 m，且不宜超过 6 m。

建筑工地要设有足够的消防水源（给水管道或蓄水池），对有消防给水管道设计的工程，应在建设施工时，先敷设好室外消防给水管道与消火栓。

临时性的建筑物、仓库以及正在修建的建（构）筑物道旁，都应当配置适当种类和一定数量的灭火器，并布置在明显和便于取用的地点。冬季施工还应对消防水池、消防栓和灭火器等做好防冻工作。

9.2.1.3　作业棚和临时生活设施

作业棚和临时生活设施的规划与组建必须符合下列要求：

（1）临时生活设施应尽可能搭建在距离修建的建筑物 25 m 以外的地区，禁止搭设在高压架空电线的下面，距离高压架空电线的水平距离不应小于 7 m。

（2）临时宿舍与厨房、锅炉房、变电所和汽车库之间的防火距离，应不小于 16 m。

（3）临时宿舍等生活设施，距离铁路的中心线以及小量易燃品贮藏室的间距不小于 35 m。

（4）临时宿舍距火灾危险性大的生产场所不得小于 35 m。

（5）为贮存大量的易燃物品、油料、炸药等所修建的临时仓库，与永久工程或临时宿舍之间的防火间距应根据所贮存的数量，按照有关规定确定。

（6）在独立的场地上修建成批的临时宿舍，应当分组布置，每组最多不超过 2 栋，组与组之间的防火距离，在城市市区不小于 25 m，在农村不应小于 15 m。临时宿舍简易楼房的层高应当控制在两层以内，每层应当设置两个安全通道。

（7）生产工棚包括仓库，无论有无用火作业或取暖设备，室内最低高度一般不应低于

2.9 m,其门的宽度要大于1.3 m,并且要双扇向外。

9.2.2 施工现场仓库防火

9.2.2.1 易燃易爆物品贮存注意事项

(1)易燃仓库堆料场与其他建筑物、铁路、道路、高压线的防火间距,应按《建筑设计防火规范》(GB 50016—2014)的有关规定执行。

(2)易燃仓库堆料场物品应当分类、分堆、分组和分垛存放,每个堆垛面积为:木材(板材)不得大于310 m^2,稻草不得大于160 m^2,锯末不得大于210 m^2。堆垛与堆垛之间应留4 m宽的消防通道。

(3)易燃露天仓库的四周内,应有不小于7 m的平坦空地作为消防通道,通道上禁止堆放障碍物。

(4)有明火的生产辅助区和生活用房与易燃堆垛之间,至少应保持35 m的防火间距。有飞火的烟囱应布置在仓库的下风地带。

(5)贮存的稻草、锯末、煤炭等物品的堆垛,应保持良好的通风,注意堆垛内的温湿度变化。发现温度超过37 ℃,或水分过低时,应及时采取措施,防止其自燃起火。

(6)在建的建筑物内不得存放易燃易爆品,尤其是不得将木工加工区设在建筑物内。

(7)仓库保管员应当熟悉储存物品的分类、性质、保管业务知识和防火安全制度,掌握消防器材的操作使用和维护保养方法,做好本岗位的防火工作。

9.2.2.2 易燃物品的装卸管理

(1)物品入库前应当由专人负责检查,确定无火种等隐患后,方可装卸物品。

(2)拖拉机不得进入仓库、堆料场进行装卸作业,其他车辆进入仓库或露天堆料场装卸时,应安装符合要求的火星熄灭防火罩。

(3)在仓库或堆料场内进行吊装作业时,其机械设备必须符合防火要求,严防产生火星,引起火灾。

(4)装过化学危险物品的车,必须清洗干净后方准装运易燃和可燃物品。

(5)装卸作业结束后,应当对库区、库房进行检查,确认安全后,方可离开。

9.2.2.3 易燃仓库的用电管理

(1)仓库或堆料场所内一般使用地下电缆,若有困难需架空电力线路。架空电力线与露天易燃物堆砌的最小水平距离,不应小于电线杆高度的1.6倍。库房内的配电线路,需穿金属管或用非燃硬塑料管保护。

(2)仓库或堆料场所严禁使用碘钨灯和超过50 W的白炽灯等高温照明灯具。当使用日光灯等低温照明灯具和其他防燃型照明灯具时,应当对镇流器采取隔热、散热等防火保护措施。照明灯具与易燃堆砌间至少保持2 m的距离,安装的开关箱、接线盒,应距离堆砌外缘不小于1.6 m,不准乱拉临时电气线路。贮存大量易燃物品的仓库场地应设置独立的避雷装置。

(3)库房内不准设置移动式照明灯具。照明灯具下方不准堆放物品,其垂直点下方与储存物品水平间距不得小于0.6 m。

(4)库房内不准使用电炉、电烙铁、电熨斗等电热器具和电视机、电冰箱等家用电器。

(5)库区的每个库房应当在库房外单独安装开关箱,保管人员离库时,必须拉闸断电。禁止使用不合规格的电器保险装置。

9.2.3　施工现场防火要求

9.2.3.1　建筑施工现场的防火管理内容

(1)施工单位必须按照已批准的设计图纸和施工方案组织施工,有关防火安全措施不得擅自改动。

(2)凡有建筑自动消防设施的建筑工程,在工程竣工后,施工安装单位必须委托具备资格的建筑消防设施检测单位进行技术测试,取得建筑消防设施技术测试报告。

(3)建立、健全建筑工地的安全防火责任制度,贯彻执行现行的工地防火规章制度。建筑施工现场的管理人员要加强法制观念。每个建筑工地都应成立防火领导小组,各项安全防火规章和制度要书写上墙。

(4)要加强施工现场的安全保卫工作。建筑工地周边都应设立围挡,其高度不宜低于1.9～2.5 m。较大的工程要设专职保卫人员。禁止非工地人员进入施工现场。办公人员进入现场要进行登记,有人接待,并告知工地的防火制度。节假日期间值班人员应当昼夜巡逻。

(5)建筑工地要认真执行"三清、五好"管理制度。尤其对木制品的刨花、锯末、料头、防火油毡纸头、沥青,冬季施工的草袋子、稻壳子、苇席子等保温材料要随干随清,做到工完场清。各类材料都要码放成垛,整齐堆放。

(6)临时工、合同工等各类新工人进入施工现场,都要进行防火安全教育和防火知识的学习。经考试合格后方能上岗工作。

(7)建筑工地必须制定防火安全措施,并及时向有关人员、作业班组交底落实。

(8)做好生产、生活用火的管理。

9.2.3.2　建筑电工防火安全要求

建筑工程是一个多工种配合和立体交叉混合作业的施工现场。建筑施工过程中若干工种的施工作业都应当注意防火安全。

1.预防短路造成火灾的措施

施工现场架设或使用的临时用电线路,当发生故障或过载时,就会造成电气失火。由于短路时电流突然增大,发热量很大,不仅能使绝缘材料燃烧,而且能使金属熔化,产生火花引起邻近的易燃、可燃物质燃烧造成火灾。

建筑工地形成电器短路的主要原因有没有按具体环境选用导线、导线受损、线芯裸露维修不及时、导线受潮绝缘被击穿、安错线等。

预防电气短路的措施:建筑工地临时线路都应该使用护套线,导线绝缘必须符合电路电压要求。导线与导线、导线与墙壁和顶棚之间应有符合规定的间距。线路上要安装合适的熔断丝和漏电断路器。

2.预防过负荷造成火灾的措施

根据负荷合理选用导线截面。不得随意在线路上接入过多负载。要定期检查线路负载增减情况,按实际情况去掉过多的电气设备或另增线路。或者根据生产程序和需要,采取先控制后使用的方法,把用电时间错开。

3. 预防电火花和电弧产生的措施

产生火花和电弧的原因主要是电气短路、开关通断、保险丝熔断、带电维修等。

预防措施:裸导线间或导体与接地体间应保持足够的距离。保持导线支持物良好完整,防止布线过松。导线连接要牢固。经常检查导线的绝缘电阻保持绝缘的强度和完整。保险器或开关应装在不燃的基座上并用不燃箱盒保护。不应带电安装和修理电器设备。

另外,在进行室内装饰时,安装电气线路一定要注意如下问题:顶棚内的电气线路穿线必须为镀锌铁管,施工安装时必须焊接固定在棚内。造型顶棚用金属软管穿线时,要做保护接地,或者穿四根线,其中一根作接地处理,防止金属外皮产生感应电引起火灾。

凡电气接头都必须用焊锡相接,而且合乎规范要求。

电源一般是三相的线制,由于装饰电气闭路特别多,这些回路均为单相,都要连接在三相四线制的电源中,所以三相电路都必须平衡,各个回路容量皆应相等,否则火灾危险性是很大的,所以在电源回路安装完毕后,根据施工规程要求一定要测试和调整各回路的负荷电流表,使线路三相保持平衡。

旧建筑物室内装饰时,要重新设计线路的走向和电气设备的容量。

9.2.3.3　油漆工防火安全要求

油漆作业所使用的材料都是易燃、易爆的化学材料。因此,无论是油漆的工作场地还是临时存放的库房,都要严禁动用明火。室外作业时,一定要有良好的通风条件,照明电器设备必须使用防爆灯头,禁止穿钉子鞋入现场,严禁吸烟,周围的动火作业要在15 m以外。

9.2.4　禁火区域划分及审批规定

施工现场的动火作业,必须执行审批制度。

9.2.4.1　一级动火

凡属下列情况之一的属一级动火:

(1)禁火区域内。

(2)油罐、油箱、油槽车和储存过可燃气体、易燃液体的容器以及连接在一起的辅助设备。

(3)各种受压设备。

(4)危险性较大的登高焊割作业。

(5)比较密封的室内、容器内、地下室等场所。

(6)现场堆有大量可燃和易燃物质的场所。

一级动火作业由所在单位行政负责人填写动火申请表,编制安全技术措施方案,报公司保卫部门及消防部门审查批准后,方可动火。

9.2.4.2　二级动火

凡属下列情况之一的为二级动火:

(1)在具有一定危险因素的非禁火区域进行临时焊割等用火作业。

(2)小型油箱等容器。

(3)登高焊割等用火作业。

二级动火作业由所在工地、车间的负责人填写动火申请表,编制安全技术措施方案,报本单位主管部门审查批准后,方可动火。

9.2.4.3　**三级动火**

在非固定的、无明显危险因素的场所进行用火作业,均属三级动火作业。三级动火作业由所在班组填写动火申请表,经工地、车间负责人及主管人员审查批准后,方可动火。

古建筑和重要文物单位等场所动火作业,按一级动火手续上报审批。

9.2.5　灭火器材配备措施

(1)厨房:面积在 100 m^2 以内,配置灭火器 3 个,每增 50 m^2 增配灭火器 1 个。

(2)材料库:面积在 50 m^2 以内,配置灭火器不少于 1 个,每增 50 m^2 增配灭火器不少于 1 个(如仓库内存放可燃材料较多,要相应增加)。

(3)施工办公区、水泥仓:面积在 100 m^2 以内,配置灭火器不少于 1 个,每增 50 m^2 增配灭火器不少于 1 个。

(4)可燃物品堆放场:面积在 50 m^2 以内,配置灭火器不少于 2 个。

(5)电机房:配置灭火器不少于 1 个。

(6)电工房、配电房:配置灭火器不少于 1 个。

(7)垂直运输设备(包括施工电梯、塔吊)驾驶室:配置灭火器不少于 1 个。

(8)油料库:面积在 50 m^2 以内,配置灭火器不少于 2 个,每增 50 m^2 增配灭火器不少于 1 个。

(9)临时易燃易爆物品仓库:面积在 50 m^2 以内,配置灭火器不少于 2 个。

(10)木制作场:面积在 50 m^2 以内,配置灭火器不少于 2 个,每增 50 m^2 增配灭火器 1 个。

(11)值班室:配置灭火器 2 个及 1 个直径为 65 mm、长度 20 m 的消防水带。

(12)集体宿舍:每 25 m^2 配置灭火器 1 个,如占地面积超过 1 000 m^2,应按每 500 m^2 设立一个 2 m 的消防水池。

(13)临时动火作业场所:配置灭火器不少于 1 个和其他消防辅助器材。

(14)在建建筑物:施工层面积在 500 m^2 以内,配置灭火器不少于 2 个,每增 500 m^2 增配灭火器 1 个,非施工层必须视具体情况适当配置灭火器材。

9.3　消防设施的使用与维护

按照国家有关法律法规和国家工程建设消防技术标准设置建筑消防设施,是预防火灾发生、及时扑救初起火灾的有效措施。对建筑消防设施实施维护管理,确保其完好有效,是建筑物产权管理单位和使用单位的法定职责。为引导和规范建筑消防设施的维护管理工作,确保建筑消防设施完好有效,国家制定了《建筑消防设施的维护管理》(GB 25201—2010)标准,消防设施的使用及维护管理必须遵守此规定。

9.3.1 灭火器的使用及维护

灭火器是一种可由人力移动的轻便灭火器具,它能在其内部压力的作用下将所充装的灭火剂喷出,用来扑灭火灾。由于其结构简单、操作方便、使用面广,对扑灭初起火灾效果明显。因此,在企业、机关、商场、公共楼宇、住宅和汽车、轮船、飞机等处,随处可见常规灭火器具。

9.3.1.1 灭火器的分类

1.按充装灭火剂的类型划分

(1)水型灭火器。这类灭火器中充装的灭火剂主要是水,另外还有少量的添加剂。清水灭火器、强化液灭火器都属于水型灭火器。

(2)空气泡沫灭火器。这类灭火器中充装的灭火剂是空气泡沫液。根据空气泡沫灭火剂种类的不同,空气泡沫灭火器又可分为蛋白泡沫灭火器、氟蛋白泡沫灭火器、水成膜泡沫灭火器和抗溶泡沫灭火器等。

(3)干粉灭火器。干粉灭火器内充装的灭火剂是干粉。根据所充装的干粉灭火剂种类的不同,干粉灭火器可分为碳酸氢钠干粉灭火器、钾盐干粉灭火器、氨基干粉灭火器和磷酸铵盐干粉灭火器等。我国主要生产和发展碳酸氢钠干粉灭火器和磷酸铵盐干粉灭火器。由于碳酸氢钠干粉灭火器只适用于扑救 B、C 类火灾,所以碳酸氢钠干粉灭火器又称 BC 干粉灭火器。磷酸铵盐干粉灭火器适用于扑救 A、B、C 类火灾,所以磷酸铵盐干粉灭火器又称 ABC 干粉灭火器。

(4)卤代烷灭火器。卤代烷灭火器内充装的是卤代烷灭火剂。卤代烷灭火器分为 1211 灭火器和 1301 灭火器。

(5)二氧化碳灭火器。这类灭火器中充装的灭火剂是加压液化的二氧化碳。

2.按灭火器的质量和移动方式划分

(1)手提式灭火器。这类灭火器总重在 28 kg 以下,容量在 10 kg 左右,是能用手提着灭火的器具。

(2)背负式灭火器。这类灭火器总重在 40 kg 以下,容量在 25 kg 以下,是用肩背着灭火的器具。

(3)推车式灭火器。这类灭火器总重在 40 kg 以上,容量在 100 kg 以内,装有车轮等行驶机构,是由人力推(拉)着灭火的器具。

3.按加压方式划分

(1)贮气瓶式灭火器。这类灭火器中的灭火剂是由一个专门贮存压缩气体的贮气瓶释放气体加压驱动的。

(2)贮压式灭火器。这类灭火器中的灭火剂是由与其同贮于一个容器内的压缩气体或灭火剂蒸气的压力所驱动的。

9.3.1.2 灭火器的使用

1.清水灭火器

清水灭火器中充装的是清洁的水,为了提高灭火性能,往往在清水中加入适量添加剂,如抗冻剂、润湿剂、增黏剂等。国产的清水灭火器采用贮气瓶加压方式,加压气体为液

化二氧化碳。清水灭火器只有手提式,没有推车式。

使用方法:将清水灭火器提至火场,在距离燃烧物 10 m 处,将灭火器直立放稳。摘下保险帽,用手掌拍击开启杆顶端的凸头。这时贮气瓶的密膜片被刺破,二氧化碳气体进入筒体内,迫使清水从喷嘴喷出。此时应立即用一只手提起灭火器,用另一只手托住灭火器的底圈,将喷射的水流对准燃烧最猛烈处喷射。随着灭火器喷射距离的缩短,操作者应逐渐向燃烧物靠近,使水流始终喷射在燃烧处,直到将火扑灭。在喷射过程中,灭火器应始终与地面保持大致的垂直状态,切勿颠倒或横卧,否则会使加压气体泄出而灭火剂不能喷射出来。

2. 空气泡沫灭火器

空气泡沫灭火器又称机械泡沫灭火器,是指充装空气泡沫灭火剂的灭火器 。它主要用于扑救 B 类物质(如汽油、煤油、柴油、植物油、油脂等)的初起火灾,也可用于扑救 A 类物质(如木材、竹器、棉花、织物、纸张等)的初起火灾。其中,抗溶空气泡沫灭火器能够扑救极性溶剂如甲醇、乙醚、丙酮等溶剂的火灾。空气泡沫灭火器不能扑救带电设备火灾和轻金属火灾。

空气泡沫灭火器按空气泡沫原液与清水的混合先后,有预混型和分装型两种形式。预混型是指空气泡沫原液与清水预先按比例混合后,一起装入灭火器内。分装型是指空气泡沫原液与清水在灭火器内分别封装,在使用时两种液体按比例混合。按照加压方式,空气泡沫灭火器分为贮压式和贮气瓶式。

使用方法:空气泡沫灭火器在使用时,应手提灭火器提把迅速赶到火场。在距燃烧物 6 m 左右,先拔出保险销,一手握住开启压把,另一手握住喷枪,将灭火器密封开启,空气泡沫即从喷枪喷出。泡沫喷出后应对准燃烧最猛烈处喷射。如果扑救的是可燃液体火灾,当可燃液体呈流淌状燃烧时,喷射的泡沫应由远而近地覆盖在燃烧液体上;当可燃液体在容器中燃烧时,应将泡沫喷射在容器的内壁上,使泡沫沿壁淌入可燃液体表面而加以覆盖。应避免将泡沫直接喷射在可燃液体表面上,以防止射流的冲击力将可燃液体冲出容器而扩大燃烧范围,增大灭火难度。灭火时,随着喷射距离的减缩,使用者应逐渐向燃烧处靠近,并始终让泡沫喷射在燃烧物上,直至将火扑灭。在使用过程中,应一直紧握开启压把,不能松开,也不能将灭火器倒置或横卧,否则会中断喷射。

维修保养:

(1)灭火器安放位置应保持干燥、通风,防止筒体受潮;应避免日光暴晒及强辐射热,以免影响灭火器的正常使用。

(2)灭火器存放的环境温度应在 4 ~ 45 ℃范围内。

(3)灭火器应按制造厂规定的要求和检查周期进行定期检查,且检查应由经过训练的专人进行。

(4)灭火器一经开启,即使喷出不多,也必须按规定要求进行再充装。再充装应由专业部门按制造厂规定的要求和方法进行,不得随便更换灭火剂品种、重量和驱动气体种类及压力。

(5)灭火器每次再充装前,其主要受压部件,如器头、筒体,应按规定进行水压试验,合格者方可继续使用。水压试验不合格,不准用焊接等方法修复使用。

(6)经维修部门修复的灭火器,应有消防监督部门认可标记,并注上维修单位的名称和维修日期。

3.干粉灭火器

干粉灭火器是指内部充装干粉灭火剂的灭火器。主要适用于扑救易燃液体、可燃气体和电气设备的初起火灾,常用于加油站、汽车库、实验室、变配电室、煤气站、液化气站、油库、船舶、车辆、工矿企业及公共建筑等场所。

1)手提式干粉灭火器

(1)使用方法。手提式干粉灭火器在使用时,应手提灭火器的提把迅速赶到火场,在距离起火点5 m左右处放下灭火器。在室外使用时注意占据上风方向。使用前先把灭火器上下颠倒几次,使筒内干粉松动。如果使用的是内装式或贮压式干粉灭火器,应先拔下保险销,一只手握住喷嘴,另一只手用力按下压把,干粉便会从喷嘴喷射出来。如果使用的是外置式干粉灭火器,应一只手握住喷嘴,另一只手拔起提环,握住提柄,干粉便会从喷嘴喷射出来。干粉灭火器在喷粉灭火过程中应始终保持直立状态,不能横卧或颠倒,否则不能喷射。

(2)维护保养。干粉灭火器应放置在保护物体附近干燥通风和取用方便的地方。要注意防止受潮和日晒,灭火器各连接件不得松动,喷嘴塞盖不能脱落,保证密封性能。灭火器应按制造厂的规定定期检查,当发现灭火剂结块或贮气量不足时,应更换灭火剂或补充气量。

灭火器一经开启必须进行再充装。再充装应由经过训练的专人按制造厂的规定、要求和方法进行,不得随便更换灭火剂的品种和重量。充装后的贮气瓶应进行气密性试验,不合格的不得使用。

满5年或每次再充装前,灭火器应进行1.5倍设计压力的水压试验,合格的方可使用。经修复的灭火器,应有消防监督部门认可的标记,并注明维修单位名称和修复日期。

2)推车式干粉灭火器

使用方法:推车式干粉灭火器一般由两人操作。使用时应将灭火器迅速拉到或推到火场,在离起火点10 m处停下,一人将灭火器放稳,然后拔出保险销,迅速打开二氧化碳钢瓶;另一人取下喷枪,展开喷射软管,然后一只手握住喷枪枪管,另一只手扣动扳机。将喷嘴对准火焰根部,喷粉灭火。

维护检查:检查车架的转动部件是否松动,操作是否灵活可靠。经常检查干粉有无结块现象,发现有结块时,应立即更换灭火剂。定期检查二氧化碳气体重量,如果发现重量减少1/10,应立即补气。检查密封件和安全阀装置,如果发现事故须修复,待修好后方可使用。干粉贮罐满5年时,需经2 500 kPa水压试验;二氧化碳钢瓶经22.5 MPa的水压试验,合格后方可继续使用。以后每隔2年,必须进行水压试验等检查。

4.二氧化碳灭火器

1)手提式二氧化碳灭火器

使用方法:二氧化碳灭火器在使用时,随着压下压把,二氧化碳灭火器开启,液态的二氧化碳在其蒸气压力的作用下,经虹吸管和喷射连接管从喷嘴喷出。由于压力的突然降低,二氧化碳液体迅速气化,但因气化需要的热量供不应求,二氧化碳液体在气化时不得

不吸收本身的热量,结果一部分二氧化碳凝结成雪花状固体,温度下降至 -78.5 ℃。所以从灭火器喷出的是二氧化碳气体和固体的混合物。当雪花状的二氧化碳覆盖在燃烧物上时立刻气化(升华),对燃烧物有一定的冷却作用。但二氧化碳灭火时的冷却作用不大,它主要依靠稀释空气的原理,把燃烧区空气中的氧浓度降低到维持物质燃烧的极限氧浓度以下,从而使燃烧窒息。

手提式灭火器使用时,可手提灭火器的提把,或把灭火器扛在肩上,迅速赶到火场。在距起火点大约 5 m 处放下灭火器,一只手握住喇叭形喷筒根部的手柄,将喷筒对准火焰,另一只手压下压把,二氧化碳就喷射出来了。

当扑救流散流体火灾时,应使二氧化碳射流由近而远向火焰喷射。如果燃烧面积较大,操作者可左右摆动喷筒,直至把火扑灭。当扑救容器内火灾时,操作者应从容器上部的一侧向容器内喷射,但不要使二氧化碳直接冲击到液面上,以免将可燃物冲出容器而扩大火灾。

2)推车式二氧化碳灭火器

使用方法:推车式二氧化碳灭火器在使用时一般应由两人操作,先把灭火器拉或推到场,在距起火点大约 10 m 处停下。一人迅速卸下灭火器安全帽,然后逆时针方向旋转手轮,把手轮开到最大位置。另一人则迅速取下喇叭喷筒,展开喷射软管后,双手紧握喷筒根部的手柄,将喇叭喷筒对准火焰喷射,其灭火方法与手提式灭火器相同。

二氧化碳灭火器的维护保养:

(1)二氧化碳灭火器不应放置在采暖或加热设备附近和阳光强烈照射的地方,存放温度不宜超过 42 ℃。

(2)每年检查一次重量,手提式灭火器的年泄漏量不得大于灭火剂额定充装量的 5% 或 50 g(取两者中的较小者);推车式灭火器的年泄漏量不得大于灭火剂充装量的 5%。超过规定泄漏量的,应检修后按规定的充装量重灌。

(3)满 5 年进行一次水压试验,合格后方可使用。以后每隔 2 年必须进行试验等检查。

(4)灭火器一经开启,必须重新充装。其维修及再充装应由专业单位承担。在搬运过程中,应轻拿轻放,防止撞击。

9.3.2　消火栓的管理

消火栓是消防供水的重要设备,它分为室内消火栓和室外消火栓两种。

9.3.2.1　室内消火栓

室内消火栓是建筑物内的一种固定灭火供水设备。它包括消火栓及消火栓箱。室内消火栓和消火栓箱通常设于楼梯间、走廊和室内的墙壁上。箱内有水带、水枪并与消火栓出口连接,消火栓则与建筑物内消防给水管线连接。发生火灾时,按开启方向转动手轮,水枪即喷射出水流。

室内消火栓由手轮、阀盖、阀杆、车体、调座和接口等组成。使用室内消火栓时,应先打开消火栓箱,取出水带和水枪,把消火栓阀门手轮往开启方向旋转,即可出水灭火。

维护保养消火栓时应注意:

(1)定期检查室内消火栓是否完好,有无生锈、漏水现象。

(2)检查接口垫圈是否完整无缺。

(3)消火栓阀杆上应加注润滑油。

(4)定期进行放水检查,以确保火灾发生时能及时打开放水。

需要使用室内消火栓箱时,根据箱门的开启方式,有用钥匙开启、击碎门玻璃或扭动锁头开启等方式。如果消火栓没有紧急按钮,应将其下的拉环向外拉出,再按顺时针方向转动旋钮打开箱门。打开箱门后,取下水枪,按动水泵启动按钮,旋转消火栓手轮,即开启消火栓,铺设水带进行射水。

灭火后,要把水带洗净晾干,按盘卷或折叠方式放入箱内,再把水枪卡在枪夹内,装好箱锁,换好玻璃,关好箱门。

9.3.2.2 室外消火栓

室外消火栓与城镇自来水管网相连接,它既可供消防车取水,又可连接水带、水枪,直接出水灭火。室外消火栓有地上消火栓和地下消火栓两种。地上消火栓适用于气候温暖地区,而地下消火栓则适用于气候寒冷地区。

1. 地上消火栓

地上消火栓主要由弯座、阀座、排水阀、法兰接管启闭杆、本体和接口等组成。在使用地上消火栓时,用消火栓钥匙扳头套在启闭杆上端的轴心头之后,按逆时针方向转动消火栓钥匙,阀门即可开启,水由出水口流出。按顺时针方向转动消火栓钥匙,阀门便关闭,水不再从出水口流出。

维护保养地上消火栓时应做到:

(1)每月或重大节日前,应对消火栓进行一次检查。

(2)清除启闭杆端部周围杂物。

(3)将专用消火栓钥匙套于杆头检查是否合适,并转动起闭杆,加注润滑。

(4)用砂布擦除出水口螺纹上的积锈,检查闷盖内橡胶垫圈是否完好。

(5)打开消火栓,检查供水情况,要放净锈水后再关闭,并观察有无漏水现象,发现问题及时检修。

2. 地下消火栓

地下消火栓和地上消火栓的作用相同,都是为消防车及水枪提供压力水。不同的是,地下消火栓安装在地面下。由于地下消火栓安装在地面下,所以不易冻结,也不易被损坏。

地下消火栓的使用可参照地上消火栓进行。但由于地下消火栓目标不明显,故应在地下消火栓附近设立明显标志。使用时,打开消火栓井盖,拧开闷盖,接上消火栓与吸水管的连接口或接上水带,用专用扳手打开阀塞即可出水,用毕要恢复原状。

9.3.3 火灾自动报警设备的使用与维护

9.3.3.1 火灾自动报警设备

火灾自动报警设备由火灾探测器、区域报警器和自动报警器组成。火灾发生时,探测器将火灾信号(烟雾、高温、光辐射)转换成电信号,传递给区域报警器,再由区域报警器

将信号传输到集中报警器。

常用的火灾探测器有以下四种：

(1)感烟式火灾探测器。感烟式火灾探测器是对可见的或不可见的烟雾粒子做出响应的火灾探测器。感烟式火灾探测器有离子感烟式、光电感烟式和激光感烟式等形式。

(2)感温式火灾探测器。感温式火灾探测器适宜安装在起火后产生烟雾较小的场所，但平时温度较高的场所不适宜安装这种火灾探测器。

(3)光辐射探测器。物质燃烧时，不仅产生烟雾和放出热量，同时也产生可见的或不可见的光辐射。光辐射探测器就是利用起火时产生的光辐射来感知火灾的。根据火焰辐射光谱所在的区域，光辐射探测器可分为紫外光辐射探测器和红外光辐射探测器两种。

(4)可燃气体探测器。可燃气体探测器安装在可燃气体可能泄漏同时又有可能发生燃烧和爆炸的场所，当可燃气体浓度达到危险值时，探测器就会及时报警，以促使人们及早采取措施，进行处理。

9.3.3.2 火灾自动报警设备的使用

火灾自动报警设备是建筑物特别是高层建筑物和重要建筑群中必不可少的重要消防设施。因此，火灾自动报警设备一旦投入使用，就要严格管理。

整个系统必须有专人负责，坚持昼夜值班制度。无关人员不得随意触动，切实保证全部系统处于正常运行状态。此外，维护管理人员必须做到以下几点：

(1)值班人员对火灾自动报警系统的报警部位和本单位各火警监护场所对应的编排应清楚明了。

(2)设备投入正常使用后，为确保可靠运行，必须严格按定期检查制度进行检查。

(3)每天检查：通过手动检查装置，检查火灾报警器各项功能（如火警功能、故障功能）是否正常，有无指示灯损坏。

(4)每周检查：进行主、备电源自动转换试验。

(5)每半年检查：对所有火灾探测器进行一次实效模拟试验，对失效的火灾探测器应及时更换；对电缆、接线盒、设备做直观检查，清理尘埃。

由于火灾自动报警装置连续不间断运行，加之误报原因比较复杂，因此报警装置发出少量误报在所难免，所以要求值班人员一旦接到报警，应先消音并立即赶往现场，待确认火灾后，方可采取灭火措施，启动其他外控灭火装置，并向消防部门和主管领导汇报。

9.3.4 自动灭火系统及其维护

9.3.4.1 自动喷水灭火设备

自动喷水灭火设备可分为喷洒水灭火设备、喷雾水冷却设备和灭火设备。

1. 喷洒水灭火设备

喷洒水灭火设备分为自动喷水灭火设备和洒水灭火设备。

(1)自动喷洒水灭火设备主要用于扑救一般固体物质火灾和对设备进行冷却，不适于扑救易燃、可燃液体火灾和气体火灾。

(2)喷洒水灭火设备由自动喷水头、供水管网、报警阀、水源等组成。

火灾发生时，重力水箱或水泵通过供水管网和报警阀，将带有一定压力的水输送到自动喷洒水头,自动喷洒水头开启后即出水灭火。

2. 喷雾水冷却设备和灭火设备

喷雾水冷却设备和灭火设备主要由自动喷水头、供水管道、报警阀、水泵和水源等组成。

这种设备是利用压力供水装置或水泵,通过供水管道和报警阀,将带有一定压力的水输送到自动喷水头。自动喷水头开启后,使水雾化喷出。

喷雾水冷却设备主要用于石油和化工企业的采油、炼油和储油设备,以及工业企业的易燃、可燃液体和气体容器。这种设备可防止这些容器在火焰的辐射作用下由于易燃可燃液体气化或可燃气体受热膨胀,使容器内的压力迅速升高,超过其机械强度而发生物理性爆炸,或者冲淡冷却设备保护范围以内的可燃气体浓度,防止发生化学性爆炸。

9.3.4.2 水幕设备

水幕设备是能喷出幕帘状水流的管网设备。

水幕设备的保护对象一般是门、窗以及舞台的垂幕等,一些大的立面、屋顶或成套设备中也可采用。

9.3.4.3 检查与维护保养

为使自动喷水灭火设备和水幕设备经常处于完好状态,应加强检查与维护保养工作。要建立各种制度,确定专人负责,加强检查和维护保养。

1. 喷头的检查与维护保养

如果发现喷头有腐蚀、漏水、堵塞等现象,应对所有的喷头进行检查,对达不到要求的,应进行更换。

使用超过 25 年后,要对全部喷头进行抽查,对不符合要求的,应进行更换。经常保持喷头的清洁,以免尘埃沉积而起隔热作用,影响喷头的效能。清除尘埃和污物时,不要用酸或碱溶液洗刷,也不要用热水或热溶液洗刷。对轻质粉尘,可用扫帚清除。对易形成结垢尘埃,如喷漆雾粒、水泥粉等就不易清除,只能分期分批拆换喷头,集中清理。

2. 管系的检查和维护

如果发现管系有腐蚀现象,应对管系进行耐压试验。试验时,可用系统内的供水泵,也可采用移动式水泵,试验压力一般为 $5\sim6\ kg/cm^2$。

发现因管内生锈结垢或外来物而引起管系堵塞时,必须及时进行清理。

3. 供水设备的检查

蓄水池的检查:检查蓄水池是否有过多的沉淀物,在金属结构的蓄水设备内壁应涂刷防锈漆,一般情况下,蓄水池每 3 年清洗一次。

水泵的检查:水泵应定期启动,检查其工作状态和性能,对离心泵,还应检查引水设备;试验水泵时,应打开排水阀,不使水进入管系。

水泵动力的检查:如果采用电力作为水泵的动力,应检查是否有停电的应急措施;如果采用内燃机为动力,应检查内燃机的工作状态和燃油储存情况,燃油应有供 3 小时运转所需的储备量。

4. 报警阀的检查

报警阀应定期检查、试验。

9.3.5 二氧化碳灭火设备

二氧化碳灭火原理是通过减少空气中氧的含量,使空气中的氧浓度达不到支持燃烧的浓度,从而使火熄灭。喷洒二氧化碳进行灭火的设备称为二氧化碳灭火设备。

9.3.5.1 二氧化碳灭火设备

二氧化碳灭火设备按其用途分为全充满灭火设备和局部应用设备两类。

1. 全充满灭火设备

全充满灭火设备适用于保护容积不大且密封性较好的房间。灭火时,现场不能有人,以免中毒。

2. 局部应用设备

局部应用设备仅对保护对象的特定部分或特定设施释放二氧化碳灭火剂。当被保护对象有较大的开口部分,而又无法密闭,用全充满设备又不能达到灭火效果时,或保护对象规模庞大,用全充满设备不仅二氧化碳用量很大,且有可能造成人员生命危险的情况下,采用局部应用设备比较适宜。

局部应用设备由钢瓶、配管、喷头或灭火短管等组成。

当保护部位发生火灾后,利用手动启动设备开启钢瓶,二氧化碳便会进入配管,从喷头或灭火短管中喷洒而出进行灭火。

9.3.5.2 维护和保养

使用二氧化碳灭火设备,每周应做一次巡视检查。

检查内容为:设备有无泄漏;管道系统有无损坏;全部控制开关调定位置是否妥善;所有元件自动和手动控制阀有无损坏,是否完整好用。

此外,用户与安装单位应签订定期维修合同。

灭火设备每年至少检修一次,自动探测和报警系统每年至少检查 2 次。在检查后 30 天内,应把有关检查报告送交用户。

对于新安装的设备,或安装后长期未作检查的设备,应进行各种功能试验,包括进行手动或自动喷射试验。

9.3.6 干粉灭火系统

干粉灭火系统主要用于扑救可燃气体和可燃、易燃液体火灾,也适用于扑救电气设备火灾。

9.3.6.1 分类

根据设置干粉灭火系统场所的要求,干粉灭火系统分为自动式、半自动式和手动式(移动式)三种。

1. 自动干粉灭火系统

自动干粉灭火系统由干粉罐、动力气瓶、减压阀、输粉管道、喷嘴以及火灾探测器、启动瓶和报警器等组成。当被保护对象着火后,温度上升到一定数值时,火灾探测器便发出信号,启动气瓶打开,同时喇叭发出警报。

这时,启动气瓶中的气体把先导动力气瓶打开,使先导动力气瓶中的高压气体进入集气管,管中的压力迅速上升,使其余动力气瓶同时打开。高压气体经减压后,即进入干粉罐。与此同时,集气管中的少量气体一部分进入气动放大器,一部分进入定压发信器。

当干粉罐压力上升到规定压力时,定压发信器给出信号,使气动放大器动作。气体通过放大器推动气缸,把球阀打开,使干粉罐中的粉气混合流经过喷嘴喷洒到保护对象表面。

2. 半自动干粉灭火设备

这种灭火设备与自动干粉灭火设备的组成基本相似,只是报警装置与灭火设备不联动。当保护对象着火时,需要操作人员启动灭火设备的控制装置进行灭火。

3. 手动干粉灭火系统

手动干粉灭火系统的工作原理和操作与推车式干粉灭火器相同。

9.3.6.2 维护和保养

干粉灭火系统的日常管理应做到:

(1)在装置区要设详细操作说明,操作人员必须严格遵守操作规程,对各部件勤加检查,确保完好。

(2)日常管理必须做到严格认真、一丝不苟。因为干粉灭火系统的喷粉时间一般仅为1 min左右,如某一部分一时误动作,就会引起全套装置误动作,造成不必要的损失。

(3)按规定的品种和数量灌装干粉灭火剂,不得任意变动。

(4)灌装干粉最好在晴天进行,尽量避免阴雨天操作,并应一次装完,立即密封,避免受潮,以延长使用期限。

(5)定期检查动力气瓶的压力是否在规定的范围内(130 ~ 150 kg/cm^2),如果低于规定值,要找出漏气原因,并立即更换或修复。检查喷嘴的位置和方向是否正确,喷嘴上有无积存的污物,密封是否完好。经常检查阀门、减压器、压力表是否都处于正常状态。干粉灭火剂每隔2 ~3年要进行开罐取样检查,当发现结块时,应取出烘干、粉碎,并重新灌装。

9.3.7 泡沫灭火系统

泡沫灭火系统主要有液上喷射和液下喷射两大类型。按所用泡沫灭火剂的不同,分为空气泡沫灭火系统和化学泡沫灭火系统两种。

9.3.7.1 分类

按设备的安装方式不同,分为固定式泡沫灭火系统、半固定式泡沫灭火系统和移动式泡沫灭火系统三种。

固定式泡沫灭火系统由消防水泵、泡沫液罐、比例混合器、泡沫管线和泡沫产生器(或泡沫喷头)组成。

固定式泡沫灭火系统按启动方式不同,分为自动泡沫灭火系统和半自动泡沫灭火系统。

(1)自动泡沫灭火系统。这种灭火系统与自动报警设备联动,当保护对象发生火灾时,火灾探测器首先报警,将控制阀打开,使水箱中的水通过管道,水流报警启动器打开水泵,再将泡沫混合液送给泡沫产生器,产生泡沫灭火。如果自动设备发生故障,可使用手

动开关启动泡沫灭火设备。

(2)半自动泡沫灭火系统。当保护对象发生火灾时,值班员要迅速合闸启动水泵,打开水泵出水口阀门,并将泡沫比例混合器指针旋转到需要的泡沫液量指数上。在水泵的压力作用下,混合器即可将泡沫液按比例与水混合后,经泡沫管线输送给泡沫产生器,产生泡沫灭火。

9.3.7.2 **维护和保养**

泡沫灭火系统的维护和保养要注意以下几点:

(1)消防泵每周必须运转一次,以确保其正常运转。

(2)应经常开启和关闭阀门,以保证好用。在冬季,对管线和阀门等各部件应采取防冻措施。

(3)泡沫比例混合器和泡沫产生器应保持清洁、完好,发现损坏应及时维修或更换。

(4)泡沫比例混合器和泡沫产生器每次使用后应用清水冲洗,并且每年涂刷一次防水油漆。

(5)应保证消防水源充足,补水设施良好。

(6)消防泵站应由熟悉全套设备操作的专门人员轮流值班,并建立制度,严格执行。

9.4 施工火灾安全事故警示

案例一 央视大楼火灾事故

一、事故简介

事故简介详见“案例引入”。

二、原因分析

本次火灾事故的发生主要有以下几方面的原因:

(1)建设单位:违反烟花爆竹安全管理相关规定,组织大型礼花焰火燃放活动。

(2)有关施工单位:大量使用不合格保温板,配合建设单位违法燃放烟花爆竹。

(3)监理单位:对违法燃放烟花爆竹和违规采购、使用不合格保温板的问题监理不力。

(4)有关政府职能部门:对非法销售、运输、储存和燃放烟花爆竹,以及工程中使用不合格保温板问题监管不力。

三、事故调查处理

2009年2月9日,在建的中央电视台新台址园区文化中心发生特别重大火灾事故。71名事故责任人受到责任追究。其中,中央电视台副总工程师、央视新址办主任徐威、央视新址办副主任王世荣、央视国金公司副总经理兼总工程师高宏等44名事故责任人已被移送司法机关依法追究刑事责任;27名事故责任人受到党纪、政纪处分,给予时任国家广电总局党组成员、中央电视台台长、分党组书记、中央电视台新台址建设工程业主委员会主任赵化勇行政降级、党内严重警告处分,给予中央电视台副台长、中央电视台新台址建设工程业主委员会常务副主任李晓明行政撤职、撤销党内职务处分。依法对中央电视台新台址建设工程办公室罚款300万元。

四、事故教训及防范措施

元宵之夜的央视新址大火,过火场面触目惊心,不仅让一位尽职尽责的消防战士付出了年轻的生命,还对国家财产造成了巨大损失。本次事故被认定为是一起责任事故。

火灾事故的防范措施:

(1)按有关规定建设完善消防设施。建设单位所有装饰、装修材料均应符合消防的相关规定。要设置火灾自动报警系统、消火栓系统、自动喷水灭火系统、防烟排烟系统等各类消防设施,并设专人操作维护,定期进行维修保养。要按照规范要求设置防火、防烟分区、疏散通道及安全出口。安全出口的数量,疏散通道的长度、宽度及疏散楼梯等设施的设置,必须符合规定,严禁占用、阻塞疏散通道和疏散楼梯间,严禁在疏散楼梯间及其通道上设置其他用途和堆放物资。

(2)建立健全消防安全制度。要落实消防安全责任制,明确各岗位、部门的工作职责,建立健全消防安全工作预警机制和消防安全应急预案,完善值班巡视制度,成立消防义务组织,组织消防安全演习,加大消防安全工作的管理力度。

(3)强化对重点区域的检查和监控。消防安全责任人要加强日常巡视,发现火灾隐患及时采取措施。应建立健全用火、用电、用气管理制度和操作规范,管道、仪表、阀门必须定期检查。

(4)加强对员工的消防安全教育。要加强对员工的消防知识培训,提高员工的防火灭火知识,使员工能够熟悉火灾报警方法、熟悉岗位职责、熟悉疏散逃生路线。要定期组织应急疏散演习,加强消防实战演练,完善应急处置预案,确保突发情况下能够及时有效地进行处置。

(5)加大消防监管力度。消防部门要按照《中华人民共和国消防法》的规定和国家有关消防技术标准要求,加强对建筑施工企业的监督和检查。

案例二　上海静安区“11·15”特大火灾事故

一、事故简介

2010年11月15日,上海市静安区胶州路某公寓大楼发生一起因企业违规造成的特别重大火灾事故,造成58人死亡、71人受伤,建筑物过火面积12 000 m^2,直接经济损失1.58亿元。调查认定,这起事故是一起因企业违规造成的责任事故。

上海市静安区胶州路某公寓大楼所在的胶州路教师公寓小区于2010年9月24日开始实施节能综合改造项目施工。施工内容主要包括外立面搭设脚手架、外墙喷涂聚氨酯硬泡体保温材料、更换外窗等。

上海市静安区建设总公司承接该工程后,将工程转包给其子公司上海佳艺建筑装饰工程公司(以下简称佳艺公司),佳艺公司又将工程拆分成建筑保温、窗户改建、脚手架搭建、拆除窗户、外墙整修和门厅粉刷、管线整理等,分包给7家施工单位。

二、原因分析

1. 直接原因

在胶州路某公寓大楼节能综合改造项目施工过程中,施工人员违规在10层电梯前室

北窗外进行电焊作业，电焊溅落的金属熔融物引燃下方9层位置脚手架防护平台上堆积的聚氨酯保温材料碎块、碎屑引发火灾。

2. 间接原因

(1)建设单位、投标企业、招标代理机构相互串通、虚假招标和转包、违法分包。

(2)工程项目施工组织管理混乱。

(3)设计企业、监理机构工作失职。

(4)上海市、静安区两级建设主管部门对工程项目监督管理缺失。

(5)静安区公安消防机构对工程项目监督检查不到位。

(6)静安区政府对工程项目组织实施工作领导不力。

三、事故暴露的违法违规问题

(1)电焊工无特种作业人员资格证上岗作业，严重违反操作规程，且引发大火后逃离事故现场。

(2)装修工程违法层层多次分包，导致安全责任不落实。

(3)施工作业现场管理混乱，安全措施不落实，存在明显的抢工期、抢进度、突击施工行为。

(4)事故现场违规使用大量尼龙网等易燃材料，导致大火迅速蔓延，人员伤亡和财产损失扩大。

(5)有关部门安全监管不力，对停产后复工的建设项目安全管理不到位。

四、事故处理

依照有关规定，对54名事故责任人做出严肃处理，其中26名责任人被移送司法机关依法追究刑事责任，28名责任人受到党纪、政纪处分。同时，责成上海市人民政府和市长韩正分别向国务院做出深刻检查。由上海市安全生产监督管理局对事故相关单位按法律规定的上限给予经济处罚。

学习项目10 建筑拆除工程安全生产技术

【知识目标】

1. 掌握拆除工程的施工特点以及常用的拆除方法。
2. 掌握拆除工程安全技术措施。
3. 熟悉拆除工程文明施工管理的内容。

【能力目标】

能进行拆除工程安全施工管理,处理突发事故,编制应急处理预案。

【案例引入】

电梯井隔离板拆除事故案例

2002年4月6日,在江苏某建设集团下属公司承接的某高层5号房工地上,项目部安排瓦工薛某、唐某拆除西单元楼内电梯井隔离防护。由于木工在支设12层电梯井时少预留西北角一个销轴洞,因而在设置12层防护隔离时,西北角的搁置点采用一根ϕ48钢管从11层支撑至12层作为补救措施。由于薛某、唐某在作业时,均未按要求使用安全带操作,而且颠倒拆除程序,先拆除11层隔离(薛某将用于补救措施的钢管亦一起拆掉),后拆除12层隔离。10时30分,薛某在进入电梯井西北角拆除防护隔离板时,三个搁置点的钢管框架发生倾翻,人随防护隔离一起从12层(32 m处)高空坠落至电梯井底。事故发生后,工地负责人立即派人将薛某急送至医院,但因薛某伤势严重,经抢救无效,于当日12时30分死亡。

【案例思考】

针对上述案例,试分析事故发生的可能原因、事故的责任划分、可采取哪些预防措施。

10.1 拆除作业特点与方法

随着旧城改建,拆除工程量加大。在废弃的建筑物上建立新的建筑物时,首先要对旧建筑物进行拆除。拆除的对象可能是老厂房、旧仓库或已受损害而不安全的建筑物。根据拆除的动力不同,拆除工程可分为人工拆除、机械拆除与爆破拆除。依据拆除对象是否破坏,拆除工程可分为破坏性拆除与非破坏性拆除。

10.1.1 拆除工程的特点

10.1.1.1 拆除工期短，流动性大

拆除工程施工速度比新建工程快得多，其使用的机械、设备、材料、人员都比新建工程施工少得多，特别是采用爆破拆除，一幢大楼可在顷刻之间夷为平地。因而，拆除施工企业可以在短期内从一个工地转移到第二个、第三个工地，其流动性很大。

10.1.1.2 安全隐患多，危险性大

拆除物一般是年代已久的旧建（构）筑物，安全隐患多，建设单位往往很难提供原建（构）筑物的结构图和设备安装图，给拆除施工企业制订拆除施工方案带来很多困难。有的改、扩建工程，改变了原结构的力学体系，因而在拆除中往往因拆除了某一构件造成原建（构）筑物的力学平衡体系受到破坏，易导致其他构件倾覆压伤施工人员。

10.1.1.3 施工人员整体素质不高

一般的拆除施工企业的作业人员通常由外来务工人员和农民工组成，文化水平不高，整体素质不高，安全意识较低，自我保护能力较弱。

10.1.2 破坏性拆除

破坏性拆除是指拆除下来的建筑构件不再利用的拆除方法。该方法拆除速度快，投入的人力少，有利于施工安全。目前多用于拆除烟囱、水塔、库房、设备基础，也常用于现浇框架结构建筑物的拆除。

10.1.2.1 机械拆除方法

机械拆除方法是指使用大型机械，如挖掘机、重锤机等对建（构）筑物实施解体和破碎的方法。机械拆除方法的特点是：

(1)施工人员无须直接接触拆除点，无须高空作业，危险性小。

(2)劳动强度低，拆除速度快，工期短。

(3)作业时扬尘较大，必须采取湿作业法。

(4)对需要部分保留的建筑物必须先用人工分离后，方可拆除计划拆除的建筑物。

它的适用范围是：用于拆除混合结构、框架结构、板式结构等高度不超过 30 m 的建筑物、构筑物及各类基础和地下构筑物。

10.1.2.2 控制爆破法

控制爆破法是利用炸药在爆炸瞬间产生高温高压气体对外做功，借此来解体和破碎建（构）筑物的方法，通过严格控制爆炸能量和爆破规模，将爆破的声音、振动、破坏区域及破碎物的坍塌范围控制在规定的限度内，在建筑物就地倒塌后，再用机械和人工清理破碎物。

此种方法如控制得当，拆除工作十分安全，而且成本低、工期短、人员投入少、效果好。目前在各种拆除方法中，此种方法占有重要的地位。一般爆破施工方法有以下三种：钻孔控制爆破技术、水压爆破技术、燃烧剂破碎技术。

爆破拆除方法的特点是：

(1)施工人员无须进行有损建筑物整体结构和稳定性的操作，人身安全最有保障。

(2)一次性解体,其扬尘、扰民较小。

(3)拆除效率最高,特别是高耸坚固建筑物和构筑物的拆除。

(4)对周边环境要求较高,对临近交通要道、保护性建筑、公共场所、过路管线的建(构)筑物必须作特殊防护后方可实施爆破。

它可用于拆除现浇钢筋混凝土结构的任何建筑物、构筑物,各类地下、水下构筑物。

控制爆破拆除方法的关键在于爆破能量的控制,因此需要工程技术人员进行认真的设计和准确的计算,对管理人员和操作人员都有较高的安全技术要求。

10.1.2.3 膨胀破碎拆除法

这种拆除方法是将膨胀破碎剂(以氧化钙、硅酸盐及复合有机化合物等混制而成的粉末状物质与水搅拌的混合物)灌入建筑物中,利用其膨胀破碎作用而使建筑物裂解,达到破碎拆除的目的。

此种方法国外称之为静态解体法或无公害解体法,是近年来开始应用的一项新技术。这种方法操作简单,使用安全。但它成本较高、威力较小、施工周期长,目前仅使用于零星破碎工程。

10.1.2.4 推拉方法

(1)用推土机或铲车推倒一些较低的建筑物和构筑物。

(2)高耸的水塔、烟囱等构筑物,以前采用过该方法进行拆除,《关于防止拆除工程中发生伤亡事故的通知》(建监〔94〕第15号)明确规定拆除建筑物不应采用推拉法。

10.1.3 非破坏性拆除

非破坏性拆除是指拆除下来的建筑构件和材料,较完整的保存下来,以备再次使用的方法。该方法投入工人较多,多在高处作业,危险性大,拆除的速度慢。这种拆除原则上按原施工顺序反向进行,即先将电线、上下水、暖气、燃气等管道拆除,再拆除门窗、栏杆等,而后自上而下分层进行主体拆除。主体拆除时,应先拆除维护结构,后拆除承重结构。而承重结构又应按楼板、次梁、主梁、柱的顺序拆除。

10.1.3.1 人工拆除法

人工拆除法是指依靠手工加上一些简单工具,如钢钎、锤子、风镐、手动导链、钢丝绳等,对建(构)筑物实施解体和破碎的方法。

人工拆除方法的特点是:

(1)施工人员必须亲临拆除点操作,进行高空作业,危险性大。

(2)劳动强度大,拆除速度慢,受气候影响大,工期长。

(3)易于保留部分建筑物。

适用于拆除轻屋盖的仓库、围墙、砖木结构、混合结构的低层建(构)筑物的分离和部分保留拆除项目。

10.1.3.2 机械吊拆法

它是指在构件与建筑物分离后,用吊车进行吊拆的方法。主要应用于装配式建筑物的拆除。该方法需要有经验的吊拆人员配合,并对吊拆用具、钢丝绳等经常进行安全检查。还要注意,当风速达到11 m/s及以上时,应停止吊拆。雨雪天气原则上不进行吊拆。

10.2 拆除工程安全技术措施

10.2.1 拆除工程施工准备

拆除工程的建设单位与施工单位在签订施工合同时，应签订安全生产管理协议，明确双方的安全管理责任。建设单位、监理单位应对拆除工程施工安全负检查督促责任；施工单位应对拆除工程的安全技术管理负直接责任。

建设单位应向施工单位提供以下资料：

(1)拆除工程的有关图纸和资料。

(2)拆除工程涉及区域的地上、地下建筑及设施分布情况资料。

建设单位应负责做好影响拆除工程安全施工的各种管线的切断、迁移工作。当建筑外侧有架空线路或电缆线路时，应与有关部门取得联系，采取防护措施，确认安全后方可施工。

施工单位应全面了解拆除工程的图纸和资料，进行实地勘察，并应编制施工组织设计或方案和安全技术措施。施工单位应对从事拆除作业的人员依法办理意外伤害保险。

拆除工程必须制订生产安全事故应急救援预案，成立组织机构，并应配备抢险救援器材。当拆除工程对周围相邻建筑安全可能产生危险时，必须采取相应保护措施，并应对建筑内的人员进行撤离安置。

拆除工程施工区应设置硬质围挡，围挡高度不应低于1.8 m，非施工人员不得进入施工区。当临街的被拆除建筑与交通道路的安全距离不能满足要求时，必须采取相应的安全隔离措施。

在拆除作业前，施工单位应检查建筑内各类管线情况，确认全部切断后方可施工。在拆除工程作业中，发现不明物体，应停止施工，采取相应的应急措施，保护现场并应及时向有关部门报告。

10.2.2 拆除工程安全施工管理

10.2.2.1 人工拆除

当采用手动工具进行人工拆除建筑时，施工程序应从上至下，分层拆除，作业人员应在脚手架或稳固的结构上操作，被拆除的构件应有安全的放置场所。拆除施工应分段进行，不得垂直交叉作业。作业面的孔洞应封闭。

人工拆除建筑墙体时，不得采用掏掘或推倒的方法。楼板上严禁多人聚集或堆放材料。

拆除建筑的栏杆、楼梯、楼板等构件，应与建筑结构整体拆除进度相配合，不得先行拆除。建筑的承重梁、柱，应在其所承载的全部构件拆除后，再进行拆除。

拆除横梁时，在确保其下落有效控制时，方可切断两端的钢筋，逐端缓慢放下。

拆除柱子时，应沿柱子底部剔凿出钢筋，使用手动倒链定向牵引，采用气焊切割柱子三面钢筋，保留牵引方向正面的钢筋。

拆除管道及容器时,必须查清其残留物的种类、化学性质,采取相应措施后,方可进行拆除施工。楼层内的施工垃圾应采用封闭的垃圾道或垃圾袋运下,不得向下抛掷。

10.2.2.2　**机械拆除**

当采用机械拆除建筑时,应从上至下、逐层、逐段进行;应先拆除非承重结构,再拆除承重结构。对只进行部分拆除的建筑,必须先将保留部分加固,再进行分离拆除。拆除框架结构建筑,必须按楼板、次梁、主梁、柱子的顺序进行施工。

施工中必须由专人负责监测被拆除建筑的结构状态,并做好记录。当发现有不稳定状态的趋势时,必须停止作业,采取有效措施,消除隐患。

机械拆除时,严禁超载作业或任意扩大使用范围,供机械设备使用的场地必须保证足够的承载力。作业中不得同时回转、行走。机械不得带故障运转。

当进行高处拆除作业时,对较大尺寸的构件或沉重的材料,必须采用起重机具及时吊下。拆卸下来的各种材料应及时清理,分类堆放在指定场所,严禁向下抛掷。

桥梁、钢屋架拆除应符合下列规定:

(1)先拆除桥面的附属设施及挂件、护栏。

(2)按照施工组织设计选定的机械设备及吊装方案进行施工。不得超负荷作业。

(3)采用双机抬吊作业时,每台起重机载荷不得超过允许载荷的80%,且应对第一吊进行试吊作业,作业过程中必须保持两台起重机同步作业。

(4)拆除吊装作业的起重机司机,必须严格执行操作规程。信号指挥人员必须按照现行国家标准《起重吊运指挥信号》(GB 5082—1985)的规定作业。

(5)拆除钢屋架时,必须采用绳索将其拴牢,待起重机吊稳后,方可进行气焊切割作业。吊运过程中,应采用辅助绳索控制被吊物处于正常状态。

(6)作业人员使用机具时,严禁超负荷使用或带故障运转。

10.2.2.3　**爆破拆除**

爆破拆除工程应根据周围环境条件、拆除对象类别、爆破规模,并应按照现行国家标准《爆破安全规程》(GB 6722—2014)分为A、B、C三级。爆破拆除工程设计必须经当地有关部门审核,做出安全评估批准后方可实施。

从事爆破拆除工程的施工单位,必须持有所在地有关部门核发的“爆炸物品使用许可证”,承担相应等级或低于企业级别的爆破拆除工程。爆破拆除设计人员应具有承担爆破拆除作业范围和相应级别的爆破工程技术人员作业证。从事爆破拆除施工的作业人员应持证上岗。

爆破拆除所采用的爆破器材,必须向当地有关部门申请“爆破物品购买证”,到指定的供应点购买。严禁赠送、转让、转卖、转借爆破器材。

运输爆破器材时,必须向所在地有关部门申请领取“爆破物品运输证”。应按照规定路线运输,并应派专人押送。爆破器材临时保管地点,必须经当地有关部门批准。严禁同室保管与爆破器材无关的物品。

爆破拆除的预拆除施工应确保建筑安全和稳定。预拆除施工可采用机械和人工方法拆除非承重的墙体或不影响结构稳定的构件。

为保护邻近建筑和设施的安全,爆破震动强度应符合现行国家标准《爆破安全规程》

(GB 6722—2014)的有关规定。建筑基础爆破拆除时，应限制一次同时爆破的用药量。对烟囱、水塔类构筑物采用定向爆破拆除工程时，爆破拆除设计应控制建筑倒塌时的触地震动，必要时应在倒塌范围内铺设缓冲材料或开挖防震沟。建筑爆破拆除施工时，应对爆破部位进行覆盖和遮挡防护，覆盖材料和遮挡设施应牢固可靠。

爆破拆除应采用电力起爆网路和非电导爆管起爆网路。必须采用爆破专用仪表检查起爆网路电阻和起爆电源功率，并应满足设计要求；非电导爆管起爆应采用复式交叉封闭网路。爆破拆除工程不得采用导爆索网路或导火索起爆方法。装药前，应对爆破器材进行性能检测。试验爆破和起爆网路模拟试验应选择安全部位和场所进行。

爆破拆除工程的实施应在当地政府主管部门领导下成立爆破指挥部，并应按设计确定的安全距离设置警戒。

10.2.2.4 **静力破碎及基础处理**

静力破碎方法适用于建筑基础或局部块体的拆除。

采用静力破碎作业时，灌浆人员必须戴防护手套和防护眼镜。孔内注入破碎剂后，严禁人员在注孔区行走，并应保持一定的安全距离。在相邻的两孔之间，严禁钻孔与注入破碎剂施工同步进行。静力破碎剂严禁与其他材料混放。

拆除地下构筑物时，应了解地下构筑物情况，切断进入构筑物的管线。建筑基础破碎拆除时，挖出的土方应及时运出现场或清理出工作面，在基坑边沿 1 m 内严禁堆放物料。建筑基础暴露和破碎时，发生异常情况必须停止作业。查清原因并采取相应措施后，方可继续施工。

10.2.2.5 **安全防护措施**

作业人员必须配备相应的劳动保护用品，并应正确使用。拆除施工采用的脚手架、安全网，必须由专业人员搭设。由有关人员验收合格后，方可使用。拆除施工严禁立体交叉作业。水平作业时，各工位间应有一定的安全距离。

安全防护设施验收时，应按类别逐项查验，并应有验收记录。

在生产经营场所，应按照现行国家标准《安全标志及其使用导则》(GB 2894—2008)的规定，设置相关的安全标志。

10.3 拆除工程施工管理

10.3.1 拆除安全技术管理

拆除工程开工前，应根据工程特点、构造情况、工程量编制安全施工组织设计或方案。爆破拆除和被拆除建筑面积大于 1 000 m^2 的拆除工程，应编制安全施工组织设计；被拆除建筑面积小于等于 1 000 m^2 的拆除工程，应编制安全技术方案。

拆除工程的安全施工组织设计或方案应由技术负责人审核，经上级主管部门批准后实施。施工过程中，如需变更安全施工组织设计或方案，应经原审批人批准，方可实施。

项目经理必须对拆除工程的安全生产负全面领导责任。项目经理部应设专职或兼职安全员，检查落实各项安全技术措施。进入施工现场的人员，必须佩戴安全帽。当在 2 m

及以上高处作业无可靠防护设施时,必须使用安全带。在恶劣的气候条件下,严禁进行拆除作业。

拆除工程施工现场的安全管理应由施工单位负责。从业人员应办理相关手续,签订劳动合同,进行安全培训,考试合格后,方可上岗作业。特种作业人员必须持有效证件上岗作业。

拆除工程施工前,必须对施工作业人员进行书面安全技术交底。施工单位必须依据拆除工程安全施工组织设计或方案,划定危险区域。施工前应发出告示,通报施工注意事项,并应采取可靠的安全防护措施。

拆除工程施工过程中,当发生重大险情或生产安全事故时,应及时排除险情、组织抢救、保护事故现场,并向有关部门报告。

当日拆除施工结束后,所有机械设备应停放在远离被拆除建筑的地方。施工期间的临时设施,应与被拆除建筑保持一定的安全距离。

拆除工程施工必须建立安全技术档案,并应包括下列内容:

(1)拆除工程安全施工组织设计或方案。

(2)安全技术交底。

(3)脚手架及安全防护检查验收记录。

(4)劳务用工合同及安全管理协议书。

(5)机械租赁合同及安全管理协议书。

施工现场临时用电必须按照国家现行标准《施工现场临时用电安全技术规范》(JGJ 46—2005)的有关规定执行。夜间施工必须有足够照明。电动机械和电动工具必须装设漏电保护器,其保护零线的电气连接应符合要求。对产生振动的设备,其保护零线的连接点不应少于2处。

10.3.2 拆除工程文明施工管理

清运渣土的车辆应在指定地点停放。清运渣土的车辆应封闭或采用苫布覆盖,出入现场时应有专人指挥。清运渣土的作业时间应遵守有关规定。拆除工程施工时,设专人向被拆除的部位洒水降尘。拆除工程完工后,应及时将施工渣土清运出场。

对地下的各类管线,施工单位应在地面上设置明显标志。对检查井、污水井应采取相应的保护措施。

施工单位必须落实防火安全责任制,建立义务消防组织,明确责任人,负责施工现场的日常防火安全管理工作。施工现场应设置消防车道,并应保持畅通。根据拆除工程施工现场作业环境,应制定相应的消防安全措施,并应保证充足的消防水源,配备足够的灭火器材。

施工现场应建立健全用火管理制度。施工作业用火时,必须履行用火审批手续,经现场防火负责人审查批准,领取用火证后,方可在指定时间、地点作业。作业时应配备专人监护,作业后必须确认无火源危险后方可离开作业地点。拆除建筑时,当遇有易燃、可燃物及保温材料时,严禁明火作业。

10.4 拆除作业事故警示

案例一 电梯井隔离板拆除事故

一、事故简介

事故简介详见"案例引入"。

二、事故原因

(1)安全防护隔离设施在设置时有缺陷,规定四根固定销轴只设三根,而补救钢管已先予拆除,是造成本次事故的直接原因。

(2)造成本次事故的间接原因有以下三点:

①施工现场监督、检查不力,未能及时发现存在的隐患。

②劳动组织不合理,安排瓦工拆除电梯井防护隔离设施。

③安全教育不力,职工安全意识和自我防范能力差。

(3)项目负责人违章指挥,操作人员违章作业,违反先上后下的拆除作业程序,自我保护意识差,高空作业未系安全带,加之安全防护设施存在隐患,是造成本次事故的主要原因。

三、事故处理意见

(1)项目经理督促管理不严,职责不够明确,对本次事故负有一定责任,给予行政处分,并处以罚款。

(2)办公室主任对本次事故负有领导责任,做出书面检查,并处以罚款。

(3)现场负责人违章安排瓦工拆除电梯井隔离防护,对本次事故负有主要责任,给予行政记过处分,并处以罚款。

(4)瓦工班长对施工人员检查不够,对本次事故负有一定责任,给予经济处罚。

(5)瓦工唐某违章操作,对本次事故负有主要责任,给予经济处罚。

(6)瓦工薛某违章操作,对本次事故负有主要责任,但鉴于薛某已死亡,故不予追究。

四、事故整改措施

(1)组织全体施工人员召开事故现场会,举一反三进行系统的安全生产教育,增强安全意识及自我保护的基本能力,杜绝违章作业。

(2)组织架子工对施工现场脚手架、电梯井隔离设施、临边防护栏杆、通道防护棚等安全防护设施进行全面检查,对查出的问题进行整改。

(3)预留洞口安排木工,加盖并固定。

(4)加强对现场管理人员的安全教育,提高管理人员的法制意识,严格遵守各项安全生产的法律法规,杜绝违章指挥。

(5)组织全体职工进行各工种岗位责任制、操作规程学习,确定专职监督人员。从思想上、管理上提高安全生产意识和水平,确保安全施工。

案例二 某大桥梁板支架拆除事故

一、事故简介

某大桥在主体工程基本完成以后,开始进行南引桥下部板梁支架的拆除工作。1997年10月7日15时,该项目部领导安排部分作业人员去进行拆除作业。杨某(木工)被安排上支架拆除万能杆件,杨某在用割枪割断连接弦杆的钢筋后,就用左手往下推被割断的一根弦杆(弦杆长1.7 m,重80 kg),弦杆在下落的过程中,其上端的焊刺将杨某的左手套挂住(帆布手套),杨某被下坠的弦杆拉扯着从18 m的高处坠落,头部着地,当即死亡。

二、事故原因

1. 技术方面

(1)进行高处拆除作业前,没有编制支架拆除方案,也未对作业人员进行安全技术交底,加之人员少,就安排从未进行过拆除作业的木工冒险爬上支架进行拆除工作,是事故发生的重要原因。

(2)作业人员杨某安全意识淡薄,对进行高处拆除作业的自我安全防护意识淡薄,不系安全带就爬上支架,擅自用割枪割断连接钢筋后图省事用手往下推扔弦杆,被挂坠地是事故的直接原因。

2. 管理方面

(1)进行高处拆除作业,必须有人监护,但施工现场却无人进行检查和监护工作,对违章作业无人制止,是事故发生的重要原因。

(2)施工现场安全管理混乱,"三违"现象严重,隐患得不到及时整改。

(3)对作业人员未进行培训和教育,不进行安全技术交底,盲目蛮干,管理失控。

(4)监理单位对高处拆除作业监督不力。

三、应急救援预案

当发生高处坠落事故后,抢救的重点是对休克、骨折和出血的处理。

(1)发生高处坠落事故,应马上组织抢救伤者,首先观察伤者的受伤情况、部位、伤害性质,如伤员发生休克,应先处理休克。遇呼吸、心跳停止者,应立即进行人工呼吸,胸外心脏按压。处于休克状态的伤员要让其安静、保暖、平卧、少动,并将下肢抬高20°左右,尽快送医院进行抢救治疗。

(2)出现颅脑损伤,必须维持呼吸道通畅。昏迷者应平卧,面部转向一侧,以防舌根下坠或分泌物、呕吐物吸入,发生喉阻塞。有骨折者,应初步固定后再搬运。遇有凹陷骨折、严重的颅底骨折及严重的脑损伤症状出现,创伤处用消毒的纱布或清洁布等覆盖伤口,用绷带或布条包扎后,及时送就近有条件的医院治疗。

(3)发现脊椎受伤者,创伤处用消毒的纱布或清洁布等覆盖伤口,用绷带或布条包扎好。搬运时,将伤者平卧放在帆布担架或硬板上,以免受伤的脊椎移位、断裂造成截瘫,导致死亡。抢救脊椎受伤者时,在搬运过程中,严禁只抬伤者的两肩与两腿或单肩背运。

(4)发现伤者手足骨折,不要盲目搬动伤者。应在骨折部位用夹板把受伤位置临时固定,使断端不再移位或刺伤肌肉、神经或血管。固定方法:以固定骨折处上下关节为原则,可就地取材,用木板、竹头等,在无材料的情况下,上肢可固定在身侧,下肢与健侧下肢

缚在一起。

(5)遇有创伤性出血的伤员,应迅速包扎止血,使伤员保持在头低脚高的卧位,并注意保暖。正确的现场止血处理措施如下:

①一般伤口小的止血法:先用生理盐水(0.9% NaCl 溶液)冲洗伤口,涂上红汞水,然后盖上消毒纱布,用绷带较紧地包扎。

②加压包扎止血法:用纱布、棉花等做成软垫,放在伤口上再加包扎,来增强压力而达到止血。

③止血带止血法:选择弹性好的橡皮管、橡皮带或三角巾、毛巾、带状布条等,上肢出血结扎在上臂上 1/2 处(靠近心脏位置),下肢出血结扎在大腿上 1/3 处(靠近心脏位置)。结扎时,在止血带与皮肤之间垫上消毒纱布棉垫。每隔 25 ~40 min 放松一次,每次放松 0.5 ~1 min。

(6)动用最快的交通工具或其他措施,及时把伤者送往邻近医院抢救,运送途中应尽量减少颠簸。同时,密切注意伤者的呼吸、脉搏、血压及伤口的情况。

四、事故预防措施

1. 施工前编制拆除方案,制定安全技术措施

《建筑法》和《安全生产法》都有明确规定,对危险性大的、专业性强的作业都要预先编制安全技术措施和方案,分析施工中可能出现的问题,预先采取有效措施加以防止。

2. 先培训后上岗

项目应对高处拆除作业的人员进行相关知识的培训和教育后才能上岗。施工操作前,一定要进行安全技术交底,讲清危险源及安全注意事故。同时,在作业过程中,安全管理人员一定要进行现场监督检查,一旦发现不安全行为,要立即制止和纠正。

案例三　某工地脚手架拆除事故

一、事故简介

2002 年 4 月 7 日 14 时 4 分左右,总包单位的架子工张某、黎某、詹某、王某四人执行脚手架拆除任务,当 K4 处的脚手架拆除基本结束,张某从 K4、K5 之间的次梁经 $25^{\#}$ 双拼斜撑向 K5 方向转移,拟拆除 K5 处的脚手架,在距 K5 处尚有 1 m 多远时,不慎从斜撑上坠落(标高 67 m),急送医院,抢救无效死亡。

二、事故原因

(1)作业人员在拆除脚手架时,虽然系了安全带,戴了安全帽,穿着防滑鞋等防护用品,但在转移行走时,安全带无处可挂,从次梁走过,失足坠落,是造成这次事故的直接原因。

(2)在拆除墩顶 67 m 高处脚手架时,未采取任何防范措施,是造成这次事故的主要原因。

(3)总包单位对分包单位施工现场安全管理不严,监督不力也是造成事故的原因之一。

(4)监理单位对分包单位安全(审查)不到位。

三、事故教训

总包单位对分包单位审查不严，对分包单位施工现场安全管理不力，监督、检查不够，放任自流，是造成该事故的重要原因。分包单位在安全措施不力的情况下盲目蛮干，违章作业是造成事故的主要原因。这次事故是一起严重的防护措施不力、违章操作造成的恶性事故，要以这次事故为教训，加强安全常识教育，加强总包对分包的管理与协调，对特殊工程施工的安全措施要全面细致地制定和落实，真正把安全工作放在首位，科学组织、严密施工，确保安全无事故。

四、事故防范措施

(1)总包单位应切实对分包单位安全生产负责，要召集所属各工地和各外包队伍负责人参加会议，举一反三、吸取事故教训，并重新对所有外包队伍的安全资格进行一次认真的审查。

(2)对施工项目进行一次认真的安全、文明检查。

(3)严格执行施工安全措施的要求，在墩台下方架设安全网，以杜绝事故再次发生。

(4)总包单位要加强管理力度，认真审查和完善分包单位的有关手续，按建筑市场有关规定严格执行。

参考文献

[1] 李林. 建筑工程安全技术与管理[M]. 北京:机械工业出版社,2010.

[2] 周海涛. 建设工程安全管理[M]. 北京:高等教育出版社,2006.

[3] 李钰. 建筑施工安全[M]. 北京:中国建筑工业出版社,2009.

[4] 方东平. 工程建设安全管理[M]. 北京:中国水利水电出版社,2005.

[5] 天津市建工工程总承包有限公司,中启胶建集团有限公司. JGJ 59—2011 建筑施工安全检查标准[S]. 北京:中国建筑工业出版社,2012.

[6] 中国建筑科学研究院. JGJ 120—2012 建筑基坑支护技术规程[S]. 北京:中国建筑工业出版社,2012.

[7] 中华人民共和国住房和城乡建设部. JGJ 146—2013 建筑施工现场环境与卫生标准[S]. 北京:中国建筑工业出版社,2014.

[8] 沈阳建筑大学,等. JGJ 162—2008 建筑施工模板安全技术规范[S]. 北京:中国建筑工业出版社,2008.

[9] 上海市建工设计研究院有限公司,南通市达欣工程股份有限公司. JGJ 80—2016 建筑施工高处作业安全技术规范[S]. 北京:中国建筑工业出版社,2016.

[10] 中国建筑科学研究院. JGJ 130—2011 建筑施工扣件式钢管脚手架安全技术规范[S]. 北京:中国建筑工业出版社,2011.

[11] 江苏省华建建设股份有公司,江苏邗建集团有限公司. JGJ 33—2012 建筑机械使用安全技术规程[S]. 北京:中国建筑工业出版社,2012.

[12] 中华人民共和国建设部. JGJ 46—2005 施工现场临时用电安全技术规范[S]. 北京:中国建筑工业出版社,2005.

[13] 北京建工集团有限责任公司,北京国际建设集团有限公司. JGJ 147—2016 建筑拆除工程安全技术规范[S]. 北京:中国建筑工业出版社,2016.

[14] 上海市安全生产科学研究所. GB/T 3608—2008 高处作业分级[S]. 北京:中国标准出版社,2009.

[15] 北京市劳动保护科学研究所,等. GB 6095—2009 安全带[S]. 北京:中国标准出版社,2009.

[16] 北京市劳动保护科学研究所,山东省特种设备检验研究院,泰州市大华化纤厂,等. GB 5725—2009 安全网[S]. 北京:中国标准出版社,2009.

[17] 北京市劳动保护科学技术研究所,等. GB 2811—2007 安全帽[S]. 北京:中国标准出版社,2007.

[18] 北京市劳动保护科学研究所,斯博瑞安(中国)安全防护设备有限公司,泰州市华泰劳保用品有限公司,等. GB/T 6096—2009 安全带测试方法[S]. 北京:中国标准出版社,2009.

[19] 中国工程爆破协会,广东宏大爆破股份有限公司,浙江省高能爆破工程有限公司,等. GB 6722—2014 爆破安全规程[S]. 北京:中国标准出版社,2015.